合肥工业大学图书出版专项基金资助项目

风景游憩概论

李峻峰　编著

合肥工業大學出版社

图书在版编目(CIP)数据

风景游憩概论/李峻峰编著．--合肥：合肥工业大学出版社，2025．-- ISBN 978-7-5650-6506-4

Ⅰ．P901

中国国家版本馆CIP数据核字第2024QA7652号

风景游憩概论

李峻峰　编著

责任编辑	张　慧
出　　版	合肥工业大学出版社
地　　址	(230009)合肥市屯溪路193号
网　　址	press.hfut.edu.cn
电　　话	人文社科出版中心：0551-62903205
	营销与储运管理中心：0551-62903198
开　　本	789毫米×1092毫米　1/16
印　　张	17.5
字　　数	352千字
版　　次	2025年7月第1版
印　　次	2025年7月第1次印刷
印　　刷	安徽联众印刷有限公司
发　　行	全国新华书店
书　　号	ISBN 978-7-5650-6506-4
定　　价	52.80元

前　言

随着现代社会的发展，游憩已成为人们生活中不可或缺的一部分。无论是身心放松、休闲娱乐，还是文化体验，游憩都扮演着重要的角色。它不仅满足了个体的需求，也促进了社区和整个社会的发展。现代游憩学的起源与发展可以追溯到19世纪末和20世纪初。从早期关注休闲和娱乐对个人身心健康的重要性，到关注游憩与社会活动、与自然环境的关系以及游憩资源的管理、保护与利用等，现代游憩学已发展成为一个跨学科领域，涉及心理学、社会学、地理学、经济学等的学科。同时，随着技术的进步，虚拟游憩和数字娱乐也成为现代游憩学研究的新领域。通过研究游憩行为、参与动机、社会影响和经济效益等方面，游憩学的方法和成果可以为规划师、管理者和决策者提供指导与建议，在政府、非营利组织和私营部门中被广泛应用于制定政策、规划公共空间、设计游憩设施、提供旅游服务等。

本教材尝试对游憩的多样性与复杂性进行解释，探讨游憩的各种形式，分析游憩发展历程，梳理游憩空间与系统，解析游憩时空行为，关注游憩冲击与管理，并尝试借助旅游等相关学科较为成熟的分析方法对游憩的服务属性和形式进行适当的补充。希望读者能够通过阅读和学习本教材，对游憩学的概况有较为全面的了解，理解游憩的基本观念，熟悉游憩学的理论和方法，更好地理解和参与到游憩活动以及游憩的规划和管理实践中。

限于作者的学识，书中的错误及疏漏在所难免，衷心希望各位读者批评指正。

2025年7月

目　录

第一章　游憩与游憩学

第一节　游憩的概念与发展

一、基本概念

（一）游憩

伴随着原始人类放下生产工具，感受夕阳或花草带给他们愉悦的那一瞬间，游憩的萌芽就已经产生。游憩是一个复杂且难以全面表述的概念，但对它的理解关乎人生态度、生命质量和社会发展。因此，与之相应的研究也日益受到关注和尊重。

游憩一词源自拉丁文的 recreatio，指修复或恢复（Kelly，1996）。游憩主要是指创造性的休闲活动，但不仅是这些活动的好处或影响（美国国家公园管理局，1941）。正如斯拉文森（Slavson，1946）所指出的那样，“由于游憩的主要价值在于它平衡了人类的身心有机体，因此……（它）必须基于自我选择、主动和自发性”。

《论语》中早有“故君子之学也，藏焉，修焉，息焉，游焉”的描述。而在西方，现代游憩的概念大致产生于20世纪初。1960年，丹佛（Howard G. Danford）给出了关于游憩的较为完整的定义：游憩应被定义为一种自由选择的活动类型，它通过满足某些基本的个人需求和发展民主的人际关系来实现丰富生活的目的。游憩具有四个基本特征：①它发生在休闲期间；②参与是自愿的；③它带来即时或持续的满足；④它是社会可取的。与之相似的概念逐步为社会所接受，如尤齐（Yukic，1970）提出游憩应被视为一次空闲的经历、活动以及实现预期需求或目标的一段免费、可自由支配的时间。而游憩也或是“工作之余利用放松和娱乐手段以减轻疲劳”（The Macquarie Dictionary，1987）。进一步将这个概念泛化，则可认为“一切恢复、振奋个人精神状态的活动，都可看作是游憩”。

加拿大学者史密斯（Smith S L J.，1992）在其《游憩地理学：理论与方法》一书中提出：“游憩常常意味着一组特别的可观察的土地利用，或者是一套开列的活动节目单。游憩还包括被称为旅游、娱乐、运动、游戏以及某种程度上的文化等现象”。

虽然大多数类型的游憩都是娱乐性的、不以工作为导向的，但是它们的目的和益处却是不同的。将游憩理解为积极的、值得做的和有恢复健康作用的活动，至少与将其定义为娱乐性活动同等重要（Brockman & Merriam，1973）。游憩可以界定为与工作无关同时有着积极的、能够使人恢复健康和愉悦作用的活动。

当代，随着研究的深入，对于游憩概念的理解更趋综合性，逐步加入了社会、产业、行为、心理等内容或相应的研究成果，所涉及的学科也日益复杂，如风景园林学、景观设计学、林学、生态学、体育学等都把游憩作为热点予以关注。

针对游憩的概念，我国学者也提出了许多重要的思想和解释。吴承照(1997)从系统的角度提出，游憩过程是一种能量生产、消耗和积蓄过程，游憩作为一种社会行为，游憩系统也是社会系统。

保继刚(1999)在其所著的《旅游地理学》中指出：游憩一般是指人们在闲暇时间所进行的各种活动；游憩可以恢复人的体力和精力，它包含的范围极其广泛，从在家看电视到外出度假都属于游憩。

俞晟(2003)在《城市旅游与城市游憩学》一书中提出：游憩是在离开居所一定范围内进行的，能够带给行为实施者生理和心理上的愉悦，有助于恢复其体力和精力的合法行为。

陈洁(2010)认为：游憩是在短期内(一般不超过 24 小时)，人们离开居所一定范围内进行的，能够使自身生理和心理上感到愉悦的合法行为，且原则上不从事赚钱活动。

针对游憩还有一些综合性的解释，如：游憩是指个人或团体于闲暇时间从事的活动。游憩的内涵至少应当包含 3 个方面：从产业角度，游憩是广泛意义上的旅游；从地理角度，游憩是作为城市的一项基本功能，它是在城市范围内(包括城市区、城市郊区，乃至城市附近周边区域)进行的活动，而区别于休闲的随意性；从行为心理角度，游憩是物质追求与精神追求的统一体。另一方面，游憩过程又是一种能量生产、消耗和积蓄过程，游憩系统是城市社会能量储存与生产系统。游憩过程也是获取能量的过程，使游憩者有更充沛的精力、更丰富的知识、更健康的身体从事生产和创造性活动，促进社会物质文明和精神文明的发展(陈安泽，2013)。

冯维波(2009)认为，现代意义上的游憩具有六个方面的特征：非强制性，是在自由时间内选择或参与的活动，其目的是取得体验、愉悦和满足；游憩是生活不可缺少的组成部分；具有一定的道德准则，是一种健康的、积极的体验活动；游憩是一种过程和体验；游憩活动多种多样；具有多元共融性。综上，本书将游憩定义为一种出于放松身心、提高生活质量、提升精神健康以及其他愉悦和满足等目的的体验与行为，其主要活动范围集中在具有一定资源和特质的户外环境中，活动多为自发或经由非专业性的组织，且活动时间较短，多不发生住宿过夜行为。

(二)闲暇、休闲

闲暇是游憩的基础，尤其是在思想或观念层面。闲暇意指“自由的，没有压力的状态”。《现代汉语词典》给“闲暇”一词的释义为“闲空、没有事的时候”。有观点认为人们的时间可以分为三类：劳动时间、生理时间和闲暇时间。在个人满足了睡眠等基本的生理需求，以及必要的劳动工作所消耗的时间之外的剩余时间，就是闲暇时间。而人们在闲暇时间中所从事的一切自由的活动，就是闲暇活动。现代意义上的闲暇，在平衡人们的就业和生活、心理和生理之间至关重要。

早在古希腊时期，人们就对闲暇的价值有了充分的认识。亚里士多德曾提出“闲暇是全部人生的第一原理”。在古罗马时期就有了关于假期的设定，将专用的闲暇时间与工作时间分离开来。到了近现代，闲暇时间是以法定工作时间的时长予以反向约定。1883 年拉法格(Paul Lafargue)撰写了《有权获得闲暇》，是主张给予工人阶级以闲暇的第一本现代小册子。1899 年凡勃仑(Thorstein B Veblen)发表《有闲阶级论》，为闲暇社会学奠定了基础，是闲暇学在美国诞生的标志。1970 年《休闲宪章》中指出：闲暇时间是个人完成工作和满足生活要求以后，完全由本人支配的一段时间。

争取闲暇时间是形成生活价值、提升生活水平的重要举措。工业社会初期，过长的工作时间带给人们极大的身心压力，引发并激化了社会矛盾。为了改变这一状况，1866 年世界劳工协会第一届代表大会明确提出将 8 小时工作制作为国际工人运动的一个重要内容。经过不懈的努力，到 1968 年美国国会通过了 8 小时工作制法令。20 世纪 30 年代，每周 40 小时工作制和带薪休假制度得到确立，工人开始拥有真正的自由时间。随着闲暇时间的增加，闲暇意识的增强将逐渐打破传统生活的平衡结构，形成新的生活价值系统，并渗透到人们日常生活的各个方面(吴承照，2000)。

1999 年我国颁布了《全国年节及纪念日放假办法》，其中规定：元旦有一天，春节、五一、十一各有 3 天的法定休息日。2008 年我国再次调整休假制度，全体公民放假的节日从之前的 10 天增加到 11 天。据此，加上双休日整体上我国公众普遍享有的国家法定假日全年为 114 天。一些特殊群体的闲暇时间拥有量更多，比如：学生享有寒暑假，全年约 140—160 天；国家公务员以及外资企业管理人员享有“带薪休假”制度，每年约 10 天，全年约 124 天；退休人员绝大多数是赋闲在家(薛莹　田银生，2007)。我国现行的劳动法第三十六条规定，国家实行劳动者每日工作时间不超过 8 小时，平均每周工作时间不超过 44 小时的工时制度。并明确提出元旦、春节、国际劳动节、国庆节及法律、法规规定的其他休假节日应当依法安排劳动者休假。目前，我国城乡居民的闲暇使用方式呈多样化发展，但闲暇生活质量还不高，满意度偏低，表现为农村甚于城市，青年高于中、老年。未来发展应从提高城乡居民素质的战略高度认识开发闲暇资源的重大意义，把闲暇引入理性发展的轨道，建立城乡居民闲暇需求的调查体系，创造多样化、网络化的户外游憩场所系统(吴承照，1998)。

“休闲”具有闲暇时间和闲暇活动的双重含义，可以视为闲暇(Leisure)时间和游憩(Recreation)活动的综合。休闲同样是一种复杂的社会现象，对休闲的解释通常会关注其具有的三个基本特征：第一，休闲等同于自由活动带来的快乐和满足；第二，休闲代表一种精神状态和心态，重在自我表现和主观感受到的自由(Neulinger，1982)；第三，休闲在上述一种或多种环境中，本身就是一种活动。

对休闲的进一步理解需要注意以下几点：

① 没有工作不等于休闲，失业或患病的人员所处的无所事事的状态不是休闲体验，但这并不代表上述人员没有休闲。

② 在有关休闲的评价上，财富的多寡、健康水平的高低等一些常见的物质条件并非决定性因素。

③ 休闲能够促进自我和个体发展，大量研究证据表明休闲是必要且有益的。

④ 在责任内容难以区分时，即便是工作，也可以从中得到休闲的体验。这种典型常见于一些自由职业者，出于对他们所从事的工作的热爱和工作场所的灵活性，工作和休闲的界限无论从时间还是空间上看，都表现得较为模糊。这时，工作同样具有典型的休闲特征。

⑤ 尽管对游憩的概念并不强调其盈利属性，但不可否认的是休闲也日益具有商品化的倾向，这种倾向直接促发了休闲经济的产生，推动了关于人类休闲行为和经济现象之间互动规律的进一步研究。

⑥ 休闲具有强烈的个人色彩，在个体层次上，休闲体验在很大程度上取决于一个人的主观感受、个人和社会政治环境，也取决于他们的世界观。

上述关于游憩概念的表述中有一些共性的特征，如游憩主要是在闲暇时间、闲暇状态下的活动，具有一定的满足自我，带来生理心理愉悦的功能；游憩活动基本免费，不挣钱也少花钱。但也存在一些认识上的差异，如游憩是否必须离开居所，游憩是否只能是短时间内的活动，或者，游憩能形成产业吗？这些问题并没有一致的答案，仍然有赖于不同视角、不同学科在理论和实践方面的深入研究。而如果只是狭义地去理解游憩，那么黄羊山(2000)的一个有趣的分析，可能会给出一些回答。在黄的论述中，对分别来自南京、上海的三个人的三种不同类型的活动进行了分析(表 1－1)，并指出，其中的第二类活动是游憩活动，而第一类活动应视为旅游活动，第三类则是休闲。

表 1－1　三个人活动的差别

活动类型 / 比较项目	第一类活动	第二类活动	第三类活动
	小王的活动	我的活动	小张的活动
居住地或工作地	上海市	南京市	南京市
活动主要发生地	风景区(南京)	风景区(南京)	家里(南京)
是否有旅行过程	有	无	无
是否有游玩活动	有	有	无
收入的来源地	上海市	南京市	南京市
消费的地方	南京市	南京市	南京市
活动的时间	超过 24 小时	不足 12 小时	不定

资料来源：黄羊山，2000

（三）休闲、游憩与旅游

旅游是非定居者的旅行和暂时居留而引起的一切现象和关系的总和。这些人不作主要居留，并且在原则上不属于赚钱活动。旅游者离开居住地一定的时间和距离，到达目的地并停留一段时间，在停留期间进行活动并使用旅游设施①。旅游按时间可分为过夜和不过夜，即“过夜游”和“一日游”；按国家可分为国内和国际，即“国内旅游”和“国际旅游”等。“过夜游”是现代人类在闲暇时间内进行旅游活动的表现形式之一，旅游作为能带来经济效益的一种产业，“过夜游”尤其是国际旅游被人们重视，而对于国内旅游的关注度则稍显不足（吴必虎　俞曦，2010）。旅游通常具有明确的目的和动机，一般分为观光、娱乐、度假、体育、商务、会议、学习、探亲访友、保健、疗养、宗教；其最终目的是使人得到全面的发展，其中不仅包括体力和智力的全面发展，还包含人的个性、才能和志趣的多方面发展以及思想道德境界的不断提高等。

休闲、游憩和旅游这三个概念在研究中有千丝万缕的联系，并在内涵上有交叉之处。通常的理解中休闲的外延最广，游憩次之，旅游最小。休闲包含游憩，与旅游的概念相交，游憩以及部分旅游活动也可称之为休闲，如文化娱乐、健身康体、个人爱好、游戏等活动，都有助于恢复其体力和精力。从空间上看，休闲活动既可以在住所内也可以在住所之外开展，游憩通常是住所之外的一定距离或范围的活动，旅游则是在常住地之外开展的活动。从时间上看，休闲是指发生在睡眠或工作后的自由时间，而游憩是在休闲中发生的活动，休闲一般比游憩的概念更宽泛（Sessoms & Henderson，1994）。在闲暇时间内开展的活动都可以认为是休闲；游憩更多的是指不过夜（即不超过 24 小时）的娱乐活动；而旅游多是指人们在目的地过夜的休闲行为。与旅游可在公务或商务等非闲暇时间内发生不同，休闲、游憩行为是在闲暇时间内发生的（陈渝，2013）。游憩和休闲的发生频率较高，而旅游的发生受假期、经费、距离等的制约，频率相对较低。从消费或产业上看，旅游是一种社会经济现象。在休闲和游憩的过程中不一定存在消费的情况，但在旅游的过程中避免不了存在消费。所以旅游能够一定程度上刺激地方经济社会发展。

本质上，旅游就是到其他的地方去游憩，游憩研究是更广泛意义上的旅游研究（吴必虎，1991）。游憩才是最根本的问题，是问题的实质和关键。甚至，从严格意义上讲以游憩为主要动机的旅行者才是旅游者（吴承照，1998）。在我国，旅游及其价值已得到广泛接受，而把对旅游的认识上升到游憩，具有重要意义。在满足游憩的基础上提供系统的游憩设施和产品对人居环境建设和社会协调发展具有突出的促进作用。

---

①　美国全国旅游资源评价委员会（1973）提出旅游必须是离开居住地单程距离至少 80 公里，美国旅游数据资料中心和美国人口普查局（1978）提出单程至少 160 公里，加拿大统计局和加拿大旅游局也提出了最小单程距离 80 公里这一指标。上述指标受限于当时的交通方式，随着现代交通工具的发展，上千公里距离的单日往返已成为日常，这些指标已略显过时，但保留一定的空间距离差仍是判别旅游和游憩的重要依据之一。

二、游憩的多样性

游憩的意义具有多样性。游憩具有重要的社会意义：人们享有休闲与游憩的程度是一个国家生产力水平高低的标志，也是一个国家的社会文明程度的体现；而通过游憩补偿消耗、丰富生活、激发才能、体现自我价值是个人生存价值的体现。游憩具有文化意义：游憩活动包含着社会必要劳动之后精神上的慰藉、愉悦和满足，促生着对文化的诉求。游憩还具有经济意义：人们在休闲游憩中产生的对产品的需求和引发出的一系列消费行为催生了相应的经济活动。当前，闲暇消费已经成为一种新的经济增长驱动力，同时还具有调节国民收入分配，拉动居民消费需求的作用。

游憩不仅是行为和感受，还提供了多样性视角的理解，对社会生活方式产生着重要的影响。从日常使用角度看：游憩是公园、游乐场、游泳馆、体育场、社区中心等活动依存的特定空间；是年轻人消遣、家庭聚会、满足兴趣爱好、进行运动、开展社交活动，或是各年龄段的人成长发展的场所。从疗养保健角度看：游憩是老年中心、老年俱乐部以及为智障人士提供的福利工场，还是为老年人、残障人士提供的身体康复治疗中心，恢复或保持健康身体的康养场所。从活动出行角度看：游憩是乘坐拖车、公共汽车、飞机、邮轮等交通工具，多种多样的出行方式可以给人们增添更加丰富的游憩感受。从开发创新角度看：游憩是将科学与娱乐相结合的探索。新时代网络游戏的出现给人们带来了一个无穷大的虚拟休闲娱乐活动空间，丰富了游憩的内涵、打破了游憩常规意义上的时间空间局限；极限运动在科学的人的感觉域限范围内，满足了人们超越自我、挑战极限的渴望，也给人们在生理和心理上带来的一种惊险刺激的感受。从生态环境角度看：游憩是环保主义者对户外活动和森林、山川、河流等自然环境的关注，在游憩的同时将大众的目光牵引过去，引发社会关注，建立自然保护区、风景名胜区，用法律的手段予以维护，从而提高人们保护自然环境的自觉性。

游憩的多样性还体现在参与方式和体验上，采用不同的参与方式会给游憩活动带来不同的效果。一方面，参与游憩的类型和形式非常丰富，对于游憩的理解既可以是参与体育活动、竞赛或社会活动等，同时也覆盖范围极其宽广的休闲活动，如：旅游、文化娱乐或艺术活动、业余爱好、加入社交俱乐部或兴趣团体，野营、打猎、钓鱼等与自然相关的活动，出席宴会或其他特殊活动，如健身运动、探险等等。另一方面，参与游憩的主体和方式也同样具有多样性的特点。游憩可能同时拥有成千上万名的参与者，例如大型的体育赛事，也可能只是一次富有激情的个人体验；游憩过程可能是非常辛苦的体力消耗过程，也可能只是脑力活动；游憩可能是一生的乐趣，也可能只是一次简单的经历。游憩的多样性在满足人们放松身心，恢复精力体力的同时，也在更大范围发挥着社会、文化和经济效益。

三、推动游憩发展的社会因素

游憩是特定社会发展的产物，受经济、政策、社会文化、环境和技术等诸多因素的影响。当前推动游憩发展的十种重要社会趋势主要表现为:①可自由支配时间的增加。②国民财富的积累或相反。③休闲的商业化。④人口趋势。⑤人们的居住地。主要集中在城市,都市内部的游憩设施、游憩场所、游憩环境和游憩空间与市民的日常生活关系密切相关,不可忽视。郊区居住的人口少于城市、远郊的居住人口最少。⑥技术的影响。近年来网络技术的快速发展对游憩活动产生了极大的影响,互联网不仅在宣传旅游目的地和旅游关联服务中发挥了重要的作用,同时也为人们交通出行、安排食宿提供了便利。⑦游憩对身心健康的促进。当今社会生活节奏较快,人们普遍生活压力较大,人们越来越倾向于选择游憩来缓解压力。⑧环境关注。例如,国家公园的出现就是源于对自然环境的关注提升,而国家公园的出现进一步推动了游憩活动的发展。⑨家庭关系的变化。现代社会,家庭结构关系非常复杂,许多新式的家庭结构带来了游憩观念的变化,例如开放式家庭的出现。⑩组织型休闲服务业的成熟。十个主要类别的服务供给者构成了成熟的休闲服务供应体系:公共机构、非营利组织、私人会员组织、商业性游憩企业、雇员游憩项目、武装部队游憩、校园游憩、治疗型游憩服务、体育管理、旅游和接待业管理。

第二节　游憩学科概况

一、游憩学的基本概念

游憩学是一门研究人们在游憩活动中的心理、社会和环境行为及其影响的学科,游憩学关注游憩环境的规划设计、保护、改善与利用,旨在提升游憩认知、提高生活质量、促进游憩活动与社会的综合发展。游憩学还关注人们生活态度的改变,致力于完善人与环境之间的关系。游憩学同时也是方法论,研究如何组织游憩活动和管理游憩资源,因此游憩学与管理学科联系密切。

游憩学科涉及的内容大致包括以下几个部分:首先是游憩资源和活动的开发,如项目规划、设施设计等;其次是游憩活动的管理,包括设施、服务、财务和人力资源的管理等各方面;再有是游憩服务的实施,如领导力的培养、户外环境教育解说等;学科还包括游憩质量的控制,如各方面的评估与评价,以及相关研究方法的开发等;以及一些零散的辅助项目,如技术辅助、资金募集、程序制定等等。

二、现代游憩学科发展及其特点

(一)现代游憩学研究的发展方向

现代游憩学研究始于1962年美国户外游憩资源审查委员会(Outdoor Recreation Resources Review Commission,ORRRC)针对游憩在美国生活中的作用、现在和未来的需求,以及户外游憩的供求问题所提出的一份报告(Moore & Driver,2005)。根据陶伟等人对1974年至2001年的相关研究汇总，国外现代游憩学的主要发展方向大体上分为理论研究、目的地研究、游憩的影响、游憩者、游憩需求、游憩和旅游规划、特定国家或地区的游憩发展和游憩全球性研究等几个方面，进一步对游憩学研究中的学科分布进行整理可以看出：各学科所占比例分别为经济管理学26%、社会学15%、地理学11%、心理学10%、生态学8%、数理统计11%、规划设计6%、其他13%。其中经济管理学的比例最大，主要是游憩市场需求和项目可行性分析、市场营销研究、目的地资源开发管理、服务和设施的经济效益及管理分析、游憩对地方经济影响研究等；社会学主要探讨游憩、人与社会的相互关系以及游憩与社会文化教育、健康、宗教等方面的相互关系；地理学则主要从空间上分析游憩的市场规律、游憩者决策的影响因素、游憩者空间行为特点、游憩分布的地域空间特征等；心理学重点研究游憩者的动机和偏好对游憩决策的影响以及游憩者的心理感知过程；生态学集中探讨游憩与环境的相互作用、可持续发展和游憩环境容量。数理统计学作为提供有效信息的手段也在调查研究中使用，而为游憩发展作指导的规划设计学科在目前研究中所占的份额较少，至于政治学、历史学等学科则极少介入。

（二）现代游憩学科发展的主要特点

当前，游憩学科的发展表现出社会学和工程学两个主要途径。其中，社会学途径主要包括：采用社会学的理论框架研究游憩的社会意义和社会功能；研究游憩活动的社会变迁和社会组织的发展趋势；研究各种社会环境以及社会资源的利用；研究不同社会群体参与游憩活动的方式及影响等。此外，一些社会工作和教育等内容的研究也在社会学途径中占有重要的地位。工程学途径则是指以工程学的方法研究和解决游憩问题。涉及环境工程、建筑工程、规划工程和工程经济学等方面，本质上是将游憩问题视为一个复杂的系统问题，并通过系统的分析、设计、实施和管理等方法来进行响应，以期满足游客的需求，促进和实现游憩地的可持续发展。针对特定的游憩资源及游憩空间，游憩学科还重点关注与游憩相关的风景、景观、功能区以及配套设施的规划、设计、建设、管理和维护等方面。

在此基础上，现代游憩学科重点关注游憩所带来的身体、心理和社会收益；强调游憩在促进个人健康、幸福感和生活质量方面的重要性；分析游憩对环境的影响；研究游憩对社会关系和社区发展的影响；审视游憩在减轻压力和促进放松方面的作用；探索技术在游憩活动中的应用；评估游憩活动项目和服务的有效性以及游憩活动的伦理影响等。

三、国内外游憩学科的教学

国外大学普遍开设有游憩相关的专业，仅美国就有60多所大学有游憩专业，分属社会科学和自然科学两类。以美国得克萨斯农工大学（Texas A&M University）的游憩、公园与旅游学专业（Recreation，Park & Tourism Sciences）为例，其专业培养目标是学习如何结合社会和生命科学来设计有意义的体验，以及管理和营销与娱乐、酒店、活动、旅游和青年计划相关的组织。在课程体系设置上，将游憩、公园和旅游的理论基础与现实世界的应用相结合，为学生提供切实的技能。获取学位必须至少选择以下三个证书之一：游憩和公园管理、旅游管理、青年发展。典型的课程如：历史（美国历史和得克萨斯历史）、数学（商业和社会科学数学、商业微积分、工程数学等）、逻辑导论、旅游原理的应用、游憩公园旅游和人群分析、政治学、生命和物理科学、统计学、管理酒店和游憩组织、农业经济学概论、会计学、经济学原理、休闲旅游研究与分析、关于游憩公园和旅游资源的营销等、传播与体育概论等。根据证书选项不同，还需要选择不同的相关课程，如游憩和公园管理证书，需要补充进行公园和旅游运营、环境教育与解释、青年发展组织和服务、户外休闲的领导、公园生态与管理、公园和保护区管理等相应课程的选择。

加拿大滑铁卢大学（University of Waterloo）游憩与休闲学专业（Recreation & Leisure Studies）的典型课程则包括：游憩休闲研究导论，游憩及休闲服务概论，项目管理与评估，休闲研究专题1～4，游戏、创造力和儿童的发展，休闲与社会正义，西方体育史，体育社会学，体育哲学，职业体育，游憩营销、体育和活动，户外游憩、旅游和自然环境，治疗性游憩的实践基础、发育障碍和情感障碍、身体残疾、促进技术等，旅游概论，性别与健康及在游憩、体育和旅游方面的实习，活动策划与设计，休闲和社区，衰老和休闲，老龄社会学，休闲研究的定量、定性方法，基于国际视角的旅游影响，休闲和幸福，性别与休闲，城市游憩，遗产规划工作坊，生态旅游和社区等，并包含一系列的关于休闲的社会文化和行为维度、治疗性娱乐、旅游发展等方面的高级研讨会。

国内港澳台地区的大学较普遍地开设了休闲游憩专业或系列课程，例如香港理工大学、台湾东华大学、嘉义大学等都设有观光游憩专业或系科。在大陆地区，关于游憩的教育发展则较为滞后，历史上以游憩为名的本科专业曾出现在1998年版的《高等学校本科专业目录》中，其时教育部将森林旅游专业与野生植物资源开发与利用专业合并，设立过森林资源保护与游憩专业。东北林业大学、西南林业大学（原西南林学院）、浙江农林大学、北京农学院等9所高校于1999年招收了第一批本科生。此后，北京林业大学、沈阳农业大学、华南农业大学等18所高校陆续开设了该专业。它是由原来的森林保护专业、森林资源管理专业和森林旅游专业整合而来，与林学专业、植物保护专业和旅游管理专业相近。但是，与旅游管理专业相比，森林游憩专业除了传授一般的旅游管理知识外，还强化了林学、生物学、生态学、资源学的理论知识和实践技能的传授；与林学、植物保护专业相比，则强化了对森林旅游业可持续发展的研究，使学生具有较广阔的就业市场和更长远的发展空间。森林游憩专业隶属于森林资源类学科，要求学生具备数学、生物学、林学、地理学、旅游管理等学科的基本理论和基础知识；掌握森林旅游资源开发、森林公园总体规划设计、森林旅游环境影响评价、旅游市场分析及管理的方法；具有监测和保护森林资源、协调森林旅游与森林资源关系、开展森林生态公众教育等基本能力；熟悉我国在森林资源保护、林政管理、环保、旅游等方面的基本方针、政策和法规。实践性、应用性很强。该专业在2012版专业目录中改为森林保护专业，主要的教学体系和内容与之前基本相似，但与之前相比侧重上有了一定的区别。

根据最新的2023版专业目录，我国普通高等学校本科专业共设792项，其中与游憩相关的包括休闲体育(040207T)、体育旅游(040212TK)、人文地理与城乡规划(070503)、旅游地学与规划工程(081405T)、城乡规划(082802)、风景园林(082803)、野生动物与自然保护区管理(090202)、国家公园建设与管理(090207TK)、园林(090502)、自然资源登记与管理(120417T)、旅游管理(120901K)、环境设计(130503)等十余个专业。其中以旅游类规划设计为主要使命，并兼有自然保护与管理的专业以人文地理与城乡规划、旅游地学与规划工程、城乡规划、风景园林等为代表。但侧重于人们休闲游憩生活的社会公共服务，并兼顾各类别游憩资源的管理与维护的代表专业仍以风景园林(082803)专业为主。

2013年出版的《高等学校风景园林本科指导性专业规范》中明确提出风景园林专业的培养目标是“从事风景园林领域规划与设计、工程技术与建设管理、园林植物应用、资源与遗产保护等方面的专门人才”，并提出，“毕业生可在规划设计机构、科研院所、管理部门、相关企业从事风景区、城乡园林绿地、国土与区域、城市景观、生态修复、风景园林建筑、风景园林遗产、旅游游憩等方面的规划、设计、保护、施工、管理及科学研究等工作”。依据这一思想，风景区是本专业非常重要的研究对象和就业领域，与此密切相关的旅游与游憩类课程理应得到专业的重视。就此，《专业规范》将旅游与游憩理论作为核心知识点被纳入风景园林规划和设计原理的核心知识单元，而旅游与游憩规划则被纳入美学基础及设计表达的核心知识单元。并均要求掌握。

值得一提的是，同济大学风景园林系的发展历程也从一个侧面记载了风景园林专业与游憩学科相互依存的关系。同济大学的建筑城规学院始建于1952年，在1960年率先实现园林绿化本科专门化，1979年创办了中国第一个风景园林本科专业。1993年在该专业的基础上成立了“风景科学与旅游系”，建系之初就体现出与旅游、游憩的密切关联。1996年之后，在全国工科类风景园林专业停办期间开办了5年制旅游管理(旅游规划方向)专业，是“风景园林10年停办期”中唯一没有停办的工科院系。2005年改系名为“景观学系”，2011年恢复以“风景园林”名称的本科专业招生，但与游憩相关的内容仍是该系重要的教学及研究特色。

第三节　游憩的多学科理论支持

一、系统论

“系统”一词由来已久，在古希腊是指复杂事物的总体。狭义的一般系统论中，系统被定义为相互作用着的若干要素的复合体，并从这个一般的定义推导出有组织整体的特有概念，如相互作用、总和、机构化、中心化、竞争、果决性等等。广义的系统论具有基础科学特征，同时也与应用科学有联系，有时归于统一的“系统科学”名下（Von Bertalanffy L.，1973）。

现代系统研究可以提供一种更能适当地处理社会文化系统的复杂性质和动态性质的基本框架（Buckley，1967）。在游憩领域，采用系统论方法可以探究游憩行为和游憩空间的相互关系、游憩对社会经济和环境的影响等，并从整个系统的角度来考虑游憩行为的影响和影响游憩环境因素的相互作用，从而帮助我们更好地理解和管理游憩系统，并为其可持续发展作出贡献。系统论强调整体性和系统性，将游憩系统看作一个复杂的系统可以帮助我们认识到游憩系统内部的各种关系和相互作用，而不是孤立地处理一个个单一元素。游憩场所本身也是一个系统，它包括不同类型的设施和服务，各自起着不同的作用和相互作用。系统论可以帮助我们了解游憩场所的组成、互动和影响，以及这些因素与游憩者行为的关系。系统论还可以帮助我们理解游憩者的行为模式，这对于制定游憩政策和提供游憩服务具有重要意义。此外，在游憩系统中，可持续发展意味着在满足游憩者需求的同时，保护和维护自然环境、文化遗产和社会资源；评估游憩对环境和社会的影响，并制定对策以减少或避免负面影响。通过系统论的分析和预测，我们可以更好地预测和应对未来的挑战和机遇，实现游憩系统的可持续发展。

游憩活动是人类社会、经济、文化发展到一定阶段的产物。从系统论的观点来看，游憩者的活动构成了游憩者个体系统和外部环境系统之间信息和能量的交换。每个游憩者都有自己独特的行为模式，这是因为每个人在游憩活动中表现出的行为都与其个体系统的发展需要有关。研究表明，游憩是人们对缺失和欲望的一种反应，而这种缺失和欲望在家庭环境中无法得到满足。因此，游憩者个体系统在游憩活动中压抑的需求和欲望得到了释放，从而达到了心理的平衡和对称。从系统自组优化的角度来看，游憩者活动所呈现的行为模式正是个体系统为达到最优化目的而进行的。这种最优化的目的正是人类对于完美和更高境界的追求体现。因此，优化在系统整体发展中扮演着重要角色。无论是作为微观的个体系统还是宏观的大系统的组成分子，人体系统的自组织优化都以追求完美和更高境界为最终目标。

游憩体验是人们接触自然的地方，也是社会和生态系统结合在一起的地方。因此游憩系统被描述为社会—生态复杂的适应系统（Morse，2020）。

复杂自适应系统（CAS）是一种动态的多尺度系统，具有高度不确定性、自组织、跨尺度反馈、缺乏中央控制和突发特性等特征（Berkes，Colding & Folke，2003；Levin，1999；Norberg & Cumming，2008）。基于复杂自适应系统（CAS）的观点，游憩系统是动态变化的，并且是多尺度的。随着时间的推移，游憩场所的游客数量可能会增加，零售和导游数量也会增加，会对环境产生更大的影响。随着游憩系统的一部分的变化，个人和其他系统组成部分将会以自我组织的形式适应这些变化。例如针对一条小径的优化，当最后一家自行车租赁店关闭时，小径上骑车的次数可能会减少，植被得到恢复，小径的侵蚀和溪流的沉降会减少。适应这种变化可能会导致突发性属性的出现，这些属性可能无法预测。此外，自行车店的关闭也可能会促进当地社区成员组织商业发展小组来支持游憩行业，并与其他地区的游憩委员会建立联系来创建新的支持游憩业态的机构。因此，在游憩系统中，必须以一种适应性和灵活性的方式来处理变化的影响。完整的户外游憩模型反映出一个关于社会一生态系统的总体框架（图 1－1），用户与社会和生态治理系统下的资源进行互动，以实现结果反馈到每个组件，呈现一个动态的适应性协同进化系统（Anderies，Janssen & Ostrom，2004；Ostrom，2009）。类似的社会生态系统模型已被开发用于管理保护区（Cumming et al.，2015）、自然旅游（Farrell & Twining－Ward，2004；Moscardo，2021；Strickland-Munro，Allison & Moore，2010）、户外游憩（Ferguson，Mueller，Graefe & Mowen，2018；Morse，2020）和生态系统服务（Morse et al.，2013）。

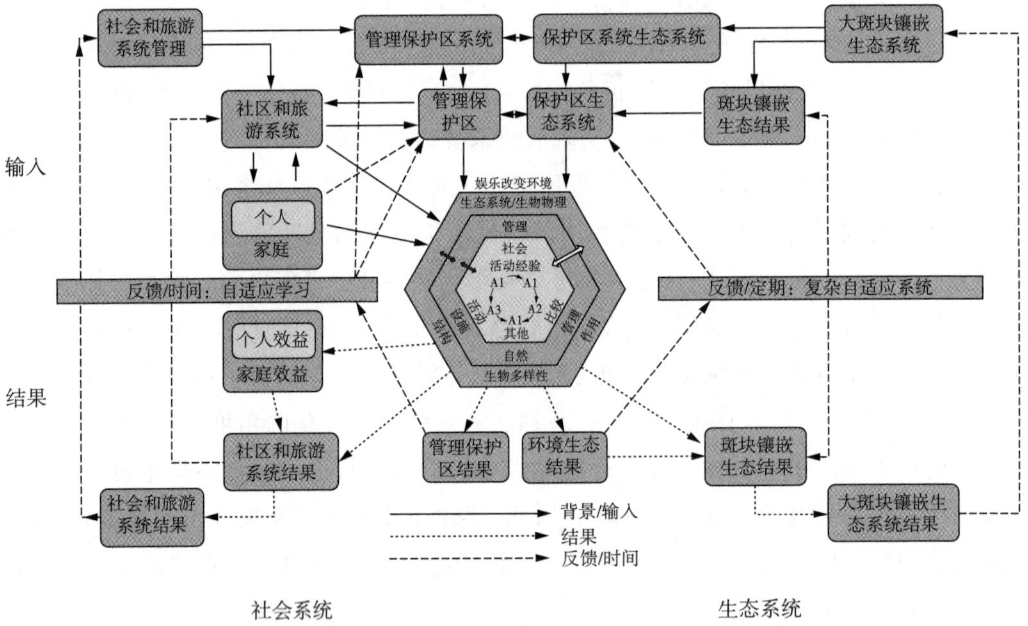

图 1－1　社会与生态复杂自适应系统户外游憩框架

资料来源：Morse，2020

二、经济学理论

（一）供求平衡理论

供给与需求是经济学研究的核心内容之一。需求与人们的欲望有关，而供给与社会的稀缺资源有关。由于稀缺性的存在，人们的潜在需求总是会超过社会的再供给。如何填平在无限需求和有限供应之间的鸿沟？如何使需求和供给两者之间得到某种均衡？

从总量上看，要求整个经济的总需求与总供应得到均衡，也就是整个经济购买商品和服务的数量与整个经济生产商品和服务的数量要大体相等。从个量上看，要求每种商品和服务的购买数量与企业生产的数量大体相等。人们的潜在需求超过社会的潜在供给总是存在的，那么是靠削减需求的办法，还是靠扩大供给的办法来实现均衡呢？或者二者兼施？经济学的任务就是要根据实际情况作出判断，或者从调整需求着手以适应有限的供给，或者从增加供给着手以适应膨胀的需求，或者同时采取扩大供给和缩小需求的办法使供求得到平衡（杨君昌，2004）。

游憩供给与游憩需求是游憩经济活动的两个主要环节。二者既互相依存、相互适应，又互相对立、相互矛盾，它们之间的对立统一关系便构成了游憩经济活动的基本内容。一方面，游憩供给与游憩需求各自以对方的存在为自身存在与实现的前提条件。供给的规模和数量取决于需求，而需求的满足又依赖于供给，供给与需求都要求双方彼此适应。另一方面，游憩供求双方利益的不同决定了游憩供给与游憩需求必然又是矛盾的。

在市场经济条件下，游憩供求矛盾主要是依靠价值规律的作用进行调节的，即通过价格机制的作用，促进供求矛盾不断地转化，推动游憩市场的供给与需求不断趋于均衡。当某种游憩产品供不应求时，游憩产品的价格就会上升，使游憩的需求量减少，游憩的供给量增加，直至供求大体相当；如果该种产品是供过于求，游憩产品的价格就会下跌，使游憩的需求量增加，游憩的供给量减少，直至供求大体相当。当游憩的供给量与游憩的需求量相等时，游憩供求就达到了均衡，此时的价格称为均衡价格（图 1-2）。

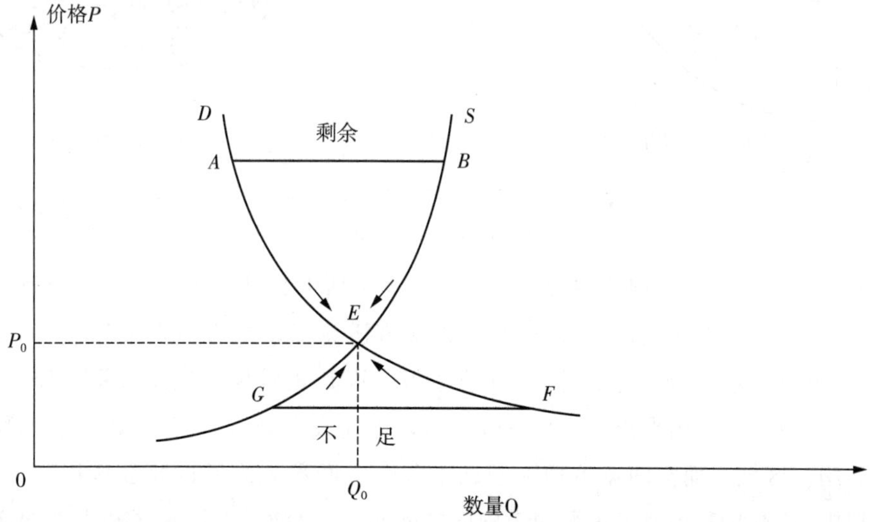

图 1-2 基于供求关系的游憩产品价格变化曲线

图中，S 为供给曲线，D 为需求曲线。当供给曲线 S 与需求曲线 D 相交于 E 点时，所对应的供给量和需求量都为 Q，说明供求均衡，此时的价格 P。即为均衡价格。

资料来源：田里，2004

(二)空间竞争理论

“空间,特别是生态位置意义上的空间是一个重要的资源,可以用它来支持对经济利益的追求”。空间资源的有限性使竞争成为城市空间发展变化中的一个基本现象,主要表现在对土地和空间区位的争夺,从而在城市中形成诸多的功能区和若干空间领域明显的“社会区”。20 世纪 60 年代,威廉·阿朗索(William Alonso)提出了级差地租—空间竞争理论(图 1-3)。城市土地级差收益的客观存在,必然吸引各类空间经济要素向心集聚,按市场供求均衡原理,城市中心区段的地价就会相应上升,从而产生排异现象,将附加值低的产业依次向集聚体的外围排斥,以控制城市集聚规模的自动平衡和保持集聚结构始终处于高效益的运动状态。

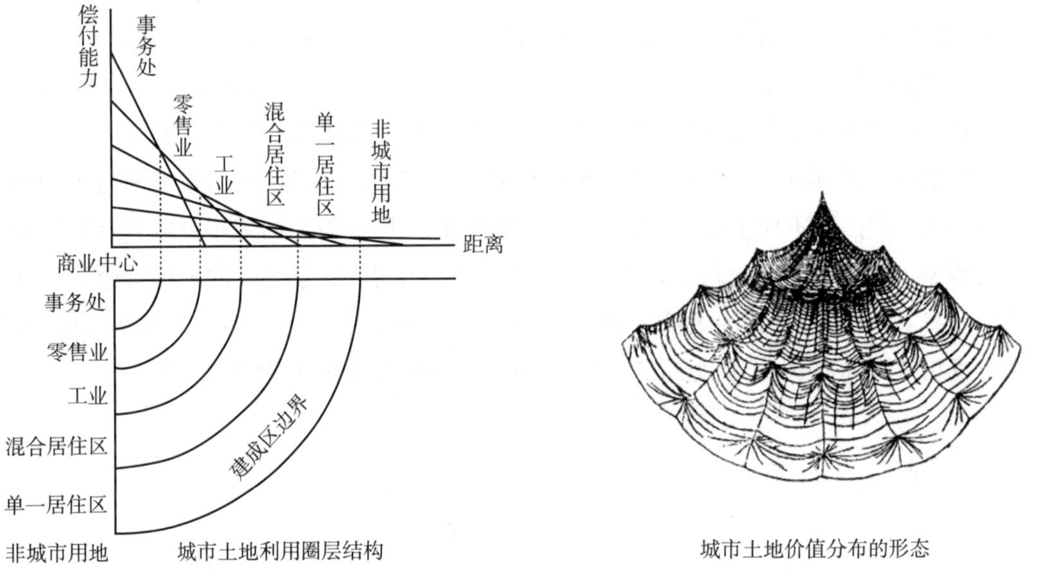

图 1-3 级差地租—空间竞争理论

资料来源:杨培峰,2005

级差地租—空间竞争理论在游憩规划和经济评估中都具有重要的应用价值,能够指导合理的地点选择、空间配置和市场调节,以实现游憩活动的有效发展和经济效益最大化。例如,根据级差地租理论,不同地点的地租会因其相对稀缺性而有所差异。在游憩规划中,这一理论可以用来指导选择适合游憩设施建设的地点,优先考虑那些地租较低、未充分利用的区域。而空间竞争理论强调了各个空间单元之间的相互作用和关联。在游憩规划中,这意味着需要考虑游憩设施的空间布局,以满足不同地区和人群的需求,并避免过度集中或过度分散。

(三)增长极理论

增长极思想最初是由法国经济学家弗朗索瓦·佩鲁(Fransois Perroux)在 20 世纪 50 年代提出来的,被认为是西方区域经济学中经济区域观念的基石,是非平衡发展论的依据之一。增长极理论认为，经济发展在时间和空间上都不是均衡分布的。在一个国家的经济空间中，经济发展应当以非总量的方法来安排发展计划，经济增长不是在不同的部门、行业或地区按相同的速度平衡增长，相反，是在不同的部门、行业或地区按不同速度增长。一些主导部门和具有创新能力的行业集中于一些地区，以较快的速度优先得到发展，形成“发展极”，再通过其吸引力和扩散力不断增大自身规模并对所在部门和地区产生支配作用，从而不仅使所在部门和地区迅速发展，也可以带动其他部门和地区的发展。因借喻“磁场内部运动在磁极最强”这一规律，称经济发展的这种区域“极化”为“增长极”(growth pole)。作为增长极发展的产业被称为关键产业，其特征是生产规模大，有很强的增长推动力并且与其他产业有广泛的关联。当关键产业开始增长时，该企业(或部门)所在区域的其他产业也开始增长。随着就业增加，地区税收状况改善，购买力上升，新的产业，特别是与关键产业有经济和工艺协作关系的产业就被吸引到该地区投资。随着这个过程的深入和普遍化，经济增长的动力将逐步渗透，最终波及整个地区。

增长极理论揭示了社会经济客体(“点”状)在空间中的集聚和分布规律，但在现实的区域开发与区域发展中，一定范围内可能有两个乃至多个“点”基本上“同时出现”，各自形成自己封闭的扩散区域——“局部扩散”。当空间中的若干个点发生相互作用，这时空间扩散就带有总体性质，“总体扩散”不是以一个“源”的外扩散形式，也不可简单地看成是多个“源”从各自中心的外扩散形式，而是表现为由陆大道所提出的“点—轴”渐进式的扩散模式(图 1-4)(陆大道，1998)。增长极理论为游憩规划提供了一个重要的视角，可以用于指导资源配置、投资决策和区域合作，促进游憩活动的可持续发展，实现区域经济的繁荣与增长。根据增长极理论的基本认识，区域内的发展具有不均衡性，经济增长和投资会在某些核心地区聚集，从而形成一定的区域影响力。可以利用这一特点来确定优先发展游憩设施和资源丰富的地区，吸引更多的游客和投资，促进该地区的经济增长和就业机会。增长极理论还关注区域内不同地区之间的互补性和协同效应。这意味着需要促进增长极地区与周边地区的合作与协调，共同推动整个区域的游憩发展。通过合作，可以实现资源共享、互利共赢，提高整体区域的竞争力和吸引力。

(四)公共选择理论

公共选择理论是由于第二次世界大战后经济学领域尤其是福利经济学领域关于社会福利函数的性质和市场失灵与政府干预两方面的争论发展起来的(方福前，2000)。

非市场决策的经济研究是一种研究政府决策方式的经济学和政治学。公共选择理论致力于探讨在外部性、公共物品和规模经济存在的前提下，如何确立对资源进行有效配置所需要的条件。由于个体在政策制定中存在自私性和理性选择，需要考虑不同利益相关者的需求和偏好，并采取合适的政策措施来平衡各方利益。公共选择理论提供了分析决策制定过程中的权衡和折中的工具，以确保游憩政策的公正性和有效性。对于社会和消费者个人来说，公共物品的供给是必要的。然而，提供公共物品需要成本，这些成本

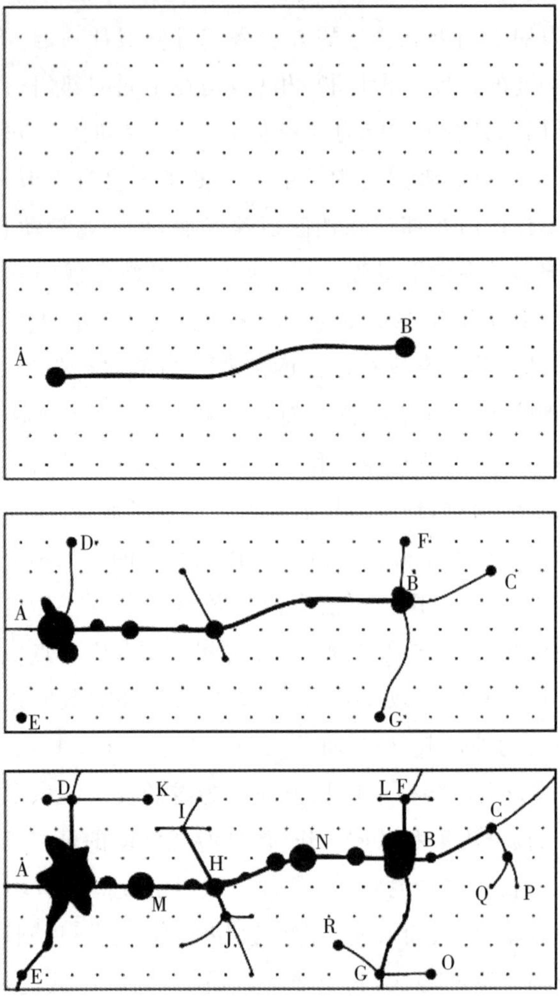

图 1-4　点一轴渐进式扩散模式

资料来源：陆大道，1998

应由受益者共同分担；可公共物品一旦被提供出来，又无法排除那些没有负担成本的消费者的消费行为，于是出现了“逃票乘车”问题。根据公共物品的特性，由私人提供公共物品会造成资源配置缺乏效率。因此，公共物品不能由私人企业供给，必须由公共部门或政府供给。城市游憩空间的某些类型（如广场、公园）属于拥挤性的公共物品（即具有非排他性，但它达到某一使用水平以后又具有竞争性），其供给应由政府承担，其供给过程遵循公共选择规律。

公共选择理论还关注资源的有效配置和利用。在游憩领域，这意味着政府需要基于经济效益、社会影响和环境可持续性等因素来决定资源的分配方式。通过对不同资源配置方案的成本与收益的评估，优化资源使用以实现最大化的社会福利。

此外，公众的参与和意见反馈对于制定合适的政策和规划非常重要。公共选择理论鼓励政府与公众进行积极的互动和合作，以确保决策过程的透明度、民主性和可持续性。这意味着政府可以通过引入市场机制和竞争机制来增加游憩服务的供给和品质，并提高游客的满意度。

(五)经济外部性理论

外部性是经济学理论论证市场失灵、需要政府干预的另一个重要例证。外部性有负的外部性和正的外部性两类情况。负的外部性是一个经济主体的生产消费活动直接影响其他社会成员的正常活动或效用，又称为外部不经济，如侵占公共绿地的房地产开发以及各类环境污染方面的外部性等。正的外部性是经济主体的生产消费活动使其他社会成员无需付出代价而得到好处，又称为外部经济。公共物品是正的外部性的一个极端例子。

解决外部性的传统方法主要有征税与补贴，合并、内在化与产权重组。1960 年，新制度经济学的创始人、诺贝尔经济学奖获得者、美国经济学家罗纳德·哈里·科斯(Ronald H. Coase)在《社会成本问题》一书中提出了解决外部性的另一种思路，即著名的“科斯定理”。该定理认为，在交易成本为零和对产权充分界定并加以实施的条件下，外部性因素不会引起资源的不当配置。科斯认识到假定交易费用为零是很不现实的，他又进一步指出：“一旦考虑到进行市场交易的成本……合法权利的初始界定会对经济制度的运行效率产生影响。”这就是“科斯第二定理”。由此得出结论：不同的产权制度和法律制度安排会导致不同的资源配置效率，产权制度是决定经济效率的内生变量。

游憩活动常常产生正面的经济外部性，如就业增加、当地经济增长和社区发展。认识到这些积极影响，有助于政府和决策者更好地理解游憩产业的重要性；进一步，通过使用市场价值分析、出行成本法和效用评估等经济学工具，可以量化游憩活动对经济的正面外部性影响，如消费支出、税收贡献和就业机会创造，为投资和政策制定提供支持。经济外部性理论还指出，在存在外部性的情况下，自由市场可能无法实现最优结果，需要政府进行适当的干预。对于游憩领域，政府可以通过提供公共设施、修复环境、制定规范和激励措施等方式来促进游憩活动，以最大化经济外部性的利益。此外，经济外部性理论强调了资源的可持续利用和环境保护的重要性，这意味着需要平衡经济增长和生态保护之间的关系，确保游憩活动对自然环境的影响最小化。

(六)休闲经济学理论

经济学对于休闲的研究始自“工作—休闲”交易模型(Labor-leisure Trade Model)。在该模型中，休闲并非经济学家所要讨论的真正主题，而仅仅被当作是工作的对立面。从消费者个体而言，经济学家关注作为理性人的消费者对休闲时间的需求以及个人休闲时间分配和利用状况。针对前者，在新古典经济学看来，休闲是一种“正常品”，其边际效用为正。理性经济人的休闲需求曲线为一个开口向右的 U 型曲线(图 1-5)：当实际工资率较低时，随着实际工资率的提高，替代效应大于收入效应，从而劳动供给增加，休闲需求减少；当实际工资率处于较高水平时，随着实际工资率提高，收入效应大于替代效应，休闲需求增加。Prasch(2000)提出了另一种解释，他认为休闲并非边际效用始终为正的正常品，而是由自由时间和购买力共同决定的“联合产品”，当工资率下降到较低水平时，休闲的边际效用为负；如果工资率降得太低，则经济人为了维持生存所需工作的时间太长而宁愿放弃，随着工资率的继续下降，经济人的休闲需求将迅速增加，但这并非真正意愿，而是迫不得已(图 1-5)。

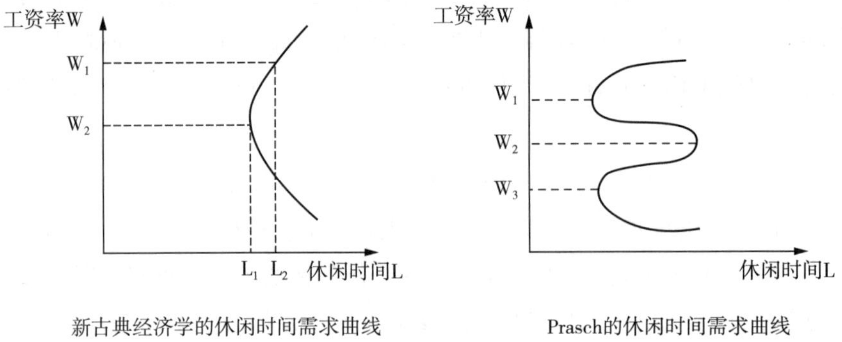

图 1-5　休闲时间需求曲线

资料来源：宋瑞，2007

关于个人休闲时间的利用，研究发现，社会经济环境变化(Gronau，1977)、工资率(Gronau，1973)、家庭福利指标(Kokoski，1987)、税收、文化因素以及工会政策等(Alberto Alesina，2005)等都对休闲时间造成了影响。而在讨论休闲时间的增加与经济增长是否存在正相关性上，Buchanan(1994)认为，人们的休闲消费欲望和数量减少时，能提高生产率，休闲时间与经济增长有反比关系。Liu(1996)则利用 CES 效用函数证明，只有当人们对消费品多样化的需求不强烈时，Buchanan 的论点才成立，反之则会提高劳动生产率。20 世纪中叶，贝克尔突破传统的“工作—休闲”二分法，将时间作为一种可以与货币交换的资源。其研究表明，休闲不是简单地不工作，而是个人或“家庭”消费商品或服务所必需的时间，休闲不亚于工作，它是经济系统不可分割的一部分。在此基础上，郭鲁芳(2004)提出，休闲是时间和物品复合型的消费，其中消费者的时间约束硬化程度会大于收入约束硬化程度。

休闲经济是在休闲产业普遍发展的基础上孕育而生的(田松青，2005)，是由休闲需求和休闲产品供给构筑的经济，是一种“休闲型经济”，这种“休闲型经济”是“劳动型经济”的变异性转型。休闲经济一方面体现着人们在闲暇时间的休闲消费活动，另一方面也体现着休闲产业对于休闲消费品的生产活动(王延琪，2005)。

休闲经济是劳动型经济的变异性转型。首先，休闲经济是建立在物质文明基础之上的经济。自从有了人类以来，人类的经济活动一直处于一种劳动型经济，即以追求财富最大化为目的的效率型经济。而人类进入休闲时代以后，产生了休闲型经济，它是以追求人生价值的最大化为核心的经济，是劳动型经济的变异性转型。在休闲经济时代，经济活动的目的、价值观念、劳动效率、劳动形式等各个方面都发生了巨大的变化。人类活动由以劳作为中心转向以休闲为中心，休闲将成为生活轴心，从而休闲经济也将成为经济活动的主体。其次，休闲经济不仅是消费活动，本身也包含生产活动。在多数情况下，休闲经济的生产与消费是同时进行的，如游憩观光、活动体验等。最后，休闲时间是一种特殊的稀缺资源。人们如何利用、配置这种稀缺资源来实现自我价值、提高能力素质、体验愉悦心情、发展兴趣爱好、家庭幸福和身体健康等人类终极目标，这将是休闲经济学研究的核心问题。

在游憩领域，休闲经济学研究人们在游憩活动中的消费行为和支出模式，以期提高游客满意度和收入。通过使用旅游支出、就业机会、税收贡献和消费者剩余等指标，可以量化游憩活动对经济的贡献，关注市场的需求与供给，预测市场发展趋势，进而对游憩设施的规划和市场营销策略提供指导。休闲经济学也关注游憩活动对社会的影响和效益。通过分析社会效益，如健康促进、社交交流和文化传承等，可以评估游憩活动对社会福利的贡献。同时，通过平衡经济增长、环境保护和社会受益之间的关系，还将增进游憩活动对自然资源的合理利用和环境的保护。

三、社会学理论

社会学是研究社会运行与发展的条件与机制的综合性社会科学，它研究整个社会以及构成社会整体的各种社会现象，并揭示这些社会现象的结构及其发展规律。社会学对旅游的研究始于 20 世纪 30 年代的德国，60 年代德国学者克内贝尔（H. J. Knebel）出版了第一部旅游社会学的著作。直到 90 年代，随着社会学与旅游学的进一步交叉，旅游社会学的学科地位得以确立并取得重要发展。旅游社会学以独特的视角和方法研究旅游，拓宽了旅游研究的领域，丰富了旅游的内涵。以色列旅游学家科恩（Cohen）认为，旅游社会学的研究对象主要包括四个领域：①旅游者：即动机、态度、反应和角色；②旅客和旅游地主人的关系；③旅游系统的结构和运行；④旅游的社会经济后果和社会文化影响。对于这四个领域，旅游心理学、旅游人类学、旅游地理学、旅游经济学等都有所关注。从当前的旅游社会学文献来看，旅游社会学研究的侧重点主要集中在第四个领域。因此，旅游社会学的研究有相当广阔的空间，值得进一步探索。旅游社会学独特的视角并非单一的，而是多角度、多流派并存的。其中包括发展演进说、新迪尔凯姆学说、冲突和批判论、功能主义、韦伯主义、文化人类学、现象学、女权主义、符号互动主义、后现代主义等。纵观各家观点，各流派在以下内容达成“共识”，认为旅游社会学从一个更为整体性、更为系统性的和更为一般和普遍的社会关系和社会互动的角度来分析旅游。也就是说，旅游社会学把旅游现象放在更广的社会背景(包括社会结构、社会关系、社会趋势、社会变迁、文化传统和人口地理环境等)和更为一般的社会关系、社会互动过程中来考察。

游憩领域的社会学视角和方法旨在研究人们在游憩活动中所表现出的行为、态度、价值观等方面的变化,以及游憩活动与社会、文化、环境等诸多因素的关系。其研究内容强调客观环境与主观体验的互动关系,认为游憩活动与游憩场所的社会、文化、历史、地理环境等因素密切相关,游憩活动也是人们对环境进行主观感知和情感体验的过程;另一方面,关注游憩中社会学的内容也是对文化差异的认同,不同的文化背景和社会习俗会对游憩行为产生诸如态度、价值观、习惯和规范等方面的影响,游客的认同感和归属感也会受到文化因素的影响。此外,还应重视游憩活动对社会发展的影响,游憩行业是一个庞大而高速增长的经济产业,它的发展对于社会的经济、文化、地理、生态等方面都会产生重要的影响。游憩活动和游憩产业在全球范围内呈现出越来越重要的影响,研究不同国家和地区的游憩现象之间的共同点和差异性带来了游憩研究的全球性视野。

四、地理区位理论

(一)区位理论

区位一词源于德语的"Standort",英文译为"Location",日文译为"立地",中文则译为"区位"。区位论是地理学经典理论之一,与游憩学有着密切的联系,对游憩行为的时空特征、游憩活动的组织以及相应的服务支持等内容产生深刻的影响。

区位理论限定于研究人类为了生存和发展而进行的诸类活动,从这个意义上讲,区位是人类活动(人类行为)所占有的场所。具有位置、布局、分布、位置关系等方面的意义(李小建,1999)。近代区位论立足于城市或地区,着眼于市场的扩大与优化,追求宏观静态平衡发展,属于市场指向型研究。其中较为成熟的如杜能的农业区位论、韦伯的工业区位论、帕兰德的工业区位论、胡佛的区位论、霍特林模式、廖什的市场区位理论和艾萨德的区位指向论、格林哈特的区位论以及行为区位论等。其中,杜能(Thunen J H Von)在19世纪初创立的农业区位论的主要目的是探求在特定条件下农业企业如何经营农业用地。其前提为六个假设条件:一个位于肥沃平原中央的城市、马车是唯一的交通工具、土质都可以耕作且条件均一化、这个区域与其他区域隔绝、人工产品的供给只来源于中心城市、城市的食物供给也只来源于周边的平原地区。依据农业企业利润最大化的需求,且认为地租随距离城市中心距离成反比,那么,城市周边的土地将出现有规律的六个圈层结构:最靠近中心的是自由农业圈,主要生产易腐烂难运输的农产品;然后依次是林业圈,用于生产木材、建筑用材;轮作式农业圈,主要作物为粮食和饲料;谷草式农业圈;粗放的农业耕作圈和畜牧业圈等。这种依据级差地租和产品特征的区位理论对近年来城市的游憩圈层理论产生了启发和影响。而现代区位论始于第二次世界大战以后,与古典、近代区位论相比,其研究内容、对象、方法等方面存在较大差异,空间性、区域性、系统性是现代区位理论研究的主要特征，区域空间结构理论、区域经济增长理论、区域发展阶段理论等成为现代区位论的基础。如区域经济空间结构，它是指在一定地域范围内经济要素的相对区位关系和分布形式，这些特征是在长期发展过程中人类经济活动和区位选择的积累结果。应用到游憩与旅游规划中，这种结构特征成为协调旅游区（点）之间关系，整合旅游资源的科学依据。

（二）游憩地理学

60 年代末，在苏联形成了地理学又一分支学科——游憩地理学。苏联地理学家把游憩地理学定性为地理学的二级分支学科，即介于自然地理学和社会经济地理学之间的具有较强综合性的新兴地理学科。游憩地理学又大致分为大众度假地理学、疗养地理学、旅游地理学和高山运动地理学等。

在苏联，游憩地理学的形成与发展分为四个主要阶段：

1. 游憩地理学及游憩学基础模型形成期(1968—1972)

1972 年国际地理联合会曾将旅游地理学列入交通地理委员会下。当时苏联已经形成了疗养气候学，开始了度假自然条件评价工作。游憩活动形成了特殊的社会系统类型——游憩系统(B. C. Преображенский，1972)。游憩系统主要由以下五个相互联系的子系统组成，即游憩者群体、自然与文化综合体、技术与工程装备系统、服务人员群体以及相应的管理机构。在此基础上，普列奥布拉仁斯基(B. C. Преображенский)提出了地域游憩系统的概念，构建了游憩系统的内外在联系，该理论成为游憩地理学理论体系中的基本理论之一，而且一直沿用至今。

在随后的发展中，游憩地理学反而在游憩学的形成中起到了特殊的凝结核的作用：游憩地理学研究了游憩系统内部的概念、游憩活动以及游憩系统的基础模型。这些研究形成了游憩学的基础概念。

2. 游憩地理学基础模型形成期(1973—1978)

该阶段关于游憩的基础模型在地区实践中的检验、地域游憩系统模型的发展和时间研究方法逐步形成。70 年代，研究者提出了“游憩资源”的概念，将其定义为自然的、自然技术和社会经济的生态系统及其构成；它们在现实技术与物质条件下可用于游憩经济组织。随之，对于游憩地理学则出现了两个新问题，即资源和游憩经济的关系，以及如何动态地理解容量及质量概念的现实性。

3. 作为过渡基础的时间观向时空分析的扩展(1979—1982)

普列奥布拉仁斯基(B. C. Преображенский)等在对莫斯科市与莫斯科州居民度假组织的研究过程中探讨了典型地域结合的可能性[这些典型地域建立在游憩地理空间连续性（范围、网络）和非连续性（地方化、地域生产综合体）概念的基础之上]以及在人口地理学中吸引形成模型结构的可能性。这些研究从现实上拓宽了时间方法的应用。时间方法涉及了各种问题，其中最重要的是规划问题的解决。同时，该方法也成为苏联科学院

(现为俄罗斯科学院)地理研究所游憩地理组研究中最高级的问题之一。

4. 游憩地理学空间理论形成期(1983 年及其以后)

统一而完整的游憩地理空间理论的形成表明了游憩地理学研究的中心方向。在这一方向的许多课题中,需要强调的是"游憩地理空间自然资源"概念的研究,不仅研究现象的特点,而且研究其中反映在区域与网络模型中的连续性以及反映在枢纽、构架和部分地域游憩系统现象中的非连续性之间的相互关系。

新的游憩资源的形成——人工水库及新的森林区域、人工高山滑雪道的建设、交通基础结构的完善与拓展、新的游憩经济物质技术结构的建立都可以优化城市、地区的游憩地理状况。游憩地理学和传统的理论地理学的研究对象逐渐靠近——即重视地理空间的研究。游憩地理空间不仅以简单的多维性为特点,而且首先表现为系统性。

五、风景景观理论

(一)风景

风景一词在我国出现很早,目前最早的版本当在《世说新语》[①]中,原文:"周侯中坐而叹曰:风景不殊,正自有山河之异!皆相视流泪。"这句话的表述非常值得推敲,它描述了一个特殊的现象:哪怕是针对同一个(风景)对象,也因为观看的人或者情绪、环境等因素上的不同,产生(风景感知上)极大的差异。可以这么说,"风景"一词,从它出现的那一刻起就已经表达出了与人们的感知之间的依附关系以及其作为文化信息的典型特征。

现代对于风景概念的解释多种多样,张述林(1992)在对不同学科的风景概念进行不完全的整理后,竟梳理出 35 种之多。经综合分析,张述林提出,风景既具有感性也具有理性认识:在感性上,风景是各构景要素在特定空间区域内随时间美感表现的综合体;在理性上,风景是人类情感在自然中的特定显露空间、环境、构成体等。

丁文魁(1993)提出,风景的本质是介于环境和人的印象之间的边际文化信息,并将风景的概念归纳为两类方式——

第一类:

风景是自然界体系和社会界体系优化结合的美的环境。

风景是指以自然景物为主构成的,能引起美感的空间环境。

风景是指在园林绿地中,自然的或经人为创造的,并以美为特征的一种供游憩欣赏的空间环境。

---

① 陶渊明的《和郭主簿二首》中"露凝无游氛,天高风景澈"疑似更早,但据中华书局《陶渊明集》逯钦立校注认为:"露凝无游氛,天高风景澈"之"风景",当是"夙景"之误。也有文献中认为最早出于《晋书·王导传》中:"周顗中坐而叹曰:风景不殊,举目有江河之异!",这段描述与《世说新语》基本相同,但《晋书》成书已是唐代初年了。有学者认为,风景一词最早应出自《文心雕龙·物色篇》:"自近代以来,文贵形似,窥情风景之上,钻貌草木之中。"《文心雕龙》成书晚于《世说新语》,但这种说法重在表述风景一词的含意,也有可取之处。

第二类：

风景，就是以某一土地的单元，以及加上与此相当的空间覆盖的味觉以外的全部感觉的印象。

风景，是以人类的视觉所得到的自然的、人文的形式为主体，将它放在观赏、鉴赏的视点上，来表现观察到的情况。其中，伴随着艺术性、人类的感情、感觉等。

风景是映入眼前的有趣景象的种种物象的总和。

风景是从给定的优越位置的点观察到的印象。

第一类解释使“风景”扎根于“环境”“空间环境”，第二类解释则强调“全部感觉的印象”“视觉”“感情”“印象”。前者偏重于客观，往往把“风景”和“风景资源”“景物”混为一谈；后者偏重于主观，则视“风景”和人的风景审美经验为一物。

张国强(2008)提出，风景是人能感知和欣赏的景象；是在一定条件下，由山水、生物、人工物以及某些自然和人文现象所形成的足以引起人们审美与欣赏的景象。2017 年，张国强对这个概念作了进一步的完善，认为风景是人们游览欣赏的真善美景；是在一定时间空间内，由山水景物以及某些自然和人文现象所形成的足以引起人们欣赏的景象。因此，风景构成的基本要素是景物、景感和景因。这个解释是当下较具共识的表述，相近的如《现代汉语词典》中“一定地域内由山水、花草、树木、建筑物以及某些自然现象(如雨、雪)形成的可供人观赏的景象”的释义。

作为文化地理学的重要概念，风景还是一种文化现象。英国历史学家西蒙·沙玛(Simon Schama)指出，风景首先是文化的，其次才是自然的，并认为“风景是自然背后的文化”。朱义禄(1993)认为风景是一种实体性的文化资源，它以独具魅力的自然景观和人文景观，吸引着人们前往领略它的文化内涵。风景是一种人们所公认的文化遗产，是具有较高的科学、历史和艺术价值的文化资源。

风景也是一种历史概念，风景不是从来就有，是伴随着人类的产生而出现的一种特定的文化现象或文化信息。总的来看，风景源于自然，但最初的自然并非风景。人类和自然之间的关系经历了从矛盾到和谐的过程，《淮南子·览冥训》中描述的早期自然：“天不兼覆，地不周载，火爁炎而不灭，水浩洋而不息”，这时，山水带来的不是愉悦而是畏惧。随着人类社会的进步与发展，大自然才逐步成为人们审美的对象，随之产生风景的意识。

近代，关于风景的研究经历了三次大的范式转变：

第一个阶段是在 20 世纪早期，美国地理学家卡尔·索尔(Carl Sauer)开创的伯克利学派提出风景是文化的物质表达，聚焦可视风景的物质形态。第二个阶段是 20 世纪 70 年代，以美国著名地理学家梅尼格(Donald Meinig)、段义孚(Tuan Yi-Fu)等为代表的人文主义地理学家，强调风景是一种观看方式，强调风景体验。第三阶段是 1980 年代中期以后，以英国学者丹尼斯·科斯格罗夫(Denis Cosgrove)和斯蒂文·丹尼尔(Stephen Daniels)为代表的新文化地理，强调风景具有权力与物质的两面性。20 世纪 90 年代以后的风景研究，更突出个体的体验，强调风景是体验过程，是亲身经历和感受户外空间的体验风景。

风景也被认为是人类社会背后所隐藏的社会关系的象征。丹尼斯·科斯格罗夫(Denis Cosgrove)就提出，“风景是一个意识形态概念，它代表某个阶级的人们通过想象中与自然的关系，指涉自我与世界。”在这个基础上，风景还可以被理解为一种群体文化，作为一种特殊的文化信息，风景无论是从形成、表达还是传承上，都具有群体认知的特征，且在风景的生成与传播上有部分人群(如艺术家、诗人、画家等)具有一定的支配地位，其他群体对其认知具有典型的社会心理学上的群体效应，如从众或对权威的服从等。

人文地理学中对风景的界定当属梅尼格(Meinig)和皮尔斯·路易斯(Pierce Fee Lewis)的最具代表性，风景在“凝视之眼”下呈现十个版本：第一，风景是自然。第二，风景是栖息地。第三，风景是人工制品。第四，风景是系统，风景和人类及其他万物一样，是错综复杂而又多变的全球系统的一部分。第五，风景是问题，风景成为反映工业化、现代化、城市化、社会弊端的一面镜子。第六，风景是财富，现代社会是市场经济为主导，风景成为财富，是实用主义商业化社会的代表产物。第七，风景是思想意识，反映人类的价值观、文化观。第八，风景是历史，风景背后是复杂、漫长历史记录里的自然和人类在某个地方的所有行为和活动。第九，风景是场所，对作家而言，风景是一个需要人们用感观去全身心拥抱的具体场所。第十，风景是美感，风景的美学价值很早就得到艺术家们的关注，风景画就是其中的一个例子。路易斯更强调了风景的艰涩难懂，提出需要我们“轮流地进行观察，解读，思考，再观察，再解读。这样才能达到理想的效果，提出我们以前从未提出过的问题”。

(二)面向游憩的风景

1. 以景观、园林为代表的风景游憩形态

景观(Landscape)一词可以追溯到公元500年的日耳曼—盎格鲁语系。“Landscaef”这个词以及它的含义通过盎格鲁—撒克逊殖民者带到了英国，它原义是指森林中清理出来的空地，上面有动物、小屋、田地和围栏。这本质上是一种从森林和荒野中分离出来的农业景观。因此“景观”从一开始就是指被文化过程赋予价值的人工作品。在17世纪的欧洲，特别是在英格兰，景观开始和风景绘画联系起来，其中以荷兰的现实主义风景流派(landskip school)和想象历史风景画最为突出，克洛德·洛兰(Claude Lorrain)的画就以将人物置身于理想的田园风光中而著名。景观(landscape)和风景(scenery)成了同义词，都有置身于人化的风景之中的含义。基于一些复杂的原因，当前在许多场合下，风景和景观这两个用语被混合在一起，甚至是互换使用，这尤其表现在对landscape和scenery的英文译名上。“landscape”作为“景观”的应用场景较为普遍，而随着国内学科内部的争议逐渐平息后，对于“landscape”一词也不排除“风景”的释义使用。金云峰等(2021)指出，“landscape”一词的内涵不断发展，除了表示“改善自然条件，创造美丽的景色”，同时

可以指代客观实体，即土地(land)、领土(territory)，也可以兼容城市、乡村和自然；既可以指好的风景，也可以指残破的、衰败的风景。"landscape"在中文语境里常被翻译作"风景"或"景观"，在学科和社会大众的认知中也存在多样性的解读。"景观"既可以在宏观、中观尺度上进行理解，也可以被解读为微观尺度上的视觉效果，如"小区景观""街道景观"等。结合其在自然资源、国土空间规划、生态文明建设语境中的内涵来解读，可采用"风景"作为"landscape"的中文翻译。基于上述认识，虽然"landscape architecture"早期也曾被译为"园林"，但近年来国内关于这个概念的定义已经渐趋一致，在《风景园林基本术语标准》中，明确将 landscape architecture 作为风景园林学的英文译名，而对园林的定义则明确为"在一定地域运用工程技术和艺术手段，创作而成的优美的游憩境域"。与风景之间的区别在于，园林是专为消闲游赏的人造风景空间，也包括植物参与构成的建筑庭院以及与住宅、宫殿、寺庙、神坛或其他建筑物结合组成的户外空间。完全天然的空间即便是很好的风景也不是园林，园林指的是人造空间，即使看起来和天然风景完全一样。对风景园林而言，其实践活动创造了有别于原始自然的人类生活境域，是实实在在的物质创造过程，应属于广义的文化范畴。但在这一过程中产生的指导思想、原则规范和价值取向等又形成了一套独特的思想体系，属于精神的范畴，可归于狭义的文化范畴(林菁　王向荣，2009)。

2. 以风景审美为代表的游憩特征行为

游憩的目的是获得愉悦、体验和满足，并希望与日常的工作环境和氛围有所区别。一般情况下，游憩是一种多维的活动，但游憩的开展绝大多数依赖于视觉信息的获取。特瑞克勒(D. G. Treichler)的研究表明，人们所获得的信息中有 83% 有赖于视觉感知。在游憩过程当中，人们会用视觉捕捉感兴趣的点，感受一些环境的特征，进一步去发现和探索。这也是当前在游憩的活动类型中，观光活动所占比重非常大的一个基本原因。观光游憩中，风景的形式感和美学价值形成了观赏审美的主要类型，常见的分类包括秀美(the Beautiful)、崇高美(the Sublime)和如画美(the Picturesque)等三类。也有将其分为四种经典模式的，如田园牧歌式(the Arcadian-pastoral)、崇高壮美式(the Sublime)、风景如画式(the Picturesque)和浪漫风情式(the Romantique)。

风景既是游憩的对象，又可以作为游憩的背景，进而成为游憩所依存的环境之一。风景是进行那些需要环境品质保障的游憩活动的重要基础。一些特定的游憩活动，例如以观光为主导的游憩或一些户外研学、休闲运动等都会对风景的背景有着更高的要求。游憩也可以在一些不能称之为风景的环境当中进行，且对于某些特定的游憩活动，这种环境背景并不意味着游憩品质的降低。例如某些探险、越野等活动，视觉方面的感受并非排在游憩体验的首位，其基础环境也并非都具有典型的风景特征。在这里，风景并非必要条件，但如果能够在具有风景特性的环境中进行，将获得一些独特的体验，有助于游憩活动的质量提升。

游憩行为和过程对风景的发现同样具有促进作用，在与自己日常生活差异较大的场所或情绪中，人们的观察和捕捉信息的能力都会得到一定程度的放大，这对风景感知具有极大的帮助。甚至可以认为，基于游憩情境和游憩场所的风景认知是风景信息得以产生的主要途径。此外，游憩活动有时会形成一定的审美倾向性，对既有风景产生发展趋向的影响。例如，摄影是重要的游憩活动之一，在摄影过程中，游客的摄影行为主要受所在团体、社会审美及消费文化特征、吸引物和知识信息等四类因素的影响。这些影响因素导致摄影创作的成果具有一定的倾向性（二次加工属性），而非单纯的原始影像记录。目前，全球每天有超过 5 亿张（2019 年数据）照片会上传到包括 Facebook 在内的社交媒体，对旅游地旅游形象的形成和传播、游客的旅游决策以及人们看待世界的方式产生了重大的影响。许多景区周边的环境景观被当地居民进行了纯化风景式的改造，其缘由正是对游客摄影活动的盲目跟随。

随着社会的发展，风景游憩活动也发生着变化，代表了不同时代最具代表性的文化特征，并因此成为这个时代社会生活的必要内容与形式之一。例如，生产方式的不同改变了田园风景的审美：传统的农业生产方式形成了田园美的风景模式，而伴随着工业化大生产的来临，农业更多依赖于机械化的生产，大规模、超尺度、同构化的农田的景观特征与传统田园意趣迥异，呈现出“机器力量和戏剧效果之美”。而在新的时代背景下，风景的载体也正发生着颠覆性的变化，风景形式不再依托真实而具体的自然或文化环境，通过现代高科技手段的应用和互联网、大数据、虚拟现实等技术的支持，风景正在从实体转向数字虚拟，而一些 AI（Artificial Intelligence）技术的使用，甚至使得风景塑造（成景）的人本规则都受到了冲击和质疑。这些变化给游憩活动带来重大的影响，人们的风景感知中那些具有关键性、制约性的时间与空间因素被极大地削弱，通过虚拟现实等设备超越时空所获得大量的风景信息，其价值也受到了挑战；而另一方面，受上述影响的逆反，人们也会更加期待户外真实的自然体验，由此带来的自然游憩需求大大增加。

第二章　游憩的演变

第一节　游憩的历史发展

一、游憩行为的起源

游憩行为是人类天然具备的行为方式，是人类认知自己、认知世界的行为及过程之一。游憩发生于劳动之余，其早期形式为部落成员之间的互动与游戏，而这种游戏行为拥有两个重要的发源①：生存与宗教，即生存技巧的锻炼及宗教仪式的要求。

以生存技巧锻炼为目标的游憩行为并非人类独有，而是广泛存在于动物族群之中。通过观察发现，哺乳动物的幼崽也通过相互之间的嬉戏打闹来锻炼狩猎的技巧和基本的运动能力。在人类社会中，这种发自于生存本能、不具备实际生产性的游憩行为，起到了促进未成年人成长，适应社会性生活的重要作用。

另一方面，在人类社会化生活形成和完善的过程中，早期的宗教活动对社会生活具有重要的影响力。出于宗教活动仪式感的要求，仪式中设定了一些类似游戏的活动。图 2-1 中的场地是为了满足一种被称作“Tlachtli”的活动，来源于中美洲的古秘鲁，其活动空间是在庙宇附近设立的 200 英尺×30 英尺的长方形场地，场地两端的墙壁上方各悬垂一个石环，选手需要依靠膝盖或臀部把一个橡皮球攻进石环以获得胜利。Tlachtli 在形式上与今天的很多球类体育竞赛项目非常相似，并成为今天一些电子游戏中的标志性场景（如文明 6② 中的竞技场），但实际上这是一种非常残酷的具有宗教目的的“人祭游戏”，

---

① 游戏在形态上往往被表现为现实生活活动的模仿和类似物，它的发生是与劳动及其他所有实际活动不同的，其特点即在于它是有身心自我目的的自由活动，在内心纯粹与快感相结合。关于游戏起源的观点通常有：(1)“精力过剩说”（斯宾塞），把游戏看作来自剩余精力溢出冲动的活动；(2)“准备说”（古罗斯），把游戏看作为了成年后的各种活动而在幼小时进行的准备活动；(3)“反复说”[Granville Stanley Hall(1844—1924)]，认为游戏是种属进化发展诸阶段的经验遗传的反复作用；(4)“保养说”[Heymann Steinthal(1823—1899)]，认为游戏是为了恢复失去身心活力的保养运动；(5)“奢侈说”（拉诺），认为游戏是为了优越的快感的活动，如此等等——[日]竹内敏雄．美学百科辞典：[M]．长沙：湖南人民出版社，1988。而荷兰学者约翰·赫伊津哈在其著作《游戏的人》一书中写道：“游戏是一种志愿的活动或消遣，在特定的时空里进行，遵循自愿接受但绝对具有约束力的规则，游戏自有其目的，伴有紧张、欢乐的情感，游戏的人具有明确‘不同于’‘平常生活’的自我意识”——何道宽．游戏，文化和文化史——《游戏的人》给当代学者的启示[J]．南方文坛，2007(6)：10。这个概念几乎与游憩等义了。

② 文明 6，是由 Firaxis Games 开发，2K Games 发行的一款历史策略回合制游戏。

失败者将作为祭品被处死。随着生产力的发展以及人们世界观的完善，许多祭祀过程中的行为逐渐从宗教中剥离而出，成为大众喜闻乐见的较为规范的游戏，甚至演化为现代竞技和体育项目的雏形。

图 2－1　Tlachtli——古代墨西哥的一项球类运动

资料来源：https://www.britannica.com/sports/tlachtli

游憩一词在中国古代典籍中多有出现，最早可能是在北魏郦道元《水经注·颍水注》一文中："道路游憩者，惟得餐饮而已。"北魏杨衒之《洛阳伽蓝记·凝玄寺》("唯冠军将军郭文远游憩其中，堂宇园林，匹於邦君。")和唐房玄龄等所著《晋书·羊祜传》("襄阳百姓於岘山祜平生游憩之所建碑立庙，岁时飨祭焉。")等文章中也有相似的表述。其意思大致相同，都是游玩与休息的意思。而如果将中国古代丰富多彩的游憩活动类型进行总结，应将所谓游戏作为主体，并适当补充游玩和休息的内容，方能与现代意义上的游憩相同，以下关于游憩的发展过程梳理，大致以此为基础。

有学者总结了源远流长的中国游戏产生的四个主要历史渊源。一为生产劳动。如中国传统的投射游戏：射箭、投壶、石球等，其起源大多都与原始狩猎劳动有关。而如今广受欢迎的荡秋千据说也起源于春秋时北方一个名叫山戎的部族的生产劳动：居住在山间的山戎人或为采集食物，或为躲避野兽，或为迁徙，有时便会抓住藤条，荡过山涧。事后人们为了回味飘荡在空中的快感，便自娱自乐创造了最原始的秋千。第二种游戏的来源是军事活动。像我们今天熟悉的足球运动的祖先蹴鞠，据考证最初很有可能便是一种军事体育活动。风筝的发明也与战争有关，最早的风筝木鸢便是用来刺探军事情报的。游戏的第三种渊源则受社会风俗的影响。比如起初用来赶走恶鬼的炮仗爆竹到今天已经成了喜庆之日必不可少的物品。人们对神话传说的祭拜与敬畏，也成为衍生游戏的源泉。如乞巧游戏(每年七月初七,少女们向织女乞求贤惠)便与牛郎织女的传说紧密相关。这一风俗自南朝开始流行,原本具有妇女祈求自己的针线活能像织女一样精巧的功利意义,其后功利色彩逐渐淡化,演变出很强的娱乐性和嬉戏性。第四种来源是文化交流。如盛行于我国唐代的马球便来自西域的民族。不同国家、不同民族之间的交流与融合,都会带来游戏形式和内容的更新。

二、中国古代的游憩活动与思想

(一)发展历程

目前可以被视为最早的儿童游戏工具的实物是在陕西省西安半坡遗址一个三四岁小孩的墓葬中发现的三个石球,距今约 7000 年。在青海省宗日遗址出土的距今 5000 余年的舞蹈纹彩陶盆也生动地反映出丰收后人们载歌载舞的游憩场景(图 2-2)。而据魏晋时期皇甫谧的《帝王世纪》记载:“帝尧之世,天下大和,百姓无事。有八九十老人,击壤而歌。”这些老人们所玩的游戏叫做击壤,唱的歌叫作《击壤歌》。歌中记载的“击壤”(也称击埌)是中国目前文献所记载的最早的游戏,被称为“中国游戏之祖”,《击壤歌》被称为“中国最早的诗歌”①。击壤及《击壤歌》既蕴含着浓郁的现实感,又充盈着丰满的理想性。它既是一种游戏,也是一首歌,更是一幅社会蓝图。

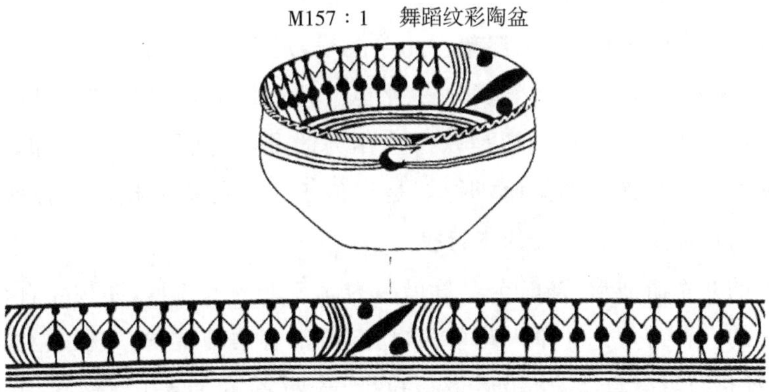

图 2-2 舞蹈纹彩陶盆纹饰展开图

资料来源:https://history.sohu.com/a/463828756_121107011

在中国古代,以游戏为代表的游憩活动先后经历了先秦、汉魏、唐宋、元明清几个发

① “击壤”一词中,“击”意即“打击、投掷”,“壤”即“打击、投掷”的目标或工具。远古人们在地里劳动,在劳作之余常用土块进行抛掷、嬉戏。因此,击壤游戏最初采用的器具可能是普通的土块——王宏凯.益智愉心的中国古代游艺[M].北京:人民教育出版社,1995:1-5。汉代的击壤主要以木棍(或木板)为材料。宋代时流行于寒食节、清明节前后的“抛堶”“飞石”等,是用砖块、瓦块或石头玩的,是击壤游戏的发展形式。明清时期,又出现了木制的击壤器具——“棒”。明人刘侗《帝京景物略·卷二·春场》中记载:“二月二日龙抬头……小儿以木二寸,制如枣核,置地而棒之,……曰打桲桲。古称击壤者耶。”

展时期，并在传承与发展中保持了娱乐性、规则性和文化性的典型特征。先秦时代的游戏虽然从整体上来说样式并不丰富，风格也较粗犷原始，但那时留下的一些古老的游戏规则和技艺对后世的游戏影响非常之大。汉魏时期社会中据有高层权力的人物对于游戏的普遍热衷与爱好，使游戏活动带上了浓厚的官家色彩，这段时期成为中国游戏的发展时期。唐宋时期是游戏发展的鼎盛阶段，各种各样的游戏形式层出不穷。这段时期由于新兴地主阶级的崛起和商业经济的繁荣，有力地冲击了旧有的贵族势力和门阀制度，使得游戏呈现出一种明显的普及化、通俗化的特色。到了元及明清时期，游戏总体上来说种类齐全，但创新不多。古代流行过的诸多游戏活动，如蹴鞠、打球、相扑、斗禽、秋千、风筝等等，到了明清时代都十分盛行。棋牌类游戏，围棋、象棋等形式都达到了巅峰阶段。

中国古代的游戏形式也非常丰富多彩。胡同庆的研究发现，在敦煌壁画和文献中，保存的古代游戏多达40余种，有相扑、斗鸡、玩球、骑竹马、捉蝴蝶、玩弹弓、叠罗汉、顶竿等等，生动地展示了中国古人的娱乐生活和精神世界。从东汉末、魏晋时期开始，琴棋书画作为古代士人或文人必备之艺术才能的要求，渗透到包括文人在内的社会与生活的方方面面，或由宫廷而影响到社会之中。其中晋唐正史《艺术传》中记载了有关围棋的宫廷“艺事”的史实。《北史·艺术传》中记载曰：“始孝文时，有范宁儿者善围棋，曾与李彪使齐。齐令江南上品王抗与宁儿，制胜而还。”关于胡戏的记载也有体现：“浮阳高光宗善樗蒲。赵国李幼序、洛阳丘何奴并工握槊。此盖胡戏，近入中国。云胡王有弟一人遇罪，将杀之，弟从狱中为此戏以上之，意言孤则易死也。宣武以后，大盛于时。”所谓“樗蒲”，又称为樗戏、五木戏或五木，由于最初是以樗木作为骰子，而且是五个一组的投掷，据传是由外国传入又经过改良而成的。而“握槊”是类似于今天的双陆棋的一种博戏，又名“长行”“波罗塞戏”，可能类似于今天的飞行棋。

一些传统的儿童游戏形式，时至今日仍广为流传。例如斗草，亦称斗百草，就是我国古代流传至今的一种游戏。斗草以花草为媒介，通常有两种玩法：一种是对花草名，贴切者为宜；另一种是双方持草茎，交错后进行拉扯，先断者输。早在《诗经》中，《芣苢》等篇就有与斗草相关的记录。隋唐时期也不乏对斗草场景进行描绘的诗词，如隋炀帝《望江南八阕》中“玉管朱弦闻尽夜，踏青斗草事青春，玉辇从群真”、韩愈《城南联句》中“蹙绳觐娥婺，斗草撷玑珵”、白居易《观儿戏》中“龆龀七八岁，绮纨三四儿。弄尘复斗草，尽日乐嬉嬉”等(杨榕，2015)。明清时期，绘画作品中也出现了诸多斗草场景，更形象地展示了古人玩耍的状态。明代仇英作品《汉宫春晓图》，描绘了春日宫廷中嫔妃仕女各种生活状态，其中台阶下数人正在斗草(图2-3)；有晚明陈洪绶《斗草图》，席地而坐的五位女性不急不慢、温文尔雅地比赛着。清代画家金廷标的《群婴斗草图》，以细腻的笔触、鲜活的色彩、丰富的人物动作，栩栩如生地展现了孩童们斗草的情形(钟浩瀚　陈洪绶，2018)。而今天，斗草在孩子们日常游戏中仍有所见，只是内容和形式与既往相距甚远了。而抓子

图 2-3 《汉宫春晓图》(截选)

资料来源:https://www.sohu.com/a/460670523_176100

儿的游戏,亦称抛接子游戏、五石游戏。所谓"子",除石子外,还有李核、杏核、盛沙的小布袋等等。明朝刘侗、于奕正(1593—1636)在《帝京景物略》中有段简要、精到的表述,生动地展示了抓子儿的游戏过程:"手五丸,且掷,且拾,且承。"

在清代李汝珍所著《镜花缘》一书中对上述中国古代的游戏活动进行了集中描述,尤其是在第 72 回到第 94 回,作者以洋洋洒洒整整 22 回的篇幅,叙述了众才女中试之后在卞府花园中的十日大联欢,展现了品目繁多的游戏活动。从体现传统文人士大夫雅趣的琴、棋、书、画,到马吊、双陆、花湖、十湖、投壶、斗草、抛球、秋千、笑话、猜谜、吟诗、垂钓、酒令……林林总总,无所不有,堪称"中华传统游戏之大全"。

(二)游憩思想的历史发展

在古文明时期,中国传统文化已经提出了明确的游憩观。随着社会的发展,儒家和道家思想均对游憩活动给予了正面评价,积极鼓励人们参与其中以提升自我,健康身心。孔子曰:"君子怀德,小人怀土""士而怀居,不足以为士矣"。即倡导君子不宜留恋故居,应行游天下增长见识。与此同时,孔子的游乐观念也融入了儒家的许多独到见解:其一,游乐活动对塑造人格有价值;《论语·述而》中说:"志于道,据于德,依于仁,游于艺"。"艺"即"六艺",包括礼、乐、书、数、射、御,泛指各类游乐活动;"游于艺",即推崇人们游乐于"艺"的海洋,沉浸其中,涵养精神,将其当成人格成长与完善的方式。其二,游乐具有伦理道德性;"父母在,不远游,游必有方",这反映了儒家侍奉双亲、注重人伦的"孝"的思想。儒家虽提倡"近游",亦主张"远游",通过增长见闻以修身齐家平天下,体现了"孝"与"忠"的对立统一。其三,强调游乐活动的人文实践精神;"知者乐水,仁者乐山;知者动,仁者静,知者乐,仁者寿",孔子认为,山水川泽之所以能引起人们的感官享受,是因为它们的形象能够表现出人的高尚品德的一些特征,如山的宽容仁厚、水的柔和深邃。这种自然山水的人格化、人与自然思想上的交相辉映,即极负盛名的"君子比德思想"。如果说儒家的游乐观是引导人们以“伦理”的角度来认识自然，那么道家的游乐观则更注重个人与自然的相互交融。其一，道家倡导漫游自然，认识真理，即“原天地之美，而达万物之理”。其二，道家强调养身和脱俗，即“逍遥于天地之间而心意自得”，与比德思想的区别在于，这种“心意自得”关注的是个人的感官体验。其三，推崇自然美，如“得至美而游乎至乐”“登高临深，远见之乐，台榭不若邱山所见高也；平原之广，博观之乐，沼池不若川泽所见博也”（楼嘉军，1996；2000）。

先秦时期，游憩思想即有产生。中国先贤们在其生活作品与实践之中，展现出他们对于游憩和休闲的追求。《诗经》的《小雅·六月》中，“四牧既佶，既佶且闲”在赞美自然与生活的同时表达了休闲的思想；《大雅·生民之计·民劳》中，“民亦劳止，汔可小康。惠此中国，以绥四方。无纵诡随，以谨无良。式遏寇虐，憯不畏明。柔远能迩，以定我王”阐述了休闲、小康和国家社稷之间的关联；《小雅·十月之交》中，“民莫不逸，我独不敢休”，强调统治者应关注人民的休憩。

魏晋时期，游憩生活及相应的游憩观的雏形逐渐形成。这个时期时局动荡，社会充斥着悲观的氛围，门阀士族明争暗斗愈演愈烈，文人士大夫普遍有一种远离朝政的心理。他们痛恨教条桎梏，向往老庄逍遥游，崇尚隐匿山林，寄情于山水田园。久而久之，社会上形成游山玩水放浪形骸的风气，促进了山水风景大开发和山水诗画的大发展。其中，迄今为止存世最古的画卷——隋朝展子虔的《游春图》可谓游憩与风景结合的标志，开辟了唐宋山水画的先河。

唐宋是游憩文化大发展的时期。唐朝封建社会朝气蓬勃、功业彪炳、意气风发，对待外来文化采取海纳百川的态度，促进了中华文化与外来文化的交流与融合，给封建社会的中国生活带来了巨大改变，如宗教、文学、音乐、建筑等；到了宋朝，政府更加重视文学，文化教育广泛地向民间普及。文人墨客好游历山川，带动了旅游文化的兴起，市面上涌现出大量的旅游文学书籍，满足了人们探索国家大好河山的需求，同时促进了不同地区的文化交融。这种风气到了元朝，造就出一批像关汉卿那样率性自为，敢于傲然宣称“我玩的是梁园月，饮的是东京酒，赏的是洛阳花，攀的是章台柳。我也会围棋、会蹴趜、会打围、会插科、会歌舞、会吹弹、会咽作、会吟诗、会双陆”的文人。

明清时期，对游憩的追求进一步提升；明朝晚期，社会制度森严，文人墨客的情绪受到压抑。在李贽、袁枚等人的推动下，社会掀起了一股追求心灵自由和个性解放的思潮，士人们摆脱了传统教条与观念的束缚，开始主动丰富自己的闲暇时光，追求精致的、诗画般的、艺术的私人生活。明末理论家李渔的《闲情偶寄》，就从理论和实践层面，探讨了明末的休闲游憩活动，是一部“有益世道之新的微言大义”与“闲情”的“庄论”。

（三）古代游憩相关著述

中国古代有大量的文字著述用于描述人们的游憩思想和游憩生活，其体裁多样，内容丰富，充分体现出我国人民自古以来追求美好生活，积极向上的精神风貌。其中有许多著述专门用于描述游憩及相关内容，具有代表性的有游记地理类，如《徐霞客游记》《水经注》《舆地纪胜》《方舆胜览》等；生活记叙类，如《西京杂记》《东京梦华录》《浮生六记》《遵生八笺》《闲情偶寄》《小窗幽记》等；也有器物修养类，如《茶经》《长物志》《瓶史》《园冶》等。以下选取其中具有代表性的几部，略加介绍：

《徐霞客游记》，作者徐霞客(1587—1641)，名宏祖，字振之，霞客是他的别号，江阴(今江苏省江阴市)人，明代地理学家。他从22岁起第一次到太湖地区进行考察，直到逝世的30多年间，几乎每年都要外出进行地理考察，按今天的行政区划看，其足迹遍布了中国的16个省市。《徐霞客游记》以散文和日记体的形式，记载了他在游历中所经历和观察到的各种地理现象、自然规律、气候状况、动植物情况，乃至少数民族地区的风俗习惯、经济状况等。他特别考察和研究了中国石灰岩地貌的分布区域、地貌特征及其发育规律。因此《徐霞客游记》也成为世界上第一部广泛系统地探索和记载岩溶地貌的地理学巨著，比西方人的同类考察早了二三百年。这部著作也是中国地理史上的重要著作，在世界地理学史上也有着重要的地位。从方法上看，徐霞客的活动是系统地通过实地考察中国地貌地质的开端。除了地理学上的贡献外，徐霞客的活动也成为我国古代以观光考察为主要方式的游憩活动的典型代表，其游憩思想、环境观念、活动方式等都值得我们借鉴。晚年，徐霞客对自己的一生进行了总结[①]："张骞凿空，未睹昆仑；唐玄奘、元耶律楚材衔人主之命，乃得西游。吾以老布衣，孤筇双屦，穷河沙，上昆仑，历西域，题名绝国，与三人而为四，死不恨矣。"他的行为和勇气给予了那些胸怀世界的人们永远的精神鼓舞，也因此，我国在2011年3月30日，正式设立"中国旅游日"，时间确定为每年的5月19日。这个日子，正是《徐霞客游记》的开篇之日。

《长物志》，明代文震亨(1585—1645)所著。长物，本乃身外之物，"饥不可食、寒不可衣。然则凡闲适玩好之事，自古就有雅俗之分，长物者，文公谓之'入品'，实乃雅人之致"。在《世说新语》中，"丈人不悉恭，恭作人无长物"指的是"多余之物"。张燕《〈长物志〉的审美思想及其成因》和海军《〈长物志〉图说》也都认为长物不是布帛菽粟般不可须臾或缺的生活必需品，而是"清赏把玩的余物"。这些品物非一般物品，而是投射和沉积了文人的选择和意志之物，是文人品格、情怀、志趣的载体，是他们精神世界的缩影。《长物志》分室庐、花木、水石、禽鱼、书画、几榻、器具、位置、衣饰、舟车、蔬果、香茗十二类。是研究晚明经济、文化、思想的重要资料，是晚明士大夫生活的"百科全书"，集中反映了士大夫阶层的休闲游憩活动(王文萌，2015)。

《武林旧事》，宋末元初周密(1232—1298)所作。武林是旧时杭州的别称，以武林山得名。该书成于元二十七年(1290)以前，为追忆南宋都城临安的城市风貌的著作，全书共十卷。作者按照"词贵乎纪实"的精神，根据目睹耳闻和故书杂记，详述了朝廷典礼、山川风俗、

① 引自《徐霞客传》，[明]钱谦益著。

市肆经纪、四时节物、教坊乐部等情况，为了解南宋城市经济文化和市民生活，以及都城面貌、宫廷礼仪提供了较丰富的史料。书中记载了“诸色伎艺人”们著录的演史、杂剧、影戏、角觝、散耍等五十五类民间艺术种类，是宋代城市游憩活动的真实写照。书中还记载了五百二十一位名艺人的姓名或艺名，其卷十“宫本杂剧段数”门著录的二百八十本杂剧剧目，对于南宋文学、艺术和戏曲史的研究尤为珍贵(谢永芳，2017)。

《瓶史》，作者袁宏道(1568—1610)，明代著名文学家。插花艺术在我国有着悠久的历史。它源于佛教的供花，始于南北朝，发展于唐宋。到了明代，插花艺术进入了鼎盛时期。特别是明代中、后期，文人墨客崇尚怡情养性，大量种植观赏植物，以花会友，寄情于花木丛中。瓶花所给予人的，正是近在咫尺的与自然的交流，它是喧嚣的尘世中可能保有的一份健康与活力，它会从精神上给予人们启发和满足，令人取得由静观万物而获无穷乐趣的凭借。《瓶史》两卷，正文共十二篇，加上“小引”，实为十三篇。对花材的选用、花器的选择、供养的环境以及插法、品赏等，都有很详尽的分析阐述，是一本不可多得的学习和研究我国插花艺术的专著。现在日本仍然有以袁宏道名命名的花道流派“宏道流”，可见其影响之深远(欧贻宏，1987)。

此外，还有许多关于城市、园林的游憩空间和活动方面的书籍或画册。如《清明上河图》《园冶》等。其中一幅版画《环翠堂园景图》对游憩和园林环境的关系描述得仔细且颇有意趣(图 2-4)。原图一卷，高 24 厘米，长 1486 厘米，是我国古代版画史上最长的版画作品。《环翠堂园景图》描绘了明代文学戏曲家汪廷讷在其家乡所建私家园林“坐隐园”的风景。不同于传统的园林绘画的表达方式，该图主要表现的不仅是静态山水，而以描绘人们在园林环境中所进行的游憩活动为主，用活动来构成绘画焦点，并成为线索，组织起全园的风景。园景由外及内，由山川田园入小院庭榭，人们或踏春，或垂钓，或礼佛，或

图 2-4 《环翠堂园景图》中的游憩场景

资料来源：环翠堂园景图[M]. 人民美术出版社，1981.

流杯，诸此种种，既有怡情山水之间的，也有沉迷盆栽之乐的，多样化的园林提供了多样化的游憩空间与风景，描绘出有别于苏州庭园的欢愉热闹的山水庭园气氛。也因此，该图在风景园林游憩的历史研究中具有重要的参考价值。

三、西方古代的游憩活动与观念

(一)西方的休闲观

柏拉图建议对一些娱乐性的休闲活动采取一些严苛的审查制度，因为他认为这些活动会破坏一个完美社会的秩序。在柏拉图关于乌托邦社会的构想里，所有工人、士兵、统治者这些公民都会规规矩矩地从事着被派定的工作。余暇、休闲和游戏只有在具备教育或发展价值的情况下才应予鼓励(Hunnicutt，1990)。至今，许多针对青年人的大量休闲活动就建立在这样的观念之上：活动应该对人的个性发展有积极贡献(Johnson & Mclean，1994)。

在许多方面，亚里士多德继承了柏拉图的政治教诲。在他的休闲哲学里更强调规范与义务，不允许女人和奴隶享有休闲的奢侈，认为这是男性公民的特权。在借助休闲来提升自我上，亚里士多德认为，那些拥有最有益的生活方式的人，是利用休闲来最大限度地开发其智力的哲学家(McKeon，1941)。

古希腊人的休闲观建立在维持自己和环境协调的前提下，追求有价值的生活、自我修炼及增长学问等。按照古希腊人的价值体系，真正赋予其生活以意义和目的的，是休闲而不是工作(De Grazia，1963)。而古罗马的休闲观更强调的是一种消费性的休闲，把休闲理解为劳动的适应状态，更具有实用的价值。

表 2-1 休闲模式

完全拘束 ←——	————	————→	部分拘束
必需生活	高级生活	随意生活	休闲生活
必需睡眠	睡眠	—	休息
健康、卫生	自我管理	—	休息、游玩
主要饮食	饮食	—	外食、饮酒
必需购物	购物	任意购物	—
满足主要工作	工作	加班、副业	—
必需家务	家务	修房子、保养车	手工、园艺
学业	教育	追加教育、作业	—
—	文化通讯	—	看电视、听广播、读书
—	社会活动	政治、宗教、信仰	闲谈、宴会
通勤、通学	旅行	—	散步、开车兜风

资料来源：马勇 周青，2008

到了中世纪，天主教会控制着大部分休闲活动。中世纪初期，人们认为休闲的最高境界是祈求拯救的冥想。同时期，圣·奥古斯汀(San Augustin)和圣·本尼迪克特(San Benedict)的宗教观念中所提倡的劳动至上的观点也深刻影响了当时的休闲观。他们认为，劳动是神圣的，休闲是世俗的。

文艺复兴时期是“玩乐的黄金时代”，形成了近代欧洲上流社会社交活动和休闲享受的风尚，以及理性主义、实用主义等哲学思想。但宗教改革仍把劳动当作人类生活最神圣、最高境界，把休闲看作罪恶的伦理的影响，这种情况一直持续到了20世纪。

1952年，瑞典天主教哲学家皮普尔(Josef Pieper)在其所著的《休闲：文化的基础》(*Leisure: The Basis of Culture*)一书中指出，休闲是人的一种思想和精神的态度，不是外部因素作用的结构，不是空闲时间的结果，更不是游手好闲的产物。人有了休闲并不是拥有了驾驭世界的力量，而是由于心态的平和使自己感到生命的快乐。该书也被誉为西方休闲学研究的经典之作。

1966年，美国哲学家查理斯·波瑞特比尔(Brightbill C K)发表了《挑战休闲》(*Challenge Leisure*)和《以休闲为中心的教育》(*Educating For Leisure——Centered Living*)两部休闲学研究力作，并指出，随着人的自由时间的增多，社会的不安定因素也越来越多。我们只注意到了工作的伦理，却没有思考如何发展休闲的伦理。因此，他提出以休闲为中心的教育。

而近现代，休闲的商品化使我们的休闲体验过于便利，哲学家艾伯特·鲍格曼(Borgmann，1984)认为，商业化了的休闲满足的是我们对安适的渴求，我们的现代休闲时间往往不能产生自我实现的结果。后续的研究表明，我们的许多游憩活动还可能引发伤害，比如，20世纪90年代的部分研究发现，若干现代失调症(包括肥胖、抑郁、妄想)与看电视这种流行的休闲娱乐形式有关(Kubey & Csikzentimihayi，1990；Gerbner，1999)。诸此种种，关于游憩的研究和观点也日趋多样化(表2-1)。

(二)西方古代游憩发展的历史阶段

苏美尔时期(公元前4100—公元前2000年)：神庙和塔庙等提供了神与人交流的场所和形式，它们既是宗教场所，又有经济作用，是“市民集会理想的场所”，具有初步的游憩价值。这个时期，公园和其他开放空间已经出现并成为游憩的资源，如公元前2340年在西亚的苏美尔国王圭达的葡萄园和鱼塘(Doell & Fitzgerald，1954)。

古埃及时期(公元前3100年—公元前约336年)：公园的概念在埃及变得更加明确，在那里，即使是没有收入的人也有小树林或花园。贵族们在他们的庄园周围建造了大型的私人公园和场地。在纽约市的大都会艺术博物馆里，有一个来自公元前2000年的埃及寺庙花园的模型。而在底比斯的一个修复后的坟墓中，也有一个公元前1500年的贵族公园的计划。这些公园经常使用游泳池，其中的一个有一英里长，宽近1000英尺，大到可以划船(Morrison & Huff，1937)。祭祀活动提供了日常的场所和并贡献出节日的概念。人们通过祭祀活动组织与神交流的过程，而这种过程需要一些辅助性的内容或手段，如舞蹈、音乐等。另外，一些墓穴中保存下来的壁画与浮雕，也反映了古埃及人的生活场景，记载了一些娱乐或运动，如摔跤、体操、举重、回转锤和球类比赛等。

古印度时期（公元前3000年左右）：古印度的农业文明达到一个高峰，出现了发达的城市文明。同样基于宗教活动，尤其是净身仪式，产生了特殊的游憩场所——大浴池（Great Bath）。如摩亨约达罗大浴池，长达11米，宽7米，深2.4米。另外，许多河流被称为圣河，人们在此沐浴身心。一些宗教活动场所，如窣堵坡（Stupa）、支提堂（Chaitya-hall）、毘诃罗（Vihara）等也提供了礼拜的空间，并促发相应的具有游憩特征的活动。

古亚述与巴比伦王国时期（约公元前2500年—约公元前539年）：在干燥的旷野与高山之间，两河流经之处，拥有着如《圣经》中伊甸园般宜人的自然环境。这种得天独厚的条件，塑造了古西亚人们对树木丛林的崇拜以及狩猎的传统，继而发展出了绿洲园与林苑等园林形式。人们热衷于拳击、摔跤、马术、桌面游戏等体育运动；闲暇时光则举办宴会、观看舞蹈、聆听音乐。

古以色列时期（约公元前1000年—约公元前575年）：音乐、舞蹈、狩猎、垂钓、摔跤等同样受到人们的喜爱。古以色列对于人类休闲的最大贡献在于，为人们留出了第七天（礼拜日）。

古希腊时期（公元前1100年—公元前200年）：一方面，希腊城邦历经了十年的特洛伊战争，引发了人民对“力”与“身体”的追求，这种追求逐渐融入了希腊主流社会观念之中。这种向往卓越、崇拜英雄的精神，催生了各种体育赛事活动。另一方面，教育思想根深于城邦的共同体之中，成为一种普遍的价值认同，是贵族引以为自豪的生活方式，希腊每年有70天教育和各种宗教节日（刘欣然　李孟华　陈安顺，2015）。相应的，艺术、诗歌和戏剧等也受到了人们的推崇，公园、花园、露天剧场等游憩设施遍地开花。同时，古希腊的游憩休闲哲学认为，游戏对于身体健康发展和儿童社会成长非常重要。古希腊时期的游憩发展可以分为四个阶段，具有不同的特征及代表：

① 荷马时代。在多神崇拜的背景下，娱神活动中，诗歌、歌曲、音乐以及舞蹈等艺术形式都有很大表现。出现了正式的竞技比赛，类型多样，深入到生活中的各方面，甚至于那些不善于运动的人没有社会地位。在荷马史诗《伊利亚德》第23卷中就记录了一个专为葬礼举办的竞技会，其中不仅设立了如战车、拳击、摔跤、赛跑、格斗、掷铁饼、射箭、投标枪等活动，还相应为每个项目设立了奖项和奖品。这些竞技比赛既延续了宗教的一些影响，又与世俗生活紧密联系：“竞赛是一种激发和展示人类阿瑞忒精神的手段，同时也是一种对神的有价值的奉献”。

② 古风时代。奥林匹亚竞技会从公元前776年开始，这是一个为祭祀宙斯而举办的泛希腊宗教节日庆典，每四年一次。与此相似的还有不少，如公元前582年创立的皮蒂亚运动会，公元前587年创立的地峡运动会、尼米亚运动会等。城市空间也响应着这种

游憩的需求和变化，例如市场(Agora)，其原意“集合广地”，有市政广场的含义，随着希腊城邦民主化的趋势，其性质也发展为“市场”，成为新的游憩场所。除了公众日常生活，还可以组织一些节庆活动。

③ 古典时代。该时期兴建了大量公共建筑，如帕特农神庙、柱廊、雅典娜神庙等，与这些神庙相联系的游行、庆典、祭祀是城邦中最盛大的游憩活动。在这个时期，雅典一年中与宗教相关的公共节日达到120天以上，节日已经成为全民游憩的表现。如泛雅典娜节是一年一度的新年节日，持续9天。期间举行盛大的游行和体育、音乐竞技活动。全城邦的男女老少包括奴隶都会参与观看。古典时代泛希腊的四大竞赛会包括奥林匹亚、皮蒂亚、伊斯米亚和尼米亚运动会，甚至已婚的妇女也在赫拉的节日拥有一个专有的竞赛时间。集市广场是城市综合的生活中心，集宗教、政治、商业三种职能于一体。发展完备的广场多为正方形或长方形，包括一些特定的建筑和设施，如雕塑、泉水房、圣殿、小的神庙等，成为城市里最重要和最具特色的地方。人们在这里有着复杂而有趣的动机，如打官司、购物、美容、闲聊等。戏剧活动很发达，因此兴建了大量的剧场。早期的剧场多建在郊外露天的山坡上，其中狄俄尼索斯剧场可容纳全雅典的居民。围绕演出的游憩过程则非常丰富：一般演出会延续三四天，其间城邦内的一切活动以剧场为中心，包括战争、商业、法律诉讼等全部停止。演出前表彰并提献贡品，举行祭祀仪式和游行，而表演以比赛的方式进行，由评审员选出最佳戏剧节目。开始前先有个仪式公布演出安排的细节，而演出结束后，全体观众会聚集在剧场中审查过程，演出中观众参与积极，台上台下的互动程度很高。

④ 希腊化时代。这个时期的街道尺度很大，周围多有柱廊。宽敞的街道为仪仗、盛典和游行提供了空间。街头的活动和需求也越发多样。广场多为长方形，其中三个边是成排的店铺，建筑之间通过柱廊互相连接。广场的商业职能有明显的优势，成为接近现代观念的公共场所。人们热衷戏剧创作，并开始对日常生活的题材感兴趣，拟曲(Mime)滑稽剧发展繁荣。体育竞技等活动继续蓬勃发展，孩童也可参与体育竞技，并出现一些传统的球类运动，如壁球、飞球、三角球、气球或曲棍球等。

古罗马时期：这个时期罗马帝国内部矛盾错综复杂，伊壁鸠鲁派和斯多葛派等推崇避开矛盾、追求享乐的哲学派别受到群众的广泛关注，社会娱乐活动成了生活的中心，如公元354年的一年中有200个节日，一天过了中午就结束了工作。休闲的思想也深入了政治，罗马贵族对城市进行了系统规划与建造，开辟了诸如浴场、露天剧场、体育场等公共设施以供市民使用。具体可以分为三个发展阶段：

① 城邦时代。从现有的该时期画像中，可以分辨出当时伊特普利亚人的游憩生活包括：打猎、斗牛、掷铁饼和标枪，跳高、竞走、摔跤、拳击或格斗，还有一些不那么激烈的活动类型，如举哑铃、掷骰子、吹笛子和跳舞，以及饮酒狂欢等。

② 共和时代。公元前753年4月21日，罗马建城。广场有了不同的特色，有用于宗

教集会的，或是贸易集市，或是角斗表演等，或更综合。这是一个纵情享乐的时代，严肃的环境发生了很大的转变，游憩不仅是休息，甚至趋向过度乃至消极享乐。一年中，有固定日期的节日约120天，无固定日期的占了40多天，宗教因素逐渐淡薄，但仍会在宗教日进行活动。剧场中的表演形式有了一些变化。一般会安排角斗或狩猎表演，有时为了营造气氛，还对一些表演，例如狩猎进行场景的搭建(图2-5)。

图2-5 Faunalia(古罗马的一个节日)

资料来源：https://www.carnaval.com/italy/dance/roman_dance.htm

③ 帝国时代。该时期罗马帝国文化达到极盛期。除了传统城市空间，郊外的游憩也很盛行。“一到夏季，许多贫民为避开潮湿的酷暑，到郊外或河畔酒馆或者丛林中饮酒、跳舞、吃饭和在空旷的荒野相爱。”到了冬天，“往南方去是每一个有阶级意识的罗马人必有的热望”“回来时带着一层日晒的红皮肤，以证明自己的阶级”。哑剧、交响乐等开始出现。罗马的浴场游憩得到了极大发展，早期的公共浴池出现在地中海沿岸的希腊化地区。在共和时期至帝国时期，罗马人的洗浴习惯发生了显著变化，成了生活日常的必需。著名的浴场如建于公元80年左右的提图斯浴场、建于公元109年的图拉真浴场等。部分浴场规模很大，如卡拉卡拉浴场占地达到20公顷左右，可供1600人同时洗浴(图2-6)。浴场内的一个典型的游憩过程如下：客人进入更衣室换上轻柔简便的运动服，然后到体育馆进行玩球、打拳、摔跤、跳高等活动，而一些年迈的老人则去按摩室。锻炼结束，进入罩有穹顶的暖房或温水浴室，放松身体并往身上涂抹香料，结束后去干蒸房，然后是高温浴室，通过蒸汽出汗后回到温水浴室，放松疲劳而舒适的身体，最后进入壁龛形小屋用冷水冲洗，或继续浸泡在浴池内。这个过程中，可以进行剃发或搓澡等，但洗浴不是唯一的目标，在浴室内还有大量可供娱乐的活动，如玩骰子和下棋，图书阅览、演奏或诗朗诵等，在这里，洗浴是重要的社交活动。而在角斗场及大竞技场中的活动则是：首先举行角斗士的入场仪式，随后进行抽签，并对武器进行检查。比赛通常在下午举行，按规

则成对比赛，大型比赛往往由乐队伴奏，比赛形式多样，规模不同，需要高超的技巧。比赛结果可能非常残酷，被击败的角斗士可能会丧失生命，但如果过程中表现英勇，观众会集体为其争取活下去的机会，而主办者拥有最后的决定权。

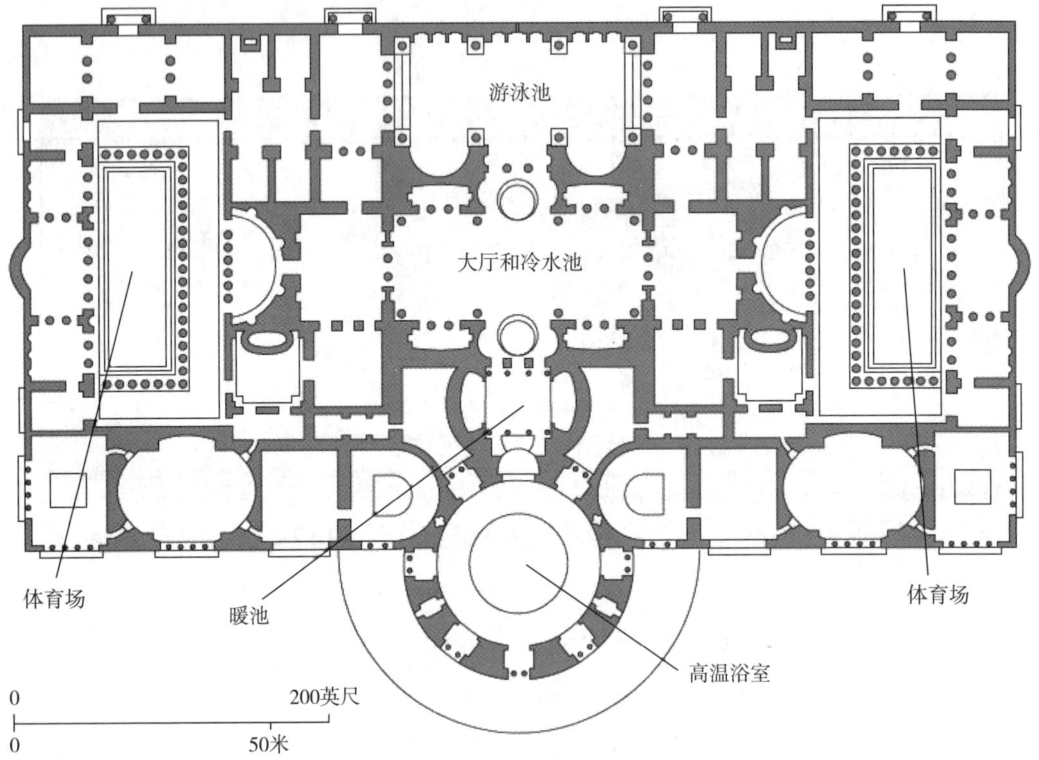

图 2-6　卡拉卡拉浴场平面图

资料来源：马克·D·富勒顿，2020

前基督教时代的城镇规划中，希腊人和罗马人为公园、剧院、体育场、浴室、花园和体育馆制定了系统的规划。除了少数例外，公园和开放空间是特权阶层的专属财产。偶尔，一些贵族会把他们的公园向穷人开放，提供公共使用；然而，公园和开放空间一直是整个欧洲的贵族领地，直到文艺复兴时期结束。大众的娱乐需求很少或根本没有得到考虑（Weir，1937）。

中世纪：罗马帝国灭亡后的一千年左右时间，是欧洲历史上的不幸年代——中世纪，同时也是休闲娱乐的黑暗期。这个时期的欧洲，游憩以独特的方式仍旧保持着生命力。该时期大致可以分为两个阶段：

① 奴隶制崩溃和基督教胜利的时期。公元1世纪，在罗马帝国统治下的巴勒斯坦地区的犹太团体中诞生了基督教。随后，基督教逐步得到罗马帝国的承认与巩固，贵族和教会建立了等级森严的封建世俗社会制度，实行了恐怖的精神统治。教会垄断了文化与

教育,古罗马的“放荡、腐化和享乐”被禁止,体育馆、圆形剧场、浴场被摧毁,普通人的休闲活动受到了极大限制。统治者们向人们宣扬:“懒惰是灵魂最大的敌人”。基督教对娱乐的成见是一如既往的①。尽管教会的施压使得剧场等娱乐设施变得空空如也,表演者却并未突然不见踪影,他们躲避教会的打压,四处漂泊游荡,流落在异乡的街巷之中。他们也会时不时停留下来,三五成群组织围场卖艺,诸如歌舞、杂耍、马戏等。这些四处游历的马戏团,通过血缘或师徒传承,一代代沿袭下来,成为饱受压迫的中世纪欧洲人心目中的一丝白月光。教会从根本上反对世俗享乐,但一定程度上又需要通过宗教活动对基督教进行宣扬,客观上催生了与宗教秩序相一致的休闲活动,如宗教集会、宗教仪式、教区集市等。早期的基督徒,通常在安息日的夜间,聚集享受“爱宴”。爱宴的通常流程是:祷告诵经、牧师祝谢、分发食物、祷告诵经。公元 2 世纪时,基督徒的主日崇拜逐渐取代了氛围严肃的犹太人安息日。主日即指星期日,教徒们聚集在一起,进行每周的敬拜仪式。通常由牧师先诵读一段经文,再带领信徒们一同祷告,最后由牧师进行布道,一般是一些教条式的训诫、生活的砥砺以及宗派间的争辩。公元 5 到 6 世纪,西欧城市严重衰落,东方的拜占庭则发展为强盛的封建帝国。那些在西部地区被禁止的娱乐活动,又在东部地区延续了一千年之久,以东部首都君士坦丁堡最为活跃。但是,随着宗教社会的日益完善,传统的市民游憩不可避免地走到了末端:公元 394 年,举行了最后一次奥林匹亚运动会。公元 529 年,雅典学院关闭。公元 537 年,卡拉卡拉浴场流尽了最后的清水。“讲求体魄健壮而又精神健康的古希腊文化,同基本上是四肢发达,头脑简单,讲求满足物欲,靠自己的权势过寄生生活的古罗马文化,便同时消失了。”

② 封建制时期。欧洲中世纪的娱乐游憩活动,起初受到教会的打压与阶级的限制。绝大部分游憩活动依托于教会,或者为上层阶级所享有,是统治集团的象征。而随着欧洲社会的变革、市民阶级的崛起,那些被压抑上千年的游憩活动终于重获新生。公元 6 世纪以后,西方的城堡与城镇迎来复苏,这些城镇通常隶属于封建领主或教会,城市中的娱乐活动也大多依托于城堡或教堂。以土地关系为基础的封建制度,促生了封建领主与骑士集团等有闲阶层。封建领主们热衷于建造城堡,城堡建筑设施日益完善后,领主们便将目光转移到了高墙内外的园地营造。城堡内园林精彩纷呈,城外护城河用于供水及娱乐,远方衔接林苑,时常开展竞赛、赌博、音乐、舞蹈、体育和比武等娱乐活动。同时为了巩固统治,领主们也会举办军事检阅;领主子弟构成的骑士阶层,通常是没有土地束缚的贵族,他们喜爱观光和远距离旅行,在不断的冒险之中寻求效忠与浪漫,其中一些人甚至成为人们口口相传的游侠。10 世纪以后,商人与手工业者的产生与发展,孕育了新的

① 公元 4 世纪,君士坦丁堡主教克里索托姆曾说,“游戏会让人放松警惕,这时魔鬼就会趁虚而入,把人引诱入罪恶的深渊”;12 世纪,教皇将骑士间的比武视作冒着死亡与地狱之火的可恶游戏;14 世纪席卷欧洲的黑死病,也曾被视作上帝对骑士比武的惩罚(马勇,周青,2008)。

市场与经济形态。大量商人在城市中的定居，使得城镇不再只是教会或贵族的城镇，西欧城市真正意义上开始兴起。经济实力日益强大的商人和手工业者，通过赎买或者斗争的方式，为城市取得了不同形式的自治区。在这些自治城市中，市民阶级迎来蓬勃发展，居民拥有了一定的个人自由，一直被压抑的市民意识逐渐觉醒。那些被雪藏已久的古希腊古罗马的娱乐文化，也终于重获新生。11 至 12 世纪，世俗文化重新萌生并发展起来。教会制定了许多宗教节日，如主显灵节、圣枝主日、复活节、耶稣升天节、五旬节、圣诞节以及天使报喜节、圣母往见节、圣烛节等。朝圣成为一种组织周密的社会活动。空间是宗教的，但仍有世俗的价值。形式复杂的城市中也有公园、绿地、水井等户外空间和公共澡堂，人们仍有户外生活与场所，只是受了宗教的约束和影响。

四、近现代的游憩发展

(一)文艺复兴时期(14 世纪—16 世纪)——游憩意识启蒙

文艺复兴时期是休闲的黄金期。文艺复兴把人类的情感从充满金钱欲的中世纪解放出来，把人类的理性从宗教的戒律中解放出来，构筑了数世纪以后产业革命的伦理基础，形成了近代欧洲上流社会社交活动和休闲享受的风气。这种休闲风气，结合了对人的教育。正如文艺复兴时期法国思想家米歇尔·德·蒙田(Michel de Montaigne)所言："我们的锻炼和游憩活动，如跑步、摔跤、音乐、舞蹈、打猎、骑马和击剑，它们多有价值会得到证明…我们要训练成的不是一个灵魂，也不是一个躯体，而是一个人，两个不可分割的部分组成的一个真正的人。"

该时期的游憩场所也得到了长足发展，到文艺复兴后期，欧洲社会形成了三种大型公园：皇家狩猎保护区或花园、按法国园林风格建造的花园公园、英国式花园公园。同时，文艺复兴思想和言论的自由刺激了欧洲商业和旅行的发展，印刷术的发展带动了音乐和文学的普及，这使得游憩享乐不只是精英阶层的特权，普通公民的休闲诉求也得到充分表达与满足。例如，私人领地向公众开放成为惯例。在英国，兴建了大量公园，公园里的活动成为一种时尚，随之带来的是节假日和专门的商业休闲场所的出现。在丹麦，1583 年建设了世界上最古老的游乐园——巴肯公园(Dyrehavs bakken，也称巴肯游乐场)(图 2-7)，该公园距今已有 400 余年的历史，位于哥本哈根以北 10 公里处，占地面积达 75000 平方米，每年接待大约 2500 万至 2700 万名游客，至今仍是丹麦第二大最受欢迎的旅游景点，仅次于丹麦著名的趣伏里公园(Tivoli Gardens)[①]。

---

① 趣伏里公园也是世界上第二古老的游乐园。

图 2-7 世界上最古老的游乐园——巴肯公园

（从上到下依次为第一座海盗船、世界上最古老的木制云霄飞车和巴肯公仔）

资料来源：https://www.163.com/dy/article/FCJQFKFM0524VDUC.html

在这个时期，尼德兰地区最负盛名的画家彼得·勃鲁盖尔(Bruegel Pieter)通过其画作《儿童之戏》(图 2-8)等对文艺复兴时期西欧社会形态下的儿童游戏进行了敏锐观察和细致刻画，预示了该时期将成为欧洲社会儿童关怀的起点。通过对《儿童之戏》进行的图像研究，识别并分析其中的儿童游戏和玩具，可以发现文艺复兴时期儿童游戏具有的四个特征：其一，儿童在自由、自主的状态下开展游戏，不受成人干预；其二，游戏内容丰富、多样，包括运动类游戏、非运动类游戏、角色扮演游戏等；其三，儿童玩具自然、拙朴，取材大多来自自然物或日常生活用品，如木桶、铁箍、树枝等；其四，性别分化的游戏类型渗透了儿童早期性别教育(张学而，2019)。

图 2-8 《儿童之戏》(1560)

资料来源：https://www.douban.com/photos/photo/2501413323/

(二)工业时代(1881 年—1935 年)——现代游憩和公园运动的开端

近现代，游憩有着突飞猛进的发展，标志了人类文明的极大进步。人们认识到游憩的社会价值，游憩影响着现代生活，并指引未来的社会发展方向。

随着工业革命的到来，科学和资本的联合提高了生产力，生产力的提升彻底改变了生活方式，让欧洲社会结构迅速从农业社会步入了工业社会，并对大众的游憩和休闲方式产生了重大影响。这些影响主要体现在城市化、工作时间的主动或是被动减少、信仰复兴运动等方面。在城市化和工业文明的普及过程中，人口逐步向城市集中，城市的空间地域扩大。城市的人口职业、产业结构、土地及地域空间也随之变化。一方面，高度集中的人口，对游憩的品质提出了更高要求，促进了大城市公园绿地体系的形成。另一方面，为了弱化阶级矛盾，产业工人的权益逐渐受到重视，随之带来的是工作时间的减少。在 1868 年，美国国会通过了 8 小时工作制，使得公民拥有了大量的闲暇时间。此外，对于闲暇的认识在思想层面上开始发生变化。1880 年，美国总统詹姆斯·艾伯拉姆·加菲尔德(James Abram Garfield)在肖托夸湖(Chautauqua)发表言论："我们应该把人类社会的整个斗争过程分成两章，第一章是为休闲而战，第二章是为文明而战——也就是说，当我们拥有休闲的时候，我们应该怎样休闲。"整个工业时代，闲暇活动逐步为广大群众所享有，是通过工作而获得的一段特定时间。闲暇机会的多少和政权对此的态度，决定着群众对闲暇的认识。游憩不仅从思想上，还从时空间上都挣脱了束缚，开始了新鲜的发展。

现代游憩思想在环境上的标志是黄石公园的建立。该公园于 1872 年 3 月 1 日设置，是世界上第一个国家公园，并成为美国人的骄傲。公园总面积 8956 平方千米，分为五个区：西北的马默斯温泉区以石灰石台阶为主，也称热台阶区；东北罗斯福区仍保留着老西部的景观；中间为峡谷区，可观赏黄石大峡谷和瀑布；东南为黄石湖区；西及西南为间歇喷泉区。1978 年，黄石国家公园被列入《世界遗产名录》(图 2-9)[①]。

图 2-9　黄石公园大峡谷

资料来源：https://yellowstone.net/

在城市中，公园体系也得到了极大发展。1892 年，波士顿公园体系开始建立成形，波

① 1995 年，根据非政府组织提交的报告，黄石公园被列入《濒危世界遗产名录》。世界遗产委员会将其列为濒危遗产所提出的理由是：1. 公园东北边界外 4 千米处，计划采矿，将影响和威胁公园；2. 违规引入非本地物种——湖生红点鲑鱼与本地的刺喉鲑鱼竞争；3. 道路建设与游人压力；4. 野牛的普鲁氏菌病可能危害周边地区的家畜。直至 2003 年 7 月召开的第 27 届世界遗产大会上，经过了激烈的争论后，黄石国家公园才从《濒危世界遗产名录》上被有条件除名。——玛莎·杨．黄石公园世界上第一个国家公园[J]．世界遗产，2012(1)：14。

士顿公园体系是以河流等因子所限定的自然空间为定界依据，利用200～1500英尺(约61～457米)宽的绿地，将数个公园连成一体。公园体系从波士顿公园到富兰克林公园，延绵约16千米，由相互连接的9个部分组成，在波士顿中心地区形成景观优美的公园“项链”(图2-10)。

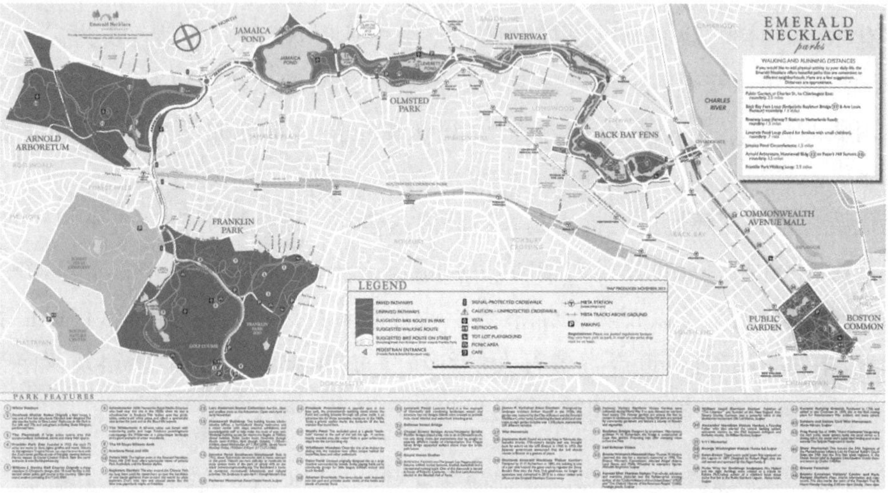

图2-10　波士顿翡翠项链平面图

资料来源：https://www.emeraldnecklace.org/

1893年的芝加哥世博会引入了大道乐园(Midway Plaisance)，开创了世博会娱乐园的先例。游憩的力量得以体现：芝加哥世博会开幕的第一个月，由于资金不到位，大道乐园还没有建成，世博园每天只有3万参观者；当全长1.5千米的大道乐园开始运营后，参观者迅速增加：“无论是雨天还是晴天，白天或是黑夜，会场的一个地方永远是最拥挤的，那就是大道乐园。”世博会最后两个月，每天的参观者达到了15万。大道乐园的中心位置是著名的菲力斯摩天轮(Ferris Wheel)，由宾夕法尼亚州工程师乔治·菲力斯(George W. Ferris)设计建造而成，是世界上第一座现代摩天轮。菲力斯摩天轮带来了前所未有的震撼，毫无争议地成为本届世博会的象征。该摩天轮直径约76.2米，圆周长251.46米，座舱数36个，每个座舱里有38个长毛绒材料制成的舒适座位，还可以站立22人。摩天轮一次可容纳2160人，旋转一周的时间为20分钟。它最多的时候一小时载客就达到4000人。乘客们一次又一次登上它观赏风景。在本届世博会上，菲力斯摩天轮共承载过160多万参观者，每次需要支付50美分，许多人反复乘坐，感受一种全新的体验(图2-11)。

大道乐园开启了美国的一个崭新的游憩时代：“在19世纪90年代的一个夏天，这里成为芝加哥乃至整个美国最具吸引力的地方，事实上，比与之相连的世界博览会更受欢迎和议论。在这里，穆斯林清真寺与中国式宝塔、欧洲城堡与南海岛屿小屋交相辉映，戴草帽的美国人成千上万地前来观看贝都因勇士、埃及肚皮舞女郎、马背上的狮子和溜冰

图 2-11 大道乐园、菲利斯摩天轮

资料来源：http://themidwayplaisance.com/

熊。这是美国人第一次‘为了无拘束的愉悦而聚集’。在此，维多利亚时代的娱乐结束，我们的现代时代开始了。在接下来的一百年里，芝加哥将帮助引领美国大众文化的革命——这场创造现代游乐园的革命从1893年的那个夏天就始于此，就在米德威娱乐步行道上。”

(三)后工业时代(20世纪70—80年代)、信息社会和闲暇社会

随着经济结构的变革，后工业时期的劳动力大量向服务业转移，服务业包括商业、财经、交通、卫生、娱乐、科研、教育和行政工作等。此外，后工业社会也强调休闲游憩的重要性，并将之视作人民的权利，从个人需求出发，发展出多样的生活方式。在这个时期，城市化的进程导致了自然资源和环境的破坏，城市居民更需要通过游憩来获得身心放松

和与自然接触的机会。与此同时，现代游憩在乡村环境中也得到了快速发展。二次大战结束后，从西班牙开始，以德国、美国、日本、澳大利亚为代表的西方各主要国家纷纷倡导和发展乡村游憩。从初期的观赏田园景色，逐步发展到徒步、登山、参加农事活动以及具有综合性的农业园游憩，并相应出现专职的游憩从业人员。

信息社会是以信息技术为基础，以信息化、网络化、全球化为特征，以新型经济为主导，以网络为中心构筑社会结构所形成的网络社会。技术的高度发展，使得生产效率突飞猛进，还促使了人类生存、生活策略、方式等的根本改变：大众传媒和文化产业的迅猛发展为人们提供了多种形态的大众消费式文化，后现代主义文化范式的兴起和泛滥直接推动了全球与多元文化、大众与消费文化、绿色与生态文化、网络与虚拟文化等新型文化的全面发展和普遍繁荣，使人类生活经历了一场广泛深远的文化化和艺术化过程（章光日，2005）。信息社会对游憩发展产生了多种影响，主要包括：信息技术的普及提升了游憩服务的质量和效率，人们可以通过网络、智能化设备等途径实时获取游憩信息，便于规划旅游路线和购买旅游产品；数字化技术的应用丰富了游憩内容和形式，使得游憩活动更加多样化和个性化。比如，虚拟现实、全息投影等技术的应用可以打造更加生动、有趣的游乐场所；信息共享和社交网络使得游憩活动更具互动性和社交性，游客可以通过分享和交流旅游经验和感受，拉近相互之间的距离，增强了联系和沟通；同时，信息社会对虚拟环境的高度依赖也加强了人们对自然景观和户外活动的渴求，推动了生态旅游、健康旅游等新兴的旅游形式的兴起。

20 世纪 70 年代，罗伯茨（Roberts，1970）、培根（Bacon，1975）、杜马齐德（Dumazedier，1967）、帕克（Parker，1976）以及一些其他的学者纷纷提出，我们正步入一个具有全新闲暇伦理观和娱乐道德观的闲暇社会。新的闲暇社会所代表的，不仅仅是闲暇时间的增加，更重要的是大众对工作和闲暇的态度转变。新的闲暇伦理强调，闲暇是主要的生活乐趣，这取代了过去传自柏拉图的以工作为中心的观点。新理论认为，闲暇是最重要的社会制度，人们是通过闲暇，而不是通过工作来体现个性和表达自我。按照杜马齐德的说法，发展这种伦理还必须有另外两个条件：控制社会活动的程式不再存在，清楚地划分劳动和其他活动的界线不再存在。而现代社会也正朝着把劳动和闲暇融为一体的方向发展，在这种社会里，工作越来越像娱乐，而娱乐则越来越像工作（奥斯古德　周士琳，1985）。

总的来说，相比农业文明与工业文明，后工业社会、信息社会以及闲暇社会对人与自然、社会关系以及个性方面进行了重新构建。在个性方面，个人逐渐从普通人变为群体人再变为个性人，能够更好地表达自我，成为自己想成为的人。在社会关系方面，个人自由度不断增大，交往面和频度也在逐步拓宽。在人地关系方面，自然环境保护与生态建设成为重要议题，人们注重和谐，促进人与自然的和谐发展，同时对人居环境提出更高要求，不断提升生活品质。

经历了三重关系的重新构建，社会发生了与以往不同的变化。弹性工作制逐渐代替刚性工作制，时间成为社会最稀缺的资源。社交活动和场所成为交流信息、获得新知和产生创意的重要场所，成为现代生活方式不可或缺的组成部分。与此同时，闲暇时间也成为个人“生产”社会资源、文化资源和经济资源的时间。时间的结构日渐模糊，越来越难以分清休闲时间和工作时间。价值观念也在不断发生变化，农业社会寻求温饱的价值观已经逐渐被工业社会物质成功的价值观所替代，现代信息社会下的自我实现价值观逐渐成为人们的追求目标。

第二节　游憩规划的发展历程与趋势

一、西方近现代游憩规划发展进程

(一)萌芽时期(1800—1840 年代)

19 世纪初期是资本主义原始积累的初发阶段，城市环境、公共卫生状况的恶化促使政府必须提供公共服务。1833 年，英国议会公共散步道委员会首次提出应该通过公园绿地的建设来改善城市环境。1833—1843 年期间英国议会通过法案，准许动用税收来进行一系列基础设施的建设，其中包括下水道、环卫设施和城市绿地。1811—1830 年，约翰·纳什(John Nash)规划设计了摄政大街和摄政公园(the Regent’s Park)(图 2 - 12)。

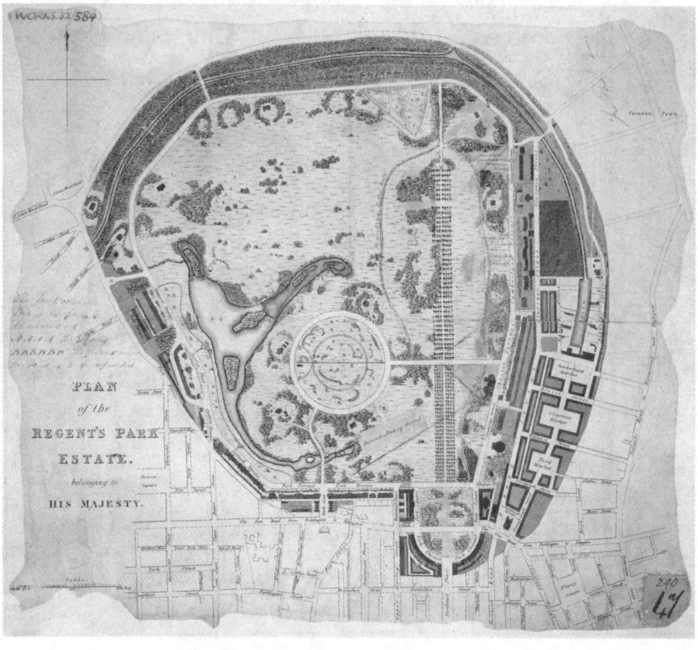

图 2 - 12　摄政公园早期的设计图

资料来源：https://www.nationalarchives.gov.uk/

1843 年，帕克斯顿(Joseph Paxton)设计了第一个现代意义上的城市公园——伯肯海德公园(Birkenhead Park)[①]。1847 年公园正式开放时，成为了英国首个专门为社会全体公众而建的公园。它是由公共资金支持，并且对每个人免费开放，不仅仅是最富有的人。在利物浦这个快速发展的工业城镇中，创造一个没有社会阶级、年龄、肤色和信仰障碍的公园的想法是一项真正的创新，公园的规划思想也因此成为全球公园发展的先驱。

图 2-13　伯肯海德公园早期的设计图及公园开园时的场景

资料来源：https://www.larchitecturedaujourdhui.fr/

① 也有文献称第一个公共意义上的公园是圣詹姆斯公园(St Jame's Park)，该公园完工于 1835 年，且其建设目的一开始就是为了满足公众使用。

1850年,奥姆斯特德在访问伯肯海德公园后写下了《一个美国农夫在英国的游历与评说》(*Walks and Talks of an American Farmer in England*,1852),文中提到:“一阵赞叹后,我将更多时间用在了学习如何运用艺术获取自然的美好,此刻我终于准备承认,在民主的美国没有任何事物可以比得上一个开放的公共园林。”受其启发,奥姆斯特德创造了“人民花园”①一词,并根据其社会和经济模式设计了美国纽约的中央公园。该时期并没有明确的关于游憩的规划思想,但开放、公共的游憩空间建设理念成为社会的共识,至今仍被广泛应用。

(二)美化时期(1840—20世纪10年代)

19世纪中期,公共卫生问题依然严峻,许多有关的法律在这个时期竞相出台,其中一部分对城市规划理论以及游憩空间规划都产生了重要影响。例如,在美国,1851年通过的第一个《公园法》对公园用地的购买、公园建设组织化等进行了规定,并催生了中央公园的建设和后来的城市美化运动。在19世纪50年代,法国开始了由霍斯曼(Georges Eugene Haussmann)主持的巴黎大规模改建计划,在巴黎道路、广场、绿地、水面、林荫带和大型纪念性建筑物组成的完整统一体中,初步形成了城市公园系统。

1857年,针对美国纽约中央公园的未来建设主办了一次设计竞赛,竞赛要求建造20—40英亩的阅兵场;三个操场,分别为3—10英亩;音乐会和展览的区域;两到三个区域的花园;喷泉和塔。剩下的部分都是绿色的自然区域。弗里德里克·劳·奥姆斯特德(Frederick Law Olmstead)和卡尔弗特·沃克斯(Calvert Vaux)赢得了这项竞赛。1858年,美国纽约中央公园开始建设,到1873年全部建成。该公园被认为是美国第一个市政公共公园,其建成不仅开了现代景观设计学之先河,更为重要的是,它标志着普通人生活景观的到来(图2-14)。

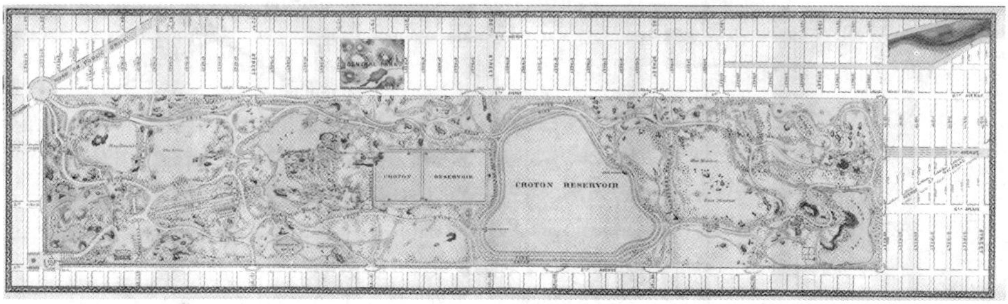

图2-14 纽约中央公园的设计图(1868)

资料来源:https://betterwaterfront.org/

19世纪70年代,英国开展了公地保护运动,通过购买公地并建设开放的娱乐用地,

① “人民花园”(The People's Garden)一词为伯肯海德公园所接受,时至今日仍是该公园最重要的主张和标签。

为公众提供更多的休闲娱乐的场所。1906 年，英国通过了《开放空间法》，进一步确立了游憩空间在城市发展中的重要地位。

同时期，美国的黄石公园成为世界上第一个国家公园。1909 年，美国通过了《荒野保护法》，建立了国家荒野保护体系和国家公园体系，为保护自然生态和提供游憩空间奠定了基础。

波士顿《公园法》在 1875 年颁布，通过总体规划和建设，波士顿公园体系在 1878 年到 1892 年间得以建成，成为美丽的“翡翠项链”，为波士顿市民提供了更多的公共空间和绿化环境。

1893 年，美国在举办世界博览会期间发起了城市美化运动，在芝加哥湖滨修建了宏伟的公共绿地、奢华的游憩绿地和广场，改善了整个城市的环境面貌。尽管城市美化运动过多地考虑了装饰性效果，但对于缺乏绿化和公共空间的拥挤的工业城市来说，仍然提供了呼吸新鲜空气的窗户。

1902 年，城市规划家埃比尼泽·霍华德(Ebenezer Howard)出版其《明日的田园城市》一书，提出了以环带布局方式将城市与游憩空间结合起来的思想。他明确定义了城市游憩用地和游憩系统的结构，同时注重了乡村的游憩功能，并强调了居住、花园、公共设施等相关功能的相互渗透(图 2-15)。这一思想对 20 世纪英国的新城镇规划和 1930 年代后美国的新城镇规划均产生了深远的影响。在这一时期，景观发展与城市游憩相结合，公共空间逐步趋于系统化并以区域和长远的眼光进行规划。该时代的中后期，随着国家公园规划建设的推进，游憩规划也开启了新的战场，并为该领域的发展提供了新鲜的理论和方法，具有划时代的意义。

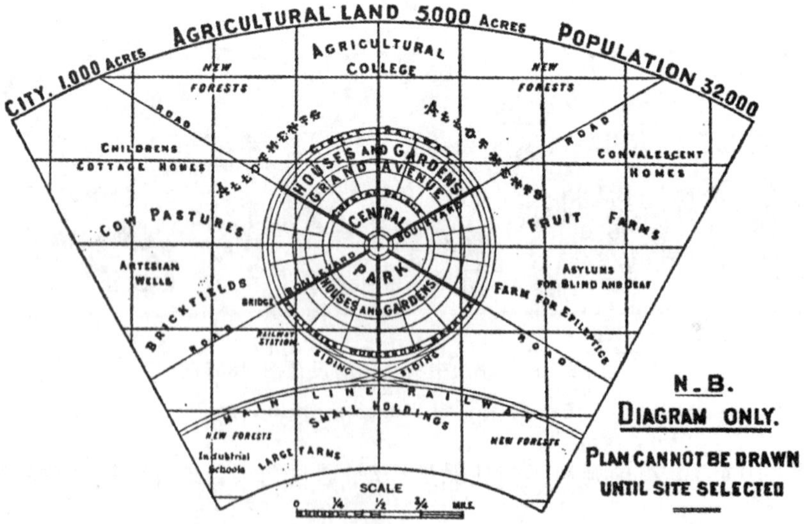

图 2-15 霍华德的花园城市理念

资料来源：转引自 Abid Mehmood，2013

(三)干预时期(1900—1960年代)

在该时期,许多城市经历了快速的城市化过程,人们的闲暇时间也随之快速增长。二战后,以美国为代表的西方国家进入了城市重建和经济高速发展时期,大量地通过政府干预进行基础设施建设与发展,形成了游憩场所与设施建设的一个高潮。1914年,哈佛大学的风景园林教授亨利·哈伯德(Henry Hubbard)提出了一个关于城市游憩资源系统的概念,认为一个发展充分的城市应该具有八种类型的游憩资源:保护地、大公园、小公园、操场、男孩专用运动场、女孩专用运动场、儿童游乐场和特殊设施(如游泳池和溜冰场等)。这是最早一批针对城市游憩规划的概念之一,并引发了关于城市规划中游憩空间设定标准的讨论。之后,从1916年到1945年,一系列关于城市发展的重要理论依次出现,如现代城市、广亩城市、邻里单元和新城理论等,对游憩规划思想产生了巨大影响。

1906年,美国运动场和游憩联合会成立,由此开始了游憩发展的"邻里组织"阶段。1912～1923年,美国建设了第一条区域性的公园路——布朗克斯河公园路(Bronx River Parkway),开启了区域性景观道路的新篇章,也成为道路工程师和景观建筑师共同完成的作品。

1916年,美国通过了《国家公园基本法》(*Organic Act*)。

1924年,国际田园城市规划协会通过了"阿姆斯特丹宣言",提出:为防止建筑物无限制地蔓延和膨胀,有必要在城区周围配置用于农业、畜牧、园艺的绿地带。

1928年,国际现代建筑协会(CIAM)成立。1933年8月,国际现代建筑协会在雅典会议上制定并颁布了《雅典宪章》,明确提出居住、工作、游憩与交通的四大城市功能。

1929年,佩里(C. A. Perry)提出了邻里单位的规划概念,在邻里单位中,游憩空间和相关的文化服务设施被作为核心的部分,是影响居住质量的最重要因素之一。

受到早期绿地系统实践的鼓舞,以线性游憩空间(如公园路、散步道、河道景观带等)联系块状绿地形成"系统"的观念,在城市和地区的空间规划与建设中得到越来越多的重视。1932年韦斯彻斯特公园系统规划(Westchester Country Park System)、1936年密尔沃基郡公园道规划(Milwaukee Country Greenways)等,形成了以"线型公园路+块状公园"为主导思想的、典型的公园系统空间模式。

1935年和1936年,美国分别通过了《历史地段法》和《公园、风景路和休闲地法》等,对相关游憩资源进行保护,在土地利用中保留足够的绿地已经成为一个主导思想。

1941年,美国国家产业游憩联合会成立,进一步促进、计划和组织游憩活动。

1943—1944年,由帕特里克·艾伯克隆比(Patrick Abercrombie)主持的伦敦郡规划和大伦敦规划,为游憩规划提供了新的方法和示范。艾伯克隆比的规划强调对郊区空间的保留,所保留的大面积的郊野绿地为城市居民未来游憩发展提供了必要的空间。同时,在城市中以绿地空间网络系统为基础建构地区整体的空间框架,为居民提供易于到达的游憩场所。这种通过绿地空间的系统化保护与利用来限制城市蔓延、为城市居民提供游憩空间,并且兼顾城市生态的手段成为后来许多大城市规划中所采用的基本方法。

在这一阶段,基于游憩的教育研究与活动得到了迅速发展。1916 年,美国著名教育家约翰·杜威(John Dewey)指出,“富于娱乐性的闲暇不仅在当时有益于身体健康,更重要的是它对性情的陶冶可能有长期的作用。为此,教育的任务就是帮助人们为享受娱乐性的闲暇而做好充分的准备。”1930 年代经济大萧条时期,部分学者把挽救社会的希望寄托到了闲暇教育上,社会开始重视学校系统中的闲暇教育,美国闲暇教育的研究达到了一个高潮。在闲暇教育逐步开展的时候,许多官方或非官方的组织团体成了推动游憩发展的积极力量。

(四)重组时期(1960—1980 年代)

1960—1970 年代,西方社会普遍进入了丰裕社会阶段,生产水平提高,产品空前丰富都刺激了巨大的消费市场的形成。

1955 年洛杉矶的迪士尼公园落成,成为新兴娱乐方式和主题公园建设的新起点。到 1970 年代,美国主题公园的建设规模开始向大型的娱乐项目发展。在 1955—1974 年短短的 20 年内,美国就拥有了 900 多座主题公园,平均每年接待游客 4.7 亿人次,获得经济收益 1.5 亿美元。游憩娱乐以一种新兴的产业姿态表现出巨大的潜力。国家游憩政策开始表现出更综合的目标倾向。它不仅仅是需要城市建设来满足的一项功能,同时也成为发展经济、增加收入、解决就业的重要资源。

1960 年后,随着系统论、信息论、控制论三门学科得到了重大发展,现代主义的规划理论也因此有了很大的变化。而随后出现的后现代主义规划思潮又使得游憩空间规划的思想中开始越来越多地融入对“城市生活”的思考。

而对于生态与环境的规划,1960 年代同样是一个具有重要意义的时期。在这个时期内,环境保护的思想逐步成熟,规划手段与方法得到了长足的进步,产生了一些具有划时代意义的成果,如《寂静的春天》(1962)、《设计结合自然》(1969),以及菲利普·路易斯(Philip Lewis)在 1967 年提出的环境资源分析法等。

1960—1985 年,英国兴起了围绕休闲设施的“游憩中心运动”。游憩中心以提供运动场地为主要目的,并在 1970 年代发展迅猛。最终促成了游憩中心规划的发展。随着其影响的逐步扩大,1960 年代之后,包括了英国和其他许多欧洲发达国家中,城市的综合规划中开始逐步重视通过建设城市及其周边的游憩中心和游憩带来组织游憩系统,满足人们的游憩服务需要,拓展城市功能,提升周边价值。

同一时期,西方国家的户外游憩规划也发展了起来,户外游憩规划的关注点更多地在于采用某些手段来达到满足大众日常游憩的需求,并强调:①游憩空间与场所的提供和相关土地储备的措施;②必要设施的建立;③方便人们使用的合理布局和交通条件;④相关环境和资源的保护。

1958 年，公众健康意识的增长、对环境问题的日益关注和逐渐扩大的游憩空间需求等促成了美国户外游憩资源管理委员会（Outdoor Recreation Resources Review Commission）的成立。经过了 3 年的研究之后，这个委员会于 1961 年提交了一份报告，提议在全国范围内开展一个大规模的游憩运动（Recreation Program），希望国家与地方、政府与私人机构能够齐心协力，改善游憩的相关条件，让每个人都能够获得户外游憩的机会。

1962 年，美国内务部成立户外游憩管理局（Bureau of Outdoor Recreation），帮助各州政府、促进部门协作、协调各种规划；同年，成立游憩顾问委员会（the Recreation Advisory Council），包括农业部、内务部、国防部、健康教育和社会福利等部门的秘书长共同协商游憩事务；1963 年，美国白宫召开了以“自然之美（Natural Beauty）”为主题的白宫会议，强调游憩规划与发展中的原生景色；1964 年，通过郊野法（Wilderness Act）。

1964 年，美国国会批准设立土地与水资源保护基金（Land & Water Conservation Fund，LWCF），在 LWCF 的支持下，美国各州开始着手编制各州的游憩综合规划 SCORP（Statewide Comprehensive Outdoor Recreation Plan）。1965 年，第一批 SCORP 规划出台，并在以后的时期内继续发展。同时期的德国、荷兰等也编制了类似的规划用于发展游憩活动。

该时期，游憩规划中融合了对经济收益、生态环境和社会文化的综合思考，规划目标更趋多元，更关注社会公平和公众参与，一些基础研究得到加强，为游憩发展提供了良好的依据。

（五）复兴时期（1980 年代至今）

自 1980 年代以来，游憩规划呈现出可持续的、更为综合的发展趋势。这一趋势的核心在于可持续思想的贯彻，即致力于保护和维护环境、社会和经济系统，以实现资源的可持续利用。同时，游憩规划更为关注游客体验，且对多元化的休闲方式更加重视，这使游憩规划摆脱了传统的依赖自然风光和传统景点的局限。市场导向也成为游憩规划的一项重要发展方向，游憩规划也因此更加注重整体设计理念和发展具有地方特色的旅游产业。此外，科学技术的广泛应用和参与式规划的推广，使得游憩规划与社会和环境融合得更加紧密。

二、我国游憩规划发展概况

我国古代的城市游憩主要是满足上层阶级的生活需求，以园林经营布局为代表，游憩规划方面的主要理论基础是审美理论、园林艺术理论、山水画理论等，理论著作主要有《园冶》《一家言》《长物志》等，更多散见于其他著作中。

我国近代城市游憩规划主要受到殖民统治者的支配，以公园和大型娱乐场所的规划为主要代表。1868 年中国第一座近代公园——外滩公园（图 2－16）在上海建成，仅比帕克斯顿设计的伯肯海德公园(1847 年建成)晚了 21 年。不同国家的殖民者从自己国家带来的公园规划设计手法,使我国近代的城市公园呈现出多种风格并存的局面,如英国式(上海中山公园)、法国式(上海复兴公园)、荷兰式(上海汇山公园,园内有德、荷、英等不同风格的区域,以荷兰花园较为闻名)、日本式(大连中央公园)、意大利式(广州人民公园)、德国式(天津德国公园,今不存)和俄国式(天津俄国公园,今不存)等。伴随着各类娱乐场所的出现,其生活方式开始影响国人的生活。这些游憩场所最初并不对外开放,主要满足殖民者自己的需求,后来才逐渐对国人开放,商业性也比较突出。

图 2-16　外滩公园(20 世纪 20 年代)

资料来源:张哲,2006

中华人民共和国成立后,城市游憩规划以城市公园建设为主,游憩计划以各类群众性文化娱乐活动为特征。50 年代初期开始引进苏联文化休憩公园的规划理论,重视功能分区,强调政治教育活动与文化休闲相结合,各类文化团体经常在公园内举办各种文化娱乐活动,丰富群众生活,同时也注重保护文物古迹。

改革开放以来,随着经济的快速发展,政府开始重新注重游憩及其相关设施的综合发展。城市中进行了大规模的游憩基础设施建设投入,尤其是创建园林城市的活动开展,呈现出“城市经济发展水平越高,居民生活水平和消费能力越高,则城市政府的游憩供给量越大”的特征。当前,我国城市居民的游憩空间需求已经出现供不应求的局面。但客观地看,关于公共游憩的供给相对缺位,对游憩公民权的探索较为滞后。而随着民生思想的继续深入,将公共游憩的供给纳入社会政策,围绕公民游憩权提供底线服务,不断增加和保障对公众的公共游憩供给是符合我国的政治伦理出发点的。

近年来,游憩规划的内容不再局限于简单的景区开发和设施建设,而更着重于游憩和旅游资源的综合开发与利用。随着新型城镇化和乡村振兴战略的实施，各地开始构建全域化游憩发展体系，将城市、乡村、旅游景区等资源有机结合，实现全域旅游的创新和发展。在游憩发展过程中，各地也加强了环境保护意识，规划、建设、运营过程中高度重视自然生态的保护，推进绿色生态发展。同时，引入先进的规划理念和技术手段，实现规划的科学化、精细化。在经济发展的推动下，人们的生活水平得到了普遍提高，游憩与旅游的消费逐渐增加，游憩客群和游憩活动也日趋多样化。随着投资的增加，游憩业对社会和经济的促进作用得到了明显的展现。同时，游憩业的发展也创造了大量的就业机会，为当地的居民提供了更多的就业和收入来源。

三、游憩规划的发展趋势

(一)发展趋势

根据斯蒂芬·米库(Stephen F. McCool)和迈克尔·帕特森(Michael E. Patterson)对游憩、旅游和相应的环境保护规划等方面的研究，当前游憩规划的发展具有以下一些重要的趋势：

① 游憩规划从解决一些常规的问题，转为需要解决许多棘手的问题与麻烦。在对潜在的问题采取干预时，强调学习、合作行动和建立共识，优先于模型构建和科学分析。

② 规划与更广泛的社会政策目标之间的联系日益密切。需要考虑基本的生活质量目标、经济发展以及特定的保护区利益。

③ 规划中越来越注重规划过程的价值。规划除了提供娱乐机会外，还具有许多重要的生态功能。这些措施包括保护生物多样性、保护濒危物种的栖息地，以及允许自然过程在最少的人类入侵的情况下运作。因此，这种规划已经从一个功能性的方向转向了一个更具整合的方向。

④ 在游憩区的规划中越来越考虑旅游导向的内容，在保护区的规划中也引入游憩的使用。在一个日益多样化的社会中，一个规划师不能指望充分代表所有利益。因此，基于在规划中整合不同价值的要求，规划者在规划过程中需要早期和持续地积极寻找并涉及不同的兴趣。

⑤ 规划已经从简单的、基于承载能力的范式转向了那些更关注于管理所需的社会和生物物理条件的模式。针对保护区和旅游发展的目标，规划需要管理所需的资源和社会条件。这不仅需要进行更多的研究，以了解使用和条件之间的联系，还需要增加互动和审慎的公众参与过程。这些过程将有助于确定并整合公众对未来条件的愿望，为实现这些条件提出科学有效的方法，并确定社会对行动和条件的可接受性。

⑥ 公众参与游憩、旅游和保护区规划的理念和策略发生了变化。关于公共关系的努力已经从中介模式和公共教育转向注重沟通、建立信任和建立长期关系。这些转变促使各机构尝试进行更多的协作性决策过程，其中公众成员不仅是决策者的另一个输入来

源，而是积极的参与者。

⑦ 规划正在从基于标准化的决策和千篇一律的解决方案转向针对个人情况的基于需求的解决方案。基于标准的规划绝不是适应性的。它忽视了当地社区的声音，即使这些目标、价值观和利益可能会被社区所接受，也增加了由关系/权力问题引发冲突的可能性。各机构需要摆脱对解决方案和答案的简单概念。处理规划的新方法，如交易规划理论或软系统方法(Checkland & Scholes，1990)可能是更合适的规划范式。

(二)从雅典到北京

《雅典宪章》是国际现代建筑协会(CIAM)于1933年8月在雅典会议上制定的一份关于城市规划的纲领性文件——“城市规划大纲”。它集中反映了当时“新建筑”学派，特别是勒·柯布西耶的观点，他提出城市要与周围影响地区成为一个整体来研究。

《雅典宪章》研究和分析了现代城市在居住、工作、游憩和交通四大功能方面的实际状况和缺点，并提出了改进的意见和建议；指出城市的四大功能要协调地发展，而且在发展的每个阶段中要保持各种功能之间平衡。

在游憩方面，《雅典宪章》指出，现有城市中普遍缺乏绿地和空地，认为新建住宅应预先留出空地作为建造公园、运动场和儿童游憩场地之用；在人口稠密地区，清除旧建筑后的地段应作为游憩用地；城市附近的河流、海滩、森林、湖泊等风景优美的地区应加以保护，供居民游憩之用。

时隔66年之后，在1999年的6月23日，国际建筑师协会第20届世界建筑师大会在北京召开，大会一致通过了由吴良镛教授起草的《北京宪章》。《北京宪章》总结了百年来建筑发展的历程，并在剖析和整合20世纪的历史与现实、理论与实践、成就与问题以及各种新思路和新观点的基础上，展望了21世纪建筑学的前进方向。

《北京宪章》提出，对城市游憩空间整合的价值趋向应是维护公正，追求效率。在游憩空间可持续发展目标中确定公正和效率的价值取向，才会实现公正与效率的有机整合。保护城市记忆，体现时代精神。游憩空间应成为尊重历史文化，保存城市记忆的最佳场所；成为弘扬人文关怀，体现时代精神的理想之地；牢固树立“城市以文化论输赢”的理念。以游憩需求为导向，以主题形象为基础。根据游憩者的收入、年龄、性别、职业及其空间选择行为的特点，提供和配置游憩产品和游憩空间；突出产品特色，优化主题形象；指出主题是游憩空间规划设计的方向、纲领，是游憩空间发展的核心。发展经济，维护生态。合理配置资源，促进经济发展，倡导生态文明，保护生态环境；并要坚持生态美学原则、整体性原则、生态基础设施原则等。

作为城市闲暇资源开发利用战略指导下的一项城市社会工程，游憩规划关注的是人们户外生活空间的布局与设计，其内容包括游憩活动计划、城市公共空间布局、社区交往空间与游憩地规划设计等，反映了城市规划向城市公共政策的转变，其目标是在公共政策和意识形态的领域为城市社会提供公共物品、维护公共利益、协调人际关系、保护弱势群体、谋求公平和正义。城市绿地系统是城市游憩系统的重要组成部分，景观生态理论、游憩娱乐学是游憩地规划设计的基础。它促使游憩空间与游憩行为高度吻合，引导人们科学合理地安排自己的闲暇生活。当前，欧洲很多城市都把游憩系统规划作为城市区域规划的一项内容，它包括从区域到邻里的游憩空间等级体系，以及联系各类游憩空间的游憩通道。从风景园林到游憩规划设计，说明在经济达到一定的发展水平之后，人们逐渐注重对精神需求、生活质量和健康的关注。规划设计从美化生活转向健康生活，从城市园林绿地扩展到城市户外空间，以使用方便舒适为原则，从局部地块转向整体系统，从自然生态转向社会生态，把体育、文化、娱乐、自然、教育等方面的游憩活动综合平衡，使之结构合理、全面发展（吴承照，1998）。游憩规划涉及的范围已远远超过风景园林的传统范畴，也超越了旅游规划的一般意义，直接关系到闲暇资源的开发使用效率和城市社会发展与生活质量。

从“雅典”到“北京”，游憩从初创到与人居环境融合下的对社会、人文、生态、环境的全方位重视，充分体现出人们对城市发展规律认识的动态过程。随着国民闲暇时间和收入水平的提高，提升生活质量已成为不可避免的趋势。城市游憩系统规划的作用也愈发不可替代。

第三章　游憩空间与游憩系统

第一节　游憩系统

游憩系统是空间和行为的组合①。游憩活动形成了特殊的社会系统类型——游憩系统(B. C. 普列奥布拉仁斯基,1972)。游憩系统主要由以下五个相互联系的子系统组成:游憩者群体、自然与文化综合体、技术与工程装备系统、服务人员群体以及相应的管理机构。在此基础上,B. C. 普列奥布拉仁斯基提出了地域游憩系统的概念,构建了游憩系统的内外在联系,该理论成为游憩地理学理论体系中的基本理论之一,而且一直沿用至今。游憩系统主要是由游憩自然社会资源、游憩设施、空间与游憩行为耦合构成的有机体系。近年来,许多学者都认为旅游学科和旅游规划的研究对象是游憩系统,而旅游不过是游憩活动中的一种极端形式,之所以称为游憩系统,就是考虑到旅游学科的研究对象不仅仅包括过夜游这一活动类型,它包括了游憩活动谱上的所有活动类型。

当前,缺少全面的关于游憩系统的具体解释,吴必虎等(2006)对旅游系统及其子系统进行了结构性描述,参照其描述,适当强化其中关于游憩系统的公共服务属性,可以借以表达游憩系统的组成。

一、客源市场(需求)系统

客源市场系统是指游憩活动谱上不同段落的休闲者和旅游者,包括其形成机制和活动背景等因素构成的一个子系统。客源市场可以根据旅游者的活动距离或参与的活动类型等指标划分为当地客源、本地以外的国内客源以及国际客源等。在学术研究中,客源市场的调查、分析、流量预测、滞留期、人均日消费、旅游毛收入预测、收入乘数及就业机会数预测等,是非常重要的领域。在政府和旅游企业中,客源市场问题也占据了重要的位置。

二、出行系统

出行系统涉及几个基本机制因素,包括交通设施、旅游咨询服务、信息服务以及旅游

① 关于游憩行为体系的内容见第四章第四节。

宣传等子系统。这些因素影响着旅游者对于离家出行前往目的地的决策。在旅游目的地产品策划、规划和营销过程中，市场分析是一个关键因素，需要充分考虑旅游者的需求和偏好。因此，对于出行系统的优化，需要更加注重提升交通设施的便捷性和舒适度，提高旅游咨询和服务的质量和效率，优化信息服务的渠道和内容，同时加强旅游宣传的策略和手段，以吸引更多的潜在游客出行。在此基础上，结合市场分析的结果，进一步优化旅游产品的规划和营销策略，满足旅游者需求，提升旅游目的地的竞争力和吸引力。

三、目的地系统

目的地系统是旅游系统中与旅游者联系最密切的子系统，它不仅包括六要素（交通、住宿、餐饮、游览、购物、娱乐），还包括吸引物、设施和服务三方面要素。

吸引物子系统包括景观系统和旅游节事两个部分，景观系统可以分为原生景观和人工景观两种类型，而旅游节事则是围绕某一事件组织的活动，旨在吸引旅游者前往观看、参与。

设施子系统包括基础设施（如给排水、供电、废物处理、通信以及社会设施）、接待设施（如宾馆和餐饮）、康体娱乐设施（如运动和娱乐设施）、购物设施等四部分。这些设施系统和其他旅游资源共同构成了旅游资源学、旅游规划、园林设计和饭店管理等学科的主要研究对象。

在目的地系统中常常受到忽视的因素是服务系统。服务子系统是一类特殊的子系统。它是造成目的地吸引力的有机组成部分。游憩服务是“人们从自然或耕作的生态系统中获得的娱乐乐趣”（MEA，2005；TEEB，2010）。不同学者对游憩服务的理解存在差异。例如，在《生态系统服务的共同国际分类》中游憩服务被确定为文化生态系统服务（CES）的一个重要类别，通过改善身体健康（如锻炼）、心理和情感健康使人们受益。而针对城市公园的游憩活动，大多是免费的访问和短途旅行而特别设计的（Wolf & Appel-Kummer，2009）。这里的游憩服务体现为促进城市生活福利和提升生态系统的质量。

综上，优化目的地系统需要综合考虑吸引物、设施和服务三方面的要素，并根据不同目标群体的需求进行差异化开发，以提高旅游者的旅游体验和满意度。

四、游憩支持系统

本质上，游憩基础设施系统也是游憩支持系统的一部分。前文将其纳入目的地系统以强化它们之间的紧密联系。客源市场系统、出行系统和目的地系统一起构成一个结构紧密的内部系统。周围形成了一个由政策、制度、环境和人才等因素组成的支持系统。在这个子系统中，政府处于特别重要的位置，教育机构也担负着非常重要的责任。支持系统不可能独立存在，而是依附于其他三个子系统，并对三个子系统同时或分别产生重要作用。

第二节　游憩空间

一、游憩空间的主要类型

游憩空间是支持游憩活动的实际场所，同时也是风景游憩研究的核心关注点。现代社会中，游憩空间的类型和形式变得越来越多样化，尤以城市游憩空间最为典型，相关研究也更加完备。相对于城市游憩，风景游憩的关注更具广泛性，因此，以下关于游憩空间的类型梳理做了一定的扩展。基于游憩活动的特殊性（距离近，时间短），游憩空间的分布也具有由近及远的特点，并且这些游憩空间的功能和意义也各自不同。

① 邻里游憩空间。在 1929 年，美国建筑师佩里（C. A Perry）提出了"邻里单位（Neighborhood Unit）"的理论，该理论认为可将一个不被城市道路分割的小学服务范围视为邻里单位的基本空间尺度，并将其作为规划城市空间的新形式。邻里空间实质上是一种公共交往的活动空间。其规划和设计过程应注重营建宜人景观，加强居民内聚情感，形成整体的社区认同和文化归属感。当前我国邻里空间多归为城市绿地中的社区公园或附属绿地的范畴。但对于游憩活动来说，街道空间、建筑群中的过渡空间、屋顶的绿化空间等也可以视为邻里游憩空间的一部分（图 3－1）。

② 购物中心。指同时提供售货、娱乐和其他各类服务的大型综合性商业场所，在现代零售业的发展中起着重要作用。根据购物中心的建筑、设施和形态的不同，国际购物中心协会又将购物中心细分为"摩尔"①和带状中心②两种类型。现代购物中心已成为城市生活的重要场所，其规划设计和组织与游憩活动密切相关。例如，在欧美许多购物中心会与高尔夫球场相邻。而一些成功的综合性购物中心的内部功能板块、动线和环境氛围往往也具有典型的游憩特征，中心整合了溜冰场、KTV、游乐场、海底世界等内容，并依据人们在游憩活动中的规律和感受适当地布置购物动线。

③ 城市绿地。城市绿地是城市中比重最大的游憩空间，其构成也最为复杂。《风景园林基本术语标准》（CJJ/T91—2017）中指出："城市绿地是以植被为主要形态且具有一定功能和用途的一类用地。"而城市绿地中与游憩活动关联最紧密的公园则被定义为"向公众开放，以游憩为主要功能，有较完善的设施，兼具生态、美化、科普宣教及防灾等作用的场所。"根据我国现行规范，城市建设用地内的绿地分为公园绿地、防护绿地、广场用地、附属绿地等 4 个大类、11 个中类及 6 个小类，而建设用地外的绿地统一归为区域绿地这个大类中，并进一步分为 4 个中类及 5 个小类。几乎所有城市绿地均具有游憩功能，

---

① Mall，停车场与店铺间有一定的距离，通常在整体建筑的地下或外围，而店铺间有专门的步行街连接，如区域型、超区域型购物中心。

② 店铺前各有停车场，店铺间通常设有专门的步道连接，如邻里型、社区型等。

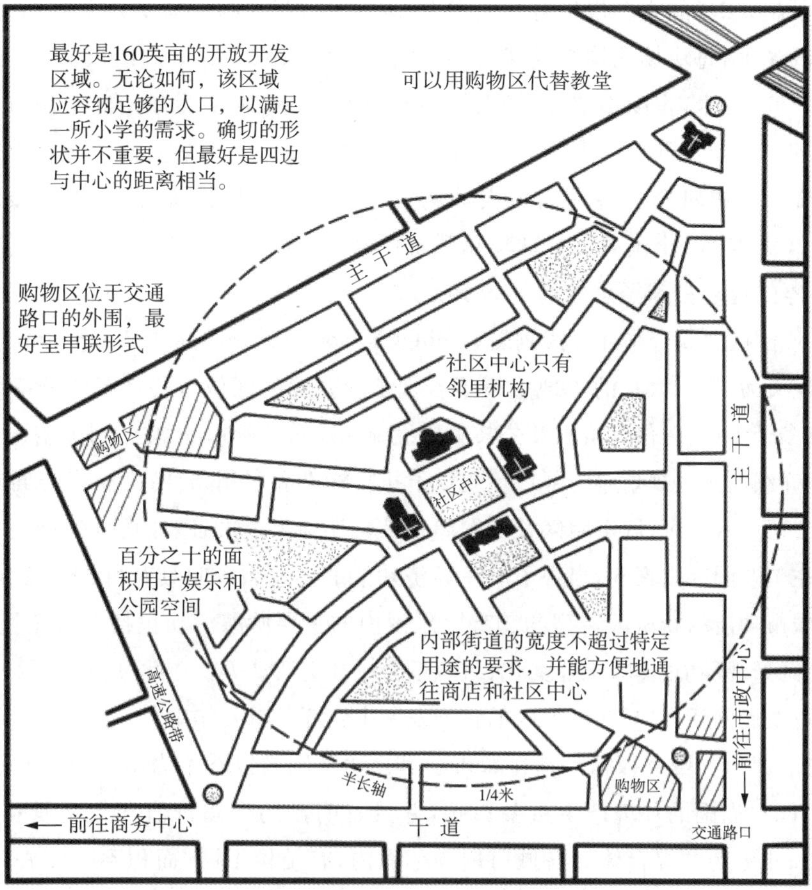

图 3－1 邻里单位

资料来源：佩里，1929

其中又以公园绿地、广场用地两个大类和风景游憩绿地中类表现最为集中。此外，公园绿地中还有一些类型被独立出来，受到特殊的关注，典型的如湿地公园，其是天然或人工形成、具有湿地生态功能和典型特征，以生态保护、科普教育和休闲游憩为主要功能的公园绿地。这类公园绿地往往具有独特的保护和修复生态系统的价值，其游憩功能的组织与设计具有特殊的要求。

④ 主题公园与游乐园、会展园。主题公园与游乐园是同一实体空间的两个名称，前者突出空间的信息量，后者突出空间的游乐性，也可称之为游乐型的主题公园。主题公园具有特定的主题，园中所有内容在概念和层次上统摄于该主题之下。游乐园是一种综合的娱乐场所，园内有大量的游乐设施，多建在人口稠密的大都市附近。会展园则是以会展产业为基础的场所，为会议、年会、奖励旅游、展览、博览会、大型体育赛事等节庆活动提供策划、组织、管理和营销服务，是展示和推广产品、科技和经营成果的场所。

⑤ 高尔夫球场。高尔夫运动发源于苏格兰，球场设施包括会馆、标准球场、练习场及

一些附属设施，球场的主要规格有9洞和18洞等，正规18洞球场划分为18个大小不一、形状各异的场地，每块场地均由发球台（开球台）、球道、果岭和球洞组成。标准球场的总长为5943—6400米，宽度不定，球场四周应有界线，关键地段设有界桩。2014年7月前后，国家发改委、国土资源部等中央11个部委联合下发《关于落实高尔夫球场清理整治措施的通知》，要求对全国各地高尔夫球场按照取缔、退出、撤销、整改四类要求进行处理。截至2020年底，全国高尔夫球场总数从原来的689个减少到449个，关停的球场共240个，关停的球场占球场总数的34.8%。

⑥ 工业园区。联合国环境规划署（United Nations Environment Programme，UNEP）将工业园区定义为：在一大片的土地上聚集若干工业企业的区域。它具有如下特征：开发面积较大；有多个工厂、居住建筑以及公共服务设施和娱乐场所；对入驻公司类型、土地利用率实行限制；详细的园区规划对内部环境规定了执行标准和限制条件；为履行合同与协议、控制与招揽公司进入园区、制定园区长期发展政策与计划等提供必要的管理条件。随着大量城市要素在工业园区内聚集，出现了单一经济功能的产业园区向具有科、工、贸、商、住、行、娱等综合城市功能的新城区转型的趋势。园区内的主要游憩活动包括参观企业或产业发展、感受园区景观环境、体验工业文化、组织聚会或社交活动等。在此过程中，第三产业成为开发区产业发展的新方向，在开发区的转型发展中发挥了重要作用。

⑦ 城市森林。城市森林是指在城市及其周边范围内以乔木为主体，达到一定的规模和覆盖度，能对周围的环境产生重要影响，并具有明显的生态价值和人文景观价值等的各种生物和非生物的综合体。在城市周围范围内，有结构不同、面积不一的森林，能否将其划分为城市森林，应以其能否为城市环境的改善起到主要作用作为判断的标准，而不以距离城市的远近或是否隶属于该城市行政区内为依据。城市森林包括城区森林和郊区森林。区域内应以乔木为主要构成，且需满足一定规模，面积不小于0.5公顷，树冠覆盖率应达到10%至30%以上。此外，城市森林还应具有明显的生态和人文景观价值，能够对周围环境产生显著影响。

⑧ 历史地段（历史文化街区），是能够真实地反映一定历史时期传统风貌和民族、地方特色的地区。历史文化街区是指经省、自治区、直辖市人民政府核定公布的保存文物特别丰富、历史建筑集中成片、能够较完整和真实的体现传统格局和历史风貌，并具有一定规模的历史地段。城市中的历史地段集中反映了城市自然景观与社会文化的演变，是所在区域集体记忆的载体，也是城市个性化的标志，在游憩组织中，这些内容具有极高的吸引力，是城市特色游憩体系不可或缺的组成部分。

⑨ 游憩型城镇、特色小镇。游憩型城镇是指那些以游憩功能作为该城镇的主要功能、以游憩产业作为其主要产业的城镇。游憩型城镇可以是依托深厚历史积淀、展现古镇风貌的历史性城镇（与历史地段有部分交集），如朱家角、周庄、同里等；也可以是依托独特的自然资源而形成的观光、度假、健身基地，如崇明、嵊泗等地；还可以是依托大型人

工建造的吸引物而形成的娱乐性城镇。游憩型城镇还可以是独立的城市体系，如美国的拉斯维加斯依托博彩而发展成为世界知名的旅游胜地。是城市游憩空间体系的一个组成部分，或是城市游憩商业区(RBD)的一种空间体现形式。

⑩ 旅游度假区。是指具有良好的资源与环境条件，能够满足游客休憩、康体、运动、益智、娱乐等休闲需求的，相对完整的度假设施聚集区。在我国，旅游度假区划分为两个等级，从高到低依次为国家级旅游度假区、省级旅游度假区。其中国家级旅游度假区面积应不小于5平方千米，省级旅游度假区面积应不小于3平方千米。国家旅游度假区侧重全面高质量发展，年过夜游客规模不低于25万人次，是符合国际度假旅游要求，以接待海外旅游者为主的综合性旅游区。省级旅游度假区的建设兼顾品质和多样性，年过夜游客规模不低于10万人次[①]。2015年10月9日，国家旅游局认定首批17家国家级旅游度假区。截至2020年12月，中国共有国家级旅游度假区45家，分布在全国23个省区市，涵盖多种度假类型，其中河湖湿地类16家，山林类8家，温泉类6家，海洋类5家，冰雪类3家，主题文化类5家，古城古镇类1家，沙漠草原类1家。

⑪ 郊野公园。是指位于城市郊区，具有生态功能、游憩功能、景观美化功能、教育功能、防灾减灾功能以及科学研究功能等的公共开放空间，旨在防止城市建设无序蔓延，保护城市生态平衡，为城市居民提供游憩和户外活动场所。郊野公园分为郊野游憩公园、郊野休闲公园、郊野运动公园和郊野自然公园等四种类型。英国是最早提出郊野公园概念的国家。在英国，郊野公园是指为人们提供参观和游憩的郊外区域，其目标是保护自然和供人游憩，前者比后者更重要。《旅游与游憩规划设计手册》(中译本)对郊野公园提出了一个重要的描述：郊野公园选址通常在城市边缘区，是土地比较便宜和容易获得的地区，从经济学角度解释了郊野公园建立的基础。

⑫ 风景名胜区。风景名胜区简称风景区，指具有观赏、文化或科学价值，自然景观、人文景观比较集中，环境优美，可供人们游览或者进行科学、文化活动的区域；是由中央和地方政府设立和管理的自然和文化遗产保护区域。中国的风景名胜区，按其风景的观赏、文化、科学价值和环境质量、规模大小、游览条件等，划分为国家级风景名胜区和省级风景名胜区，并明确自然景观和人文景观能够反映重要自然变化过程和重大历史文化发展过程，基本处于自然状态或者保持历史原貌，具有国家代表性的，可以申请设立国家级风景名胜区；具有区域代表性的，可以申请设立省级风景名胜区。设立国家级风景名胜区，由省、自治区、直辖市人民政府提出申请，国务院建设主管部门会同国务院环境保护主管部门、林业主管部门、文物主管部门等有关部门组织论证，提出审查意见，报国务院批准公布。设立省级风景名胜区，由县级人民政府提出申请，省、自治区人民政府建设主管部门或者直辖市人民政府风景名胜区主管部门，会同其他有关部门组织论证，提出审

① 《旅游度假区等级划分》国家标准(GB/T 26358—2022)，该标准自2023年2月1日起实施。

查意见，报省、自治区、直辖市人民政府批准公布。

⑬ 国家公园。由国家批准设立并主导管理，以保护具有国家代表性的大面积自然生态系统为主要目的，实现自然资源科学保护和合理利用的特定陆地或海洋区域。其首要功能是重要自然生态系统的原真性、完整性保护，兼具科研、教育、游憩等综合功能。国家公园内可划分为严格保护区、生态保育区、传统利用区和科教游憩区。在我国国家公园体制建设过程中，国家公园与旅游既排斥又依赖的矛盾关系实际上是源于各方对"旅游"内涵理解的视角差异。在官方文件中对国家公园的游憩功能定位及相关表述与西方国家公园相关法律文件的表述基本一致，但出于谨慎考虑，对国家公园具体的运营管理，却未能像西方国家公园一样地使用"旅游"或"生态旅游"相关词语表达。鉴于国家公园内的"游憩"与"旅游"实际上是一体两面，在未来的国家公园正式文件中，关于公园的功能定位、规划、功能分区等工作中，使用"游憩"一词比较合适，以体现国家公园的公益性目标。

⑭ 森林公园。可分为国家级、省级和市县级等，其中国家级森林公园是最高等级，是指以森林资源为依托，生态良好，拥有全国性意义或特殊保护价值的自然和人文资源，具备一定规模和旅游发展条件，由国务院林业行政主管部门批准的自然区域。森林公园的建设应满足发挥森林公园主体功能，以森林风景资源为基础，突出野趣，保护森林风景资源的自然状态和完整性，发挥自身优势，形成独特风格和地方特色。截至 2019 年，我国共有 897 处国家级森林公园。

⑮ 自然保护区。自然保护区是具有代表性或重要保护价值的自然生态系统、珍稀濒危野生动植物物种的天然集中分布区、有特殊意义的自然遗址等保护对象所在的陆地、陆地水体或者海域，依法划出一定范围予以特殊保护和管理的区域。我国根据自然保护区的价值和在国际国内影响的大小，将自然保护区分为国家级自然保护区和地方级自然保护区两个级别，其中地方级自然保护区包括省(自治区、直辖市)级、市(自治州)级和县(自治县、旗、县级市)级自然保护区。根据保护对象及其周围环境特点以及管理需要，将自然保护区划分为具有不同功能的区域，一般划分为核心区、缓冲区、实验区等。在自然保护区的生态旅游应以达成保护自然生态、促进地方福祉为目标，遵循生态旅游设施建设与自然保护目标相协调的原则。自然保护区是游憩生态学研究的重要对象，对其保护和利用的研究促成了游憩学科许多重要理论的产生。

⑯ 旅游景区。旅游景区是以旅游及其相关活动为主要功能或主要功能之一的空间或地域。具体指具有参观游览、休闲度假、康乐健身等功能，具备相应旅游服务设施并提供相应旅游服务的独立管理区。该管理区应有统一的经营管理机构和明确的地域范围。包括风景区、文博院馆、寺庙观堂、旅游度假区、自然保护区、主题公园、森林公园、地质公园、游乐园、动物园、植物园及工业、农业、经贸、科教、军事、体育、文化艺术等各类旅游景区。旅游景区质量等级划分为五级，从高到低依次为 AAAAA、AAAA、AAA、AA、A 级旅游景区。其标牌、证书由全国旅游景区质量等级评定机构统一规定。其中申报的 AAAAA 景区要通过

旅游交通、游览区域、旅游安全、接待能力等12道标准考察，评选难度系数不亚于申报世界遗产，甚至超过了申报世界遗产的难度。与前述各类游憩空间的分类不同，旅游景区并非特指某一类游憩空间，而是对具有一定质量能级的景区进行的统一认定。

以上列举了16种游憩空间的类型，这些类型有部分在内容上有交叉，且仍不足以概括游憩空间的所有类别。随着社会的发展进步，越来越丰富的空间环境将成为游憩重要的场所，未来人们可能在沙漠、水下、洞穴、外太空等环境中参与游憩，也可能借助技术手段足不出户获得户外游憩的五感六识，而这些游憩类型的发现，有赖于从业者的辛勤努力和创新开拓。

二、游憩的空间结构模式

空间结构是人类经济、文化活动作用于一定地域范围所形成的组织形式。对空间结构的研究称为资源的里层研究，有别于一般的资源调查和评价(表层)。地区层次的游憩空间与旅游空间的结构颇为相似，但就总体而言，由于游憩活动多围绕人类定居地的附近展开，其空间格局与旅游空间的结构形式有一定的区别。针对旅游和游憩空间结构的基本理论通常包括区位论、经济地理理论、产业集群理论和分形理论等，基于上述理论，国内外学者提出了许多关于游憩空间结构组成的模式，具有代表性的如圈层模式及中心地模式等，根据发展阶段和模式构成上的差异，还可以进一步细分。

(一)圈层模式

1. 都市旅游圈环带模式

1972年，美国得克萨斯大学旅游学系教授冈恩(Gunn C A.)提出了著名的“都市旅游圈环带模式”。他以城市的核心都市区为空间上的旅游中心，在其外围用四个环形带来区分不同带状区域的旅游功能与特点，并对这四个旅游带的功能及旅游吸引物和旅游设施、旅游活动在空间上的分布进行了探索。在冈恩研究结论的基础上，吴承忠根据对国外大都市郊区农村旅游和休闲实际发展状况的分析，对冈恩的环带状模式进行了适当的修改，修改后的环带状模式四个旅游带分别是城市旅游带、近郊休闲与旅游带、乡村旅游带和偏远旅游带(图3-2)。

2. 罗多曼(Rodoman)模式

苏联景观学家罗多曼在地域景观研究的基础上提出了自然公园配置的“极化生物圈”的理论模式。该模式提出，游憩业的逐步开展，最为直接的结果是都市公园和在城市近郊建立起来的供人们游憩的绿色地带式的小公园。同时还具有一种规律，就是距离城市越远，会建立起越大的自然公园和游憩地供人们较长时间的滞留。在这些城郊游憩地建设的过程中，出现了依据游憩者行为特征建设游憩地功能区的深层次开发。在游憩地建设和管理中，景区功能划分明确，经营管理严格，明确规定了不同功能区游憩者的行为特征和游憩者进入自然公园所能够携带的物品和进入方式，以确保自然公园景观的完整

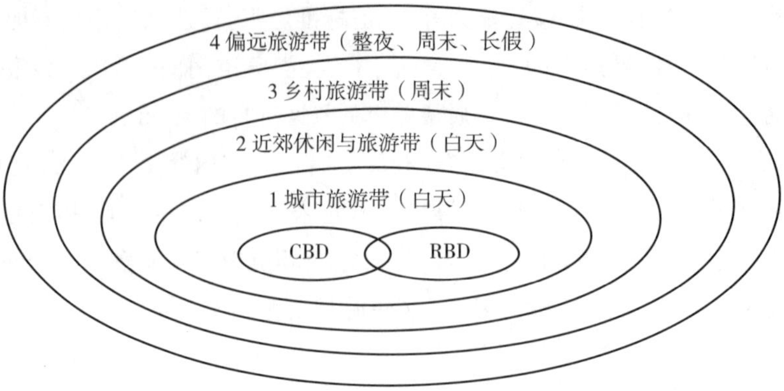

图 3-2　大都市旅游圈的一般空间模式

资料来源：吴承忠，2003

性、原始性和生态性。罗多曼模式具有以下几个特点：以平原区自然公园和康乐公园配置为典型；以平原区城市均衡发展为假定（包括城市均衡分布和均衡扩张）；城市之间的联系以同样的交通方式和通量；两个城市之间有一条可以影响景观配置的交通线；城市之间都存在广阔的粗放农业生产地域，该地区人口较为稀疏，乡村景观保持完好，游憩地域空间宽阔，土地利用调整余地较大，是城市空间的耦合地带；在地域利用上将景观划分为城市历史与建筑保护区、社会服务与交通道路、永久性住宅和工业、高度和中度集约的农业、天然牧场、森林工业和康乐公园、自然保护区和旅游基地与旅游道路，在城市之间汇合为一个连续的网络，景观配置结构如图 3-3。

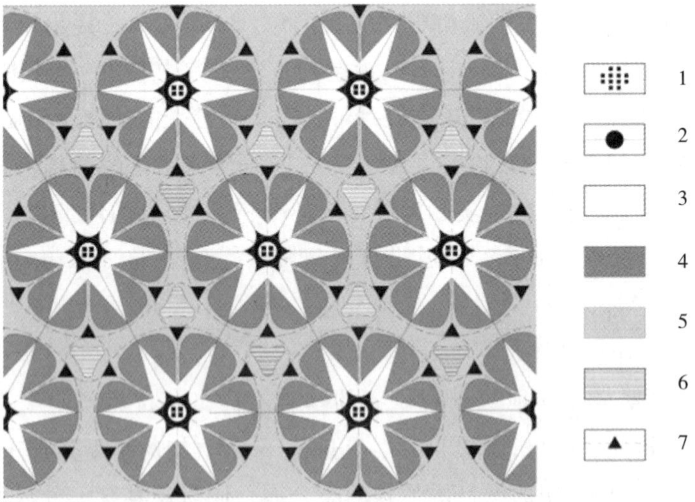

图 3-3　平原极化生物圈中郊区游憩地配置模式

（1—城市建筑保护区；2—社区中心及实用型通讯设施；3—永久性住宅区与非农村工业区；4—高、中强度农业区；5—草地、牧场、林业、狩猎、国家公园；6—原始自然区域及自然保护区；7—休闲居住区与旅游道路）

资料来源：王云才，2000

3. 克劳森和尼奇(Clawson & Knetsch)模式

鉴于城市空间和田园地域土地资源利用的日益复杂，根据地域利用特点，1966 年克劳森和尼奇提出了空间利用指向地域、中间地域和资源指向地域三种利用类型，也就是形成大都市郊区游憩地配置的三个圈层模式(图 3-4)。空间利用指向地域主要是大都市人口集中分布的地区，这里空间资源十分紧缺、土地资源价格昂贵，为了满足都市居民不出居住地对休闲地的短期需求，充分利用空间资源，修建休闲、娱乐场所，如公园和运动场等。中间地域是距离都市较近的乡村游憩地，该地区土地利用的集约化程度下降，游憩地的规模扩大，旅游、休闲、康乐空间扩展。由于交通条件较好，可达性好，可满足城市居民对游憩地的客观需求和消费，这里是都市游憩者光顾频率最高的首选地区，主要游憩地的类型有康乐公园、田园公园、农村博物馆和主题公园。资源指向地域一般是指距离都市较远的地区，是都市的远郊区，是土地利用集约化程度最低的地区，以粗放的农业和林业生产为主，乡村景观的完整性和地方性保持较好。从远郊区景观结构来看，自然景观、乡村聚落景观、田园生活景观、农业生产景观、民风民俗景观，形成了"闲、静、雅、稚、乐、宜、纯、厚"的整体景观特征。城市远郊区游憩地的建设通常占用的土地面积较大，游憩地服务具有一定的休闲、度假的行为特征，游憩空间大，游憩者较为分散，但是对游憩者的行动路线具有严格的规定，有的还采用路线申报与档案管理，以保证游憩者的安全。远郊区的资源指向的游憩区类型主要有国家森林公园、国家公园、城市野营公园、狩猎场、野生地域和特殊保护地(王云才，2000)。

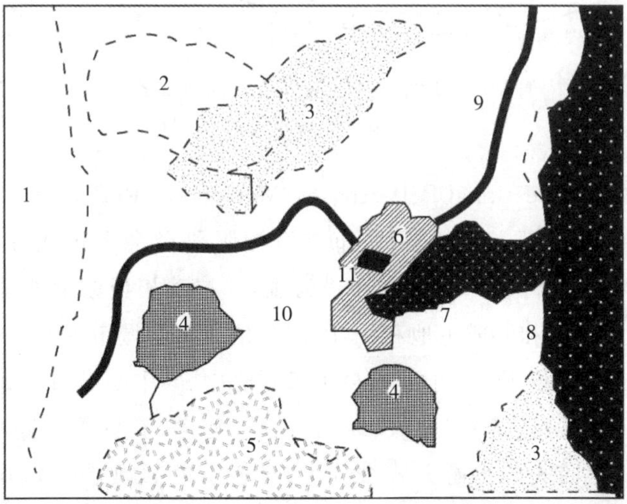

图 3-4　大都市郊区游憩地配置图

(1. 野生地域　2. 特别保护地区　3. 森林公园　4. 田园公园　5. 国立公园　6. 都市地区　7. 高密度海岸开发区　8. 海洋　9. 观光道路　10. 河流　11. 都市公园)

资料来源：王云才，2000

4. 星系模式

星系模式是俞晟(2003)提出的一种圈层模式,该模式借鉴宇宙星系的结构模式来描述城市游憩系统的空间分布,将城市游憩系统围绕着核心城区划分为近程、中程、远程三条游憩带。游憩带之间分布着若干大小不一的游憩功能区。游憩带划分的主要依据是游程时间,以约 0.5 小时的游程来界定近程游憩带,其在空间上与环城绿带大致吻合,游憩的类型以生态、绿色的休闲活动为主;中程游憩带距离城市约 1 小时的游程,游憩内容基本以城市郊区的小城镇、依托特定自然环境的大型游憩区、主题公园为主;远程游憩带距市区大约有 2 小时的游程,该游憩带主要以中小城市和特色旅游地为主(图 3－5)。

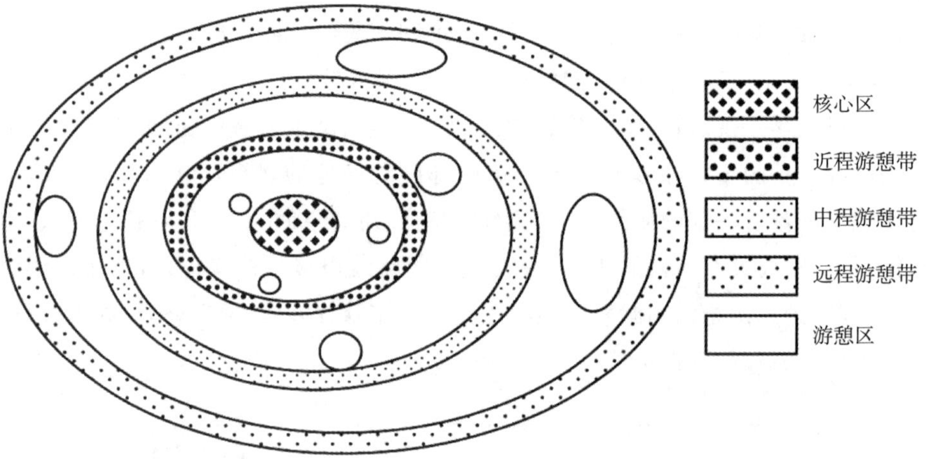

图 3－5　城市游憩系统空间布局的星系模式

资料来源:俞晟,2003

5. 环城游憩带(Recreational Belt Around Metropolis,ReBAM)

吴必虎于 1999 年在珠海召开的城市旅游国际研讨会上正式提出了环城游憩带(ReBAM)的概念,并指出:这种以城市居民为主,并拉动相当数量外来旅游者参与和支持的游憩活动、游憩设施和游憩土地利用,除部分地发生于城市内部空间,更多地推向城市郊区,出现了环绕城市外围、处于近城乡镇景观之中、与中心城市交通联系便捷的空间分布。这些地区具有观光、休闲、度假、娱乐、康体、运动、教育等不同功能,其中周六前往、入住一宿、周日返回式的出游方式被称为"一夜游度假模式(one overnight vacation pattern)。由这些土地利用构成的游憩活动空间称为环城游憩带(Recreational Belt Around Metropolis,ReBAM)"(图 3－6)。

西方学者对环城游憩带的相似研究早于中国。20 世纪 80 年代,苏联地理学家就注意到环绕城市的游憩地带,他们发现大量的城市居民会在周末的时候涌向郊区的森林公园和园林带。他们还观察到,这些园林带和度假村所在的娱乐带的建设伴随有区

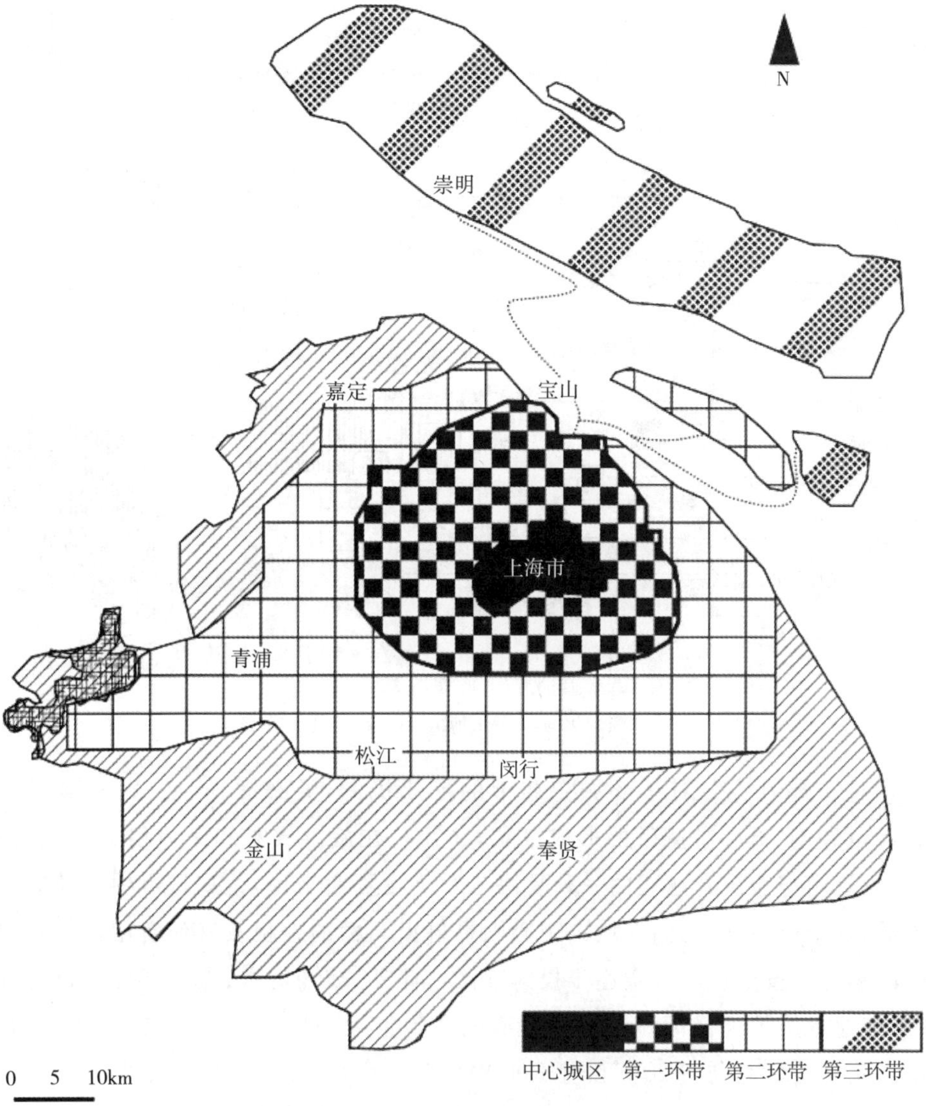

图 3－6　上海 ReBAM 的圈层结构

资料来源：吴必虎，2001

域集中化的过程，并且受地形和已有道路的限制，形成不规则的环状结构（普·列奥布拉曾斯基等，1989）。鲍德·博拉和劳森（2004）将城市周边划分为 4 种游憩区类型（图 3－7）。

由于经济水平和出游习俗的不同，发达国家城市居民面向郊区的游憩活动表现为由临时性的周末出游活动空间转变为永久性或半永久性的度假别墅游憩空间。这种特征明显有别于中国的环城游憩带现象。建立起中国的环城游憩带研究理论，不仅对中国各地的旅游业的发展和地理学的理论研究是必要的，对国际上已有的旅游地理理

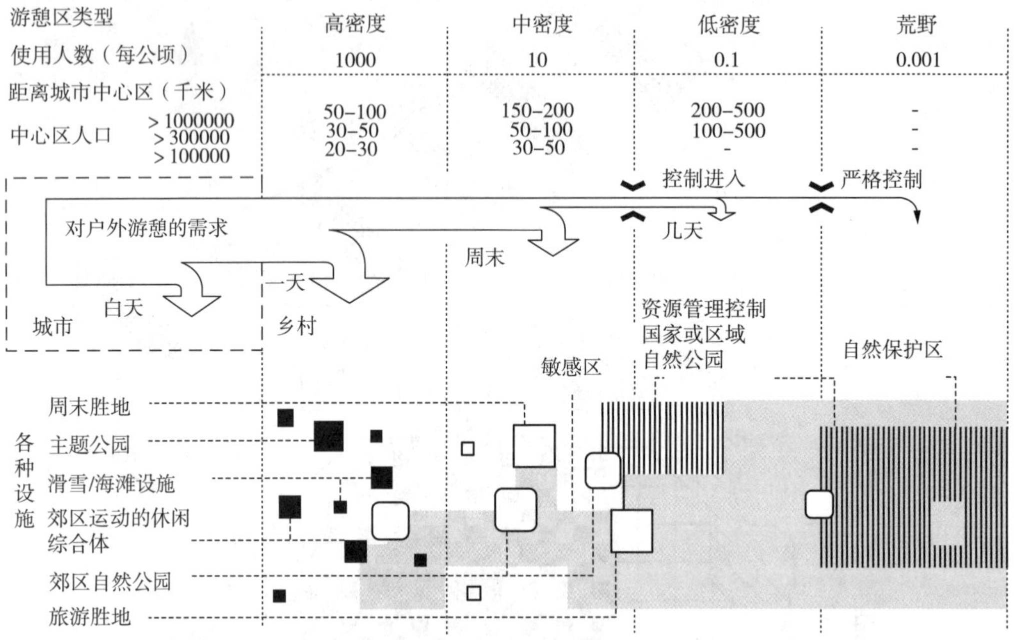

图 3－7　游憩区类型

资料来源：鲍德·博拉　劳森，2004

论也是一种重要补充。对于环城游憩带的形成机制，吴必虎、石艳（2001b），何佳梅（2001）等解释为：城郊游憩带的形成区位，往往是在旅游成本和土地租金双向力量的作用下，投资商与旅游者达成的一种妥协。对于投资商来说，距离城市中心越远，级差地租越低，资金压力越少，而在城市中心则要付出高额的地租及其他费用，于是这种排斥性的内驱力使投资者的资金逐步投向郊区。此外，市场需求、旅游开发与投资、吸引力、政府产业政策等都会对环城游憩带形成产生重大的影响。近年来，北京大学城市与环境学院旅游研究与规划中心对 ReBAM 进行了更深入的探讨，并提出将 ReBAM 修正为 ReBAC（Recreational Belt Around City）的概念，将其覆盖所有规模的城市，成为真正意义上的游憩带。

（二）游憩中心地与 RBD 模式

游憩中心地模式源于德国地理学家克里斯塔勒（Walter Christaller）于 1933 年提出的中心地理论。克里斯塔勒认为不管人类经济活动的地理单元小到何种程度，它总是处于不均衡状态，在空间分布上，永远存在中心地和外围区的差异，这种分布形态可以采用六边形结构单元进行描述，而所谓的中心地即位于六边形的中央。从经济效益而言，这是一种最佳结构，计及交通运输业在经济上的作用尤其如此。克里斯塔勒在其理论构想中将经济地理单元区分为不同层次，并明确指出，每个经济地理单元的中心地均承担着向外围区域提供商品和各种服务的职能。中心地有大小之分，较小的中心地供应的商品和提供的非生产性服务，无论数量还是种类都较少，其外围区的范围也相应地较小。而较大的中心地，提供的商品和服务的数量和种类则较多，其外围区也较大。总之，中心地的等级越高，所提供的商品和服务的数量和种类就越多。吴承照(1997)提出了将中心地理论中商业服务中心的门槛人口及市场结构思想应用于游憩中心地的解释，并认为商业化游憩地或游憩设施需要保证最低的游憩人数，这个最低游憩人数可称为门槛人口，门槛人口与基本的服务范围或服务半径相对应(表 3－1)，该表内容上与图 3－7 基本一致，表述上更关注门槛距离。决定门槛人口的是游憩地的市场结构，其中一个游憩地的市场结构具有三个层次：一级市场(基本市场)、二级市场(开拓市场)和三级市场(机会市场)。基本市场主要是指区域性市场，其规模受区域经济社会发展水平的影响，也是新游憩地开发成功与否的关键因素。开拓市场是通过宣传促销开发的客源市场。机会市场则是具有不确定性，不可依赖的中远程市场。

表 3－1　城镇规模与门槛距离

游憩地类型/(使用人数/ha)	离城镇距离/km 城镇人口/人			户外游憩行为	游憩地
	＞1000000	＞300000	＞100000		
高密度 1000	50～100	30～50	20～30	一日游	周末胜地 主题园 滑水或沙滩设施 郊区运动或休闲综合体
中密度 10	150～200	50～100	30～50	周末游	周末胜地 郊区自然公园 旅游胜地
低密度 1	200～500	100～500	—	几日游	自然公园 旅游胜地
原野 0.001	—	—	—	偶然	自然公园 自然禁猎区

资料来源：吴承照，1999

在城市游憩体系中，游憩中心地多指中央游憩区(Central Recreational District，CRD)或游憩商业(务)区(Recreational Business District，RBD)。这两个概念差异不大，偶尔混用。吴必虎(2002)指出，中央游憩区(RBD)应以本地居民休闲和外地游客观览为导向，吸引物和服务都相对集中，且与城市中心商务区(CBD)相毗邻。魏小安(2001)则认为，中央游憩区是每一个城市最具吸引力的一片街区，这个地方不是旅游景区景点，而是最全面体现和展示城市的生活、城市的文化的场所;应该是多要素、综合性、多功能、休闲性的街区,不但代表了城市文化、城市生活的风采,也应该构成一个外国游客和外地游客到这个城市必游之处,同时还是城市居民自身生活休闲的一个地区。中央游憩区需要以下五个要素:第一是步行街,甚至是步行街区。第二是有娱乐场所,要有传统文化的娱乐场所,也要有大众的娱乐场所和青少年的娱乐场所。第三就是各种各样的小商业。第四是小饮食。第五是各类的文化体现,比如说各类的文艺表演,街头的杂耍等等。

游憩商业区(RBD)的概念最早由斯坦斯菲尔德(Stansfield C. A)和里基(Ricket J. E.)于1970年提出,其定义为:为满足季节性涌入城市游客的需要,城市内集中布置饭店、娱乐业、新奇物和礼品商店的街区。此外,史密斯(Smith,1990)认为RBD应存在城市或城镇里,是由各类纪念品商店、旅游吸引物、参观、小吃摊等高度集中组成的一个特定的零售商务区。国内关于RBD的概念首次出现于保继刚的博士论文,后来他对广州城市RBD进行了实证研究,并将RBD的概念重新定义为:城市中以游憩与商业服务为主的各种设施(购物、饮食、娱乐、文化、交往、健身等)集聚的特定区域,是城市游憩系统的重要组成部分。从定义上看,RBD比CRD更趋专类化,早期的RBD还具有很强的季节性解释;另一方面,CRD往往分布在城市的中心区域,RBD却并不一定位于城市或景区的中心地带。

张立生(2008)在城市游憩商业区的研究中指出:典型的旅游商业区(RBD)通常以旅游景点为主要吸引物,进而催生出其他商业和娱乐设施。这种商业区的主要特点如下:①区位的不确定性。由于旅游景点分布位置多具不确定性,附属于它的商业区位也没有固定规律可言。自然景观多分布在偏远地区,而人文景观多集中在城市的热闹市区,因此,商业区位是不确定的,有时能够位于大城市的繁华区域。②人流变化的季节性。旅游景点的人流变化具有明显的季节性,其中自然景点的季节性要比人文景点的更为突出。交通不便地区的景点比交通便利地区的景点季节性更明显。③商品与旅游吸引物的相关性。RBD的商品与服务都与该地的旅游资源特点联系紧密,并且是面向游客的。因此,商业区的商品应该反映该旅游地的资源特色,服务设施应该具有当地特色,以展现当地的人文和自然景观。④空间分布的独特性。游客在景点进行的购物等商业活动通常是从旅游活动中分化、引申而来的。RBD的核心吸引物往往是该地的自然或人文景点,也有一些核心吸引点本身就是购物区,例如巴黎、香港等。旅游购物者的空间和时间分布以及购物行为与一般购物者不同,因此,商业区的分布情况也具有独特性。

RBD可以被分为不同类型,包括大型购物中心型、特色购物步行街型、旧城历史文化改造区型和新城文化旅游区型。大型购物中心型的RBD通常以像加拿大的西埃德蒙顿购物中心(West Edmonton Mall,WEM)这样的规模庞大的购物中心为代表。特色购物步行街型的RBD则强调整体设计主题一致和营造环境,吸引购物者、休闲者和旅游者停留。该类型区域集中了许多稀有商品和特色餐饮店，有利于社交情境的创造和回头客的增多。旧城历史文化改造区型的RBD以旧城历史文化地段为基础，通过旅游业带动商业和休闲活动，保护并复苏文化底蕴。该类型的区域尽可能保留原有古老建筑风格，具有独特性，并促进城市的可持续发展。新城文化旅游区型的RBD通常是以文化旅游为导向，通过旅游的效应带动商业和其他配套设施的发展，形成在新城区内的RBD。

(三)其他空间结构模式

冯维波(2009)提出，游憩空间结构的组成可由点、线、面三个基本单元组成，即点——观光游憩点、线——游憩廊道和面——游憩中心地，在此基础上总结了八种城市游憩空间结构的主要模式(图3-8)，分别包括：单核结构模式、组团结构模式、带状结构模式、马赛克嵌合结构模式、环状结构模式、放射状结构模式、环射状结构模式和串珠状结构模式等。

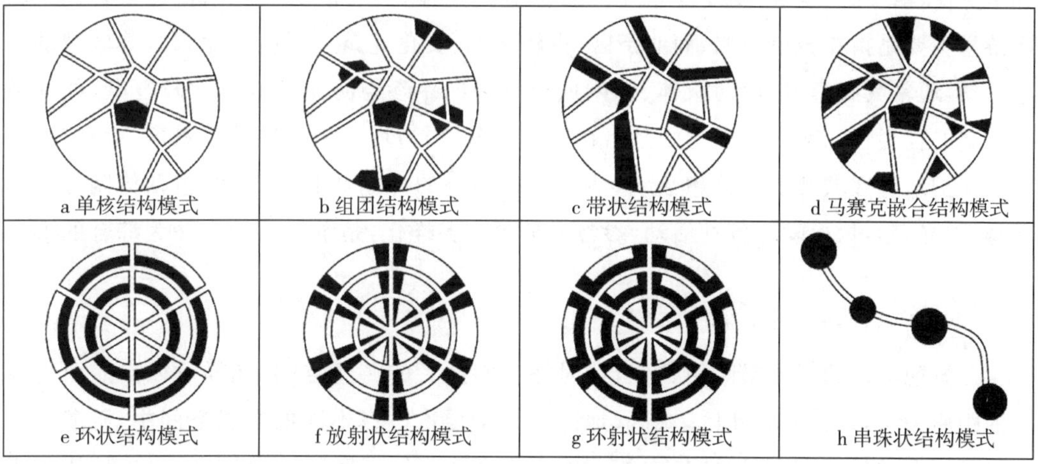

图3-8　城市游憩空间结构模式

资料来源：冯维波，2009

第三节　城市游憩系统

一、城市游憩与城市游憩系统

城市是人类文明最为集中且最具典型的代表。全球城镇人口占比在2021年已达到56%，而根据联合国人居署的估计，到2030年，这一比例将提高至68%。城市游憩是指在城市中进行的游憩活动及其相应的空间或载体。由于城市在人类生活中的重要性，城市游憩也成为游憩系统中最为复杂、丰富且最具有系统性的类型。城市游憩系统因为其公共服务性和经济产业化特征，在国民经济和社会发展建设中起着越来越重要的作用。其产业构成主要包括产品、行销辅助和产业支持三个子系统。其中，产品子系统依托一定的游憩资源开发，包含基础游憩设施、服务和产品保障等三种组成部分。行销辅助子系统通过传播媒体和城市运输体系来促销产品，包括客源输送、媒体促销和内部行销等三类产业单元。产业支持子系统则提供产品开发设计的技术支持，以及相应的游憩设施设备支持，进一步又可以分为产品设计和器材支持两大产业。

(一)城市游憩活动系统

影响游憩活动的因素众多，包括游憩的发生场所、参与人数、活动性质、状态、年龄、消费水平等。根据游憩场所与人们日常活动空间的关系，城市的游憩活动可以分为三个层次：社区游憩、城区游憩、地区（或称区域）游憩，形成了由近及远，从大众化到专门化，从多数人到少数人的游憩活动体系。社区游憩是指在居民区附近的户外游憩活动，比如邻里交往、散步、静坐等，主要是以个人或家庭为主体，具有健身、社交、休息等导向。城区游憩主要是指在城市公园、商业街区、主题乐园、文化建筑、广场、工业园区等区域的游憩活动，通常具有学习、运动康体、休闲放松等导向。参与游憩的人群比较复杂，往往兼有一定的社会性。而区域游憩则是指在城市远郊、周边城市或地区的风景区、森林公园、自然保护地等区域开展的游憩活动，活动具有一定的计划性和专业性，包括休闲、度假、健身、观光、学习、探险等各种活动，参与人员更加多样化，是游憩活动中最为综合的形式之一。

(二)城市游憩空间系统

与游憩活动的三个层次相类似，针对特定游憩者的游憩空间，同样可以参照由近及远的距离关系，将其分为社区、城区、地区等三个层次。在不同的游憩空间中，游憩者的身份可能会发生转变，例如城市中的一些历史文化街区或者城市公园，针对本地居民来看，属于城区的游憩空间层次，但对于外来的游客，则跨越了不同地区，可能变化为地区级的游憩空间。

游憩活动系统和空间系统密不可分，并需要游憩基础设施、游憩管理等方面的支持。近年来，部分学者将游憩机会谱（ROS）的方法引入对城市游憩活动与环境的关系研究中，如张杨等(2016)以社区游憩环境为研究对象，根据上海城市社区的特点和建设现状，采用游憩机会谱理论，提出了自然、社会和管理三种游憩环境序列，以初步推断可能影响居民社区游憩体验的35个环境变量，其中包含13个自然环境要素、9个社会环境要素和13个管理环境要素（表3-2）。在将社区潜在的游憩环境划分为生态型、景观型、生活型、设施型和商业型五个层次的游憩区域后，对每个区域进行了全面综合的梳理。研究发现，游憩活动的组合变化以及游憩环境的管理对策对游憩体验有着重要影响，并提出了相应的建议。

表 3-2 社区环境变量重要性及排序

排名	变量名称	均值	标准差	排名	变量名称	均值	标准差
1	M1 治安状况	4.67	0.619	19	S2 游憩动机的实现	3.80	0.935
2	N4 安静程度	4.42	0.741	20	M9 限制开放条件	3.71	1.009
3	M4 环境卫生管理	4.41	0.714	21	N9 场地尺度规模	3.67	0.952
4	M2 管理人员巡视	4.35	0.827	22	S3 活动项目的丰富性	3.60	0.907
5	N3 空寂质量	4.30	0.912	23	N6 文化特色	3.55	0.942
6	N5 景观美感	4.20	0.851	24	N8 活动空间开敞	3.50	0.886
7	S8 活动人群的分类	4.18	0.847	25	S5 游憩活动的可参与性	3.47	0.968
8	M3 植被的养护	4.09	0.835	26	S7 游憩者参与形式	3.44	0.931
9	N7 道路的通畅性	4.07	0.995	27	M11 公共厕所	3.42	1.154
10	N2 场所微气候	4.06	0.873	28	S1 游憩活动密度	3.42	1.063
11	M12 场所的夜间照明	4.03	0.856	29	N13 人工景观构筑物	3.33	0.927
12	N11 娱乐设施	4.01	0.881	30	M6 解说信息	3.32	1.004
13	M13 地面积水的处理	4.00	1.140	31	S4 活动持续时间	3.07	0.966
14	M7 安全警示信息	3.96	1.146	32	M10 小卖部、报刊亭	3.04	1.110
15	N10 休憩设施	3.96	0.891	33	S9 离住所的距离	3.03	1.014
16	N12 健身运动设施	3.92	0.855	34	S6 参与者的互动性	2.91	1.005
17	M5 设施的维护	3.90	0.940	35	M8 电子广告牌	2.83	1.121
18	N1 植物丰富度	3.90	0.918				
注:S代表社会变量,M代表管理变量,N代表自然变量							
资料来源:张杨等,2016							

二、城市游憩空间

(一)城市游憩空间的定义、分类

1. 城市游憩空间

城市游憩空间是处于城市或者城市近郊的“游憩者可进入的”,具有休息、交往、锻炼、娱乐、购物、观光、旅游等游憩功能的开放空间、建筑物及设施(吴必虎等,2003)。城市游憩空间是人们了解城市文明、参与城市生活的主要场所,也是城市重要的职能空间之一。从物理属性上来看,城市游憩空间是具有游憩功能,并提供游憩设施的城市空间,且通常是指城市开放空间的一部分,具有典型的公共属性,因此,有时也称之为城市公共游憩空间(Urban Public Recreational Space, UPRS)。

在表现形式上,城市游憩空间具有人工或自然等不同方式,但由于城市环境主要以人工建成环境为主,城市游憩空间不可避免地表现出人工为主的环境特征。在城市游憩空间中,即便是绿化环境,也多是人为建设出来的公园或景区,体现的景观与风貌特征更倾向于表现人居环境的需求和建设经验，类似于风景学科里“第二自然”的表达，这是城市游憩空间与其他类别游憩空间最大的区别。

城市游憩空间更侧重于城市游憩活动的实现，应具备良好的游憩体验，能够满足并达到游憩活动的目标。同时，还需要提供相应的游憩产品和服务设施，并能够针对游憩的需求进行相应的游憩活动组织与管理。因此，尽管城市游憩空间在布局和形式上与城市公共空间相似，在实际功能、规划、使用和管理上却有着不同的准则。当前，城市公共空间有着复合使用的倾向，关于城市游憩空间的界定也变得模糊起来。部分传统的城市游憩空间如公园绿地有时会兼有集会等市政活动的功能，而非游憩目的建设的城市公共空间如政务广场、交通广场等也会具备一些面向周边居民日常游憩的服务职能。

综上，可以对城市游憩空间进行如下界定：城市游憩空间是指在城市或城市近郊能够进行游憩活动的城市开放空间，它是由各种要素相互作用、相互联系而构成的具有一定层次、结构、功能和动态的复杂系统。

2. 城市游憩空间分类

(1)按服务人群特征划分

参照吴必虎等(2003)对城市公共游憩空间的分类建议，按服务属性可将城市公共游憩空间分为“主要面向本地居民”和“面向外来游客及本地居民”两个服务组。其中前一组主要包括城市公园、道路及沿街绿地与环境设施、大型城市绿地、文娱体育设施、半公共游憩空间等五个主类；后一组则包括城市步行空间、城市滨水游憩空间、文博教育空间、商业游憩空间与商业设施、城市特色建筑和构筑物、旅游景区(点)及设施等六个主类。共 2 个服务组、11 个主类、37 个干类和 39 个支类(表 3-3)。

表 3-3 城市公共游憩空间分类系统

<table>
<tr><th>服务组</th><th>主 类</th><th>干 类</th><th>支 类</th></tr>
<tr><td rowspan="13">面向本地居民</td><td rowspan="6">城市公园</td><td>市、区级综合性公园</td><td>市级公园、区级公园</td></tr>
<tr><td>居住区公园</td><td rowspan="4">—</td></tr>
<tr><td>动物园</td></tr>
<tr><td>植物园</td></tr>
<tr><td>儿童公园</td></tr>
<tr><td>其他专类公园</td><td>体育公园、交通公园、雕塑公园、盆景公园、专类植物园</td></tr>
<tr><td rowspan="3">道路及沿街绿地与环境设施</td><td>沿街小游园</td><td rowspan="3">—</td></tr>
<tr><td>道路红线内绿地</td></tr>
<tr><td>街旁绿地及设施</td></tr>
<tr><td rowspan="4">大型城市绿地</td><td>环城绿带(游憩带)</td><td rowspan="4">—</td></tr>
<tr><td>郊野公园</td></tr>
<tr><td>市内大型绿地</td></tr>
<tr><td>公墓陵园</td></tr>
</table>

（续表）

服务组	主　类	干　类	支　类
面向本地居民	文娱体育设施	文化娱乐场所	工人文化宫、劳动人民文化宫、工人俱乐部、民族文化宫、青少年宫、地区文化馆、社会公益活动机构
		艺术剧场	多功能剧场、歌舞剧场、话剧院、音乐厅、杂技厅、电影院
		体育场馆	—
	半公共游憩空间	小区游憩空间	宅旁绿地、邻里游憩园、儿童游戏场、小区体育运动设施
		单位内部游憩空间	—
面向外来游客及本地居民	城市步行空间	城市广场	交通集散广场、市政广场、市民广场、纪念性广场
		步行街	商业步行街、步行林荫道
	城市滨水游憩公园	滨海游憩区	—
		滨湖游憩区	
		滨江、河游憩区	
	文博教育空间	博物馆	—
		展览馆	
		美术、艺术馆	
	商业游憩空间与商业设施	城市商务中心区	—
		城市特色商业区	
		食宿娱乐场所	
	城市特色建筑、构筑物	建筑综合体（群）	—
		独立建筑	
	旅游景区（点）及设施	城市旅游公园	主题公园、名胜公园、野生动物园、水族馆（海洋公园）、观光农业园、游乐园
		城市史迹旅游地	历史地段（街区）、纪念地、遗址
		城市风景名胜区	—
		旅游度假区（休疗养区）	
		宗教寺观	
		高尔夫球场	

资料来源：吴必虎等，2003

(2)按空间层次或范围大小划分

城市游憩空间的层次构成是游憩者在城市空间范围内实现其游憩行为的空间地域结构。按空间层次可将城市游憩空间划分为：社区级(或小区)游憩空间、城市级(或城区、集镇)游憩空间、区域级游憩空间等三个游憩空间层次，也有在这三个层次的基础上，补充如“居所级(室内或宅旁)游憩空间”而形成所谓四个层次的空间类型。这个层次具有一定的价值，但其公共性不强，以下仍以三个层次进行空间类型的划分。

不同层次的游憩空间在资源魅力度、空间规模、与居住区的距离、游客数量、游憩活动特点、活动时间、活动频率、需求量以及门槛人口等方面都存在着差异。社区级游憩空间指的是居民家庭附近或社区提供的游憩空间，包括社区绿地、运动场所、儿童娱乐设施、活动场地和活动中心等。城市级游憩空间通常是指城市内的公共游憩空间，通常位于城市中心或人流密集区域，并涉及多种公共服务设施。研究表明，由于用地缺乏或租金过高，城市中心地区往往缺乏大型城市游憩设施。该问题的解决需要进行城市空间的创造性或复合性使用。例如，在美国路易斯安那州的拉菲特市，曾将公路立交桥下的荒地改造成邻近地区人们喜欢的公园；而在洛杉矶市中心，两个大型企业在一个停车场的顶部建造了一个占地 2.5 英亩的公园，成为城市复兴项目的一部分。城郊游憩空间也属于城市级游憩空间，是指伴随着居民郊游活动盛行，在城市近郊或远郊形成的游憩空间，包括郊野花园、山岳、森林和草原等。利用成本较低的游憩设施可以在郊区发展游憩业，以节省更多的资金用于投资。但这些游憩空间的建立必须有明确的开发和吸引外来游客的目的，并与人们为提高生活质量而搬离中心地带的住宅周边游憩空间区别开来，并且它们不能满足周边原有的其他居民的游憩需求。区域级游憩空间指的是存在于邻近城市和区域的游憩空间，体现了区域内多个城市在公共游憩服务方面的互补性和协作性。这些游憩空间的具体形式包括游憩景区、旅游度假区等。

(二)城市游憩空间要素

1. 城市游憩空间的软、硬件要素

城市游憩空间的类型因不同的划分标准而异，但其基本要素分为硬件和软件两方面：硬件主要包括游憩产品、游憩设施、游憩线路、视觉识别、区位特性和生态环境等，软件要素由理念识别、行为识别、政策法规、管理保障与科技保障等组成。硬件是城市游憩空间的基础，而软件是其保障。二者之间必须有机融合，才能形成良好的城市游憩空间。当然，这些要素的质量也直接影响到城市游憩空间的品质。

2. 城市游憩空间的影响因素

(1)游憩资源

游憩资源包括各种能够吸引游憩者的事物和因素。就城市游憩空间层次的影响而言，游憩资源条件主要由资源的自然属性、历史文化、空间规模、吸引力、区位条件等因素组成。对于不同类型的城市游憩空间,这些因素对其影响的程度是不同的。等级较高的游憩空间拥有更为丰富的资源,能够满足更为复杂的游憩需求。相反,等级较低的游憩空间所拥有的资源相对简单,但与游憩者的关系可能更加密切,会得到更完全的利用,是城市游憩空间的基底。

(2)游憩者特征

游憩者自身的特征是影响游憩空间的重要因素,包括年龄、性别、职业、受教育程度、健康状况等方面。年龄是游憩者对不同类型游憩空间选择的主要因素之一。老年居民更倾向于选择小区和社区游憩空间,而中青年居民则更倾向于选择城区和区域型游憩空间。游憩者的性别差异也会影响他们的游憩活动。女性由于有家庭事务的制约,闲暇时间少且不便出远门,多参与家庭和社交娱乐活动。男性居民则更有自主性,在选择游憩活动和游憩空间方面更为灵活。此外,游憩者的职业不同也会直接影响他们的游憩需求和倾向,而不同的游憩方式往往与不同的游憩空间层次相关联。例如,城郊游憩空间可以满足更多的休闲需求,而商务游憩则占比较少。通常情况下,那些受过良好教育的人更容易掌握科学文化知识,这使得他们能够在休闲娱乐方面享有更加广泛的选择。此外,身体健康状况的好坏也会影响游憩空间的选择。例如,一些高血压或身体较差的人就不能参加高强度、高刺激的运动或娱乐活动,这也使得他们的游憩空间受到间接的限制。上述这些特征最终还会汇总并表现为游憩者的游憩动机,这是本书第四章中关键性的内容之一。

(3)游憩实现机会

指游憩者能够实现游憩行为的时间和费用机会。游憩者的时间取决于其所拥有的空闲时间,可分为工作日、周末和节假日三种,在不同时间内游憩活动类型和游憩空间范围也会存在差异。游憩费用机会则指潜在游憩者在选择游憩活动时能承受的费用。通常与个人收入和可支配收入有关,可支配收入越高,人们可以承担的游憩费用就越大,可选择的游憩机会也就越多。城市游憩方式也有高费用型和低费用型之分。游憩费用机会大的人可以在不同费用范围内选择游憩空间,而游憩费用机会小的人则可能仅限于公益型或低消费水准的游憩空间,因此游憩费用机会也会影响到游憩空间系统的组成。

(三)城市游憩空间的结构特征与模式

1. 城市游憩空间结构的组成单元

受到城市空间形态的限制,城市游憩空间结构的组成单元呈现出点、线、面三种基本特征。其中,点指的是观光游憩点,包括城市观光游憩点、景点、地标或建筑物等;线一般指游憩廊道,包括城市道路、河流及其两岸、轴线空间、生态廊道等;面则指游憩区域或游憩中心地,包括具有相同属性、功能或近似形态的区域,例如城市历史地段或街区、游憩商业区、风景区或城市生态保护地等。

(1)观光游憩点——点状游憩空间

观光游憩点是最基本的游憩空间单元,城市中的游憩点之间具有不同的等级层次性。在一些旅游城市中,通常有一系列观光游憩点,这些点可以组合形成多样化的观光线路。有些城市的观光点比较分散,有的则比较集中,形成旅游中心。而一般的非旅游城市的观光游憩点在系统组成上相对不足,但同样对城市具有重要价值。凯文·林奇(Kevin Lynch)在《城市意象》中将节点描述为“观察者可以进入的战略性焦点”,这与观光游憩点的目标非常接近。尽管林奇的目的是加强城市的可读性和明晰城市的结构和个性,但对于游憩者,尤其是外来游憩者,这些目的正是他们游憩体验中的关注焦点。因此,点状游憩空间在城市游憩空间系统中起到了关键性作用,并对城市的景观规划提出了相应的要求。例如,在伦敦,有10处指定的战略性眺望景观。这些眺望点采用经纬度进行准确定位,除一个处于西敏寺(Westminster Abbey)外,其余都位于标高相对较高、公众可达性好的公园等场所。

(2)游憩廊道——线状游憩空间

通常,游憩廊道是与城市道路系统或河流等结合形成的线状游憩空间,可以根据不同主题对游憩资源和产品进行组合,从而形成多样化的游憩廊道。道路是人们日常、偶然或者潜在的移动通道,并且在城市环境中扮演着主导的角色。人们在沿着道路移动的同时观察城市,而其他环境元素也是沿着道路布置的,因此游憩廊道的形成与道路息息相关。道路在游憩活动中的重要性因人们对城市的熟悉程度和道路形式的差异而有所不同。对于多数游客来说,道路是城市中最为重要的元素之一。如果主要道路缺乏个性化的景观或者容易与其他道路混淆,人们就很难对城市形成一个整体的印象;但是,只要少数几条重要的道路之间有着牢固的联系,人们就有可能忽略一些细小的不规则,形成一个简单的结构。主要的交通线也通常成为城市景象特征之一。因此,游憩廊道特别是与道路紧密相关的部分,应该有自己独特的个性和特色。

游憩廊道还包括以下三个特殊类型:①主题街,是为了提高城市竞争力和土地价值,优化城市资源和空间结构而设的,城市中有很多种类的主题街,例如丝绸街、古玩街、休闲街和文化街等,这些主题街通常是旅游者青睐的地方,也是城市特色、魅力和活力的体现之处。②河流和山脉类的游憩廊道,通常被认为是城市景观丰富、特色明显的游憩空间,因为大多数城市位于滨河地区,而山地城市的山脉通常是城市形成的最典型约束,且形成了重要的游憩廊道。③风景道(Parkway)是一种专用公路,连接大城市和郊外森林公园或休闲公园,最先出现在美国。风景道一般分为三段:首段与城市道路网直接相连,伸入市中心,中段穿越荒野和森林,末段在郊区森林公园中,以尽头广场、环路或不同长度的毛细管状支路结束。

(3)游憩中心地——面状游憩空间

与商业中心地相似,游憩中心地是一个集观光、休闲、娱乐、购物、交通、服务等各种功能于一体的综合体,在游憩空间系统中扮演重要角色。城市游憩中心地包括多种类型,如历史上以寺庙为中心融合宗教活动、休闲娱乐、商业于一体的游憩商业区;以独特的夜生活或时尚活动为特色的时尚动感地域;以城市商业区为依托的商业游憩区等。此外,还有同CBD叠置的中心观光游憩区;以城市公园为依托的休闲中心地;以健身、休闲、娱乐、自然为特色的郊野游憩中心地;以历史古镇、风景名胜区、自然保护区为依托的市域观光游憩中心地等。游憩中心地的空间形态丰富多样,具有持久的空间活力和经济上的吸引力和组织能力,因此城市规划中应该积极促进这类中心地的形成。

2. 城市游憩空间的结构模式

每个城市游憩空间结构都不相同,常见的有以下几种基本模式:单核结构模式、组团结构模式、带状结构模式、马赛克嵌合结构模式、环状结构模式、串珠状结构模式等(冯维波,2009)。实际上,现代城市的游憩空间系统的结构非常复杂,往往不是由上述某一模式所决定,而是由多种模式复合而成的,表现为综合模式。游憩空间的结构模式不仅反映出城市游憩空间的结构形态,也反映了城市空间的形态和发展趋势,对城市总体规划格局具有重要的影响(图3-9)。

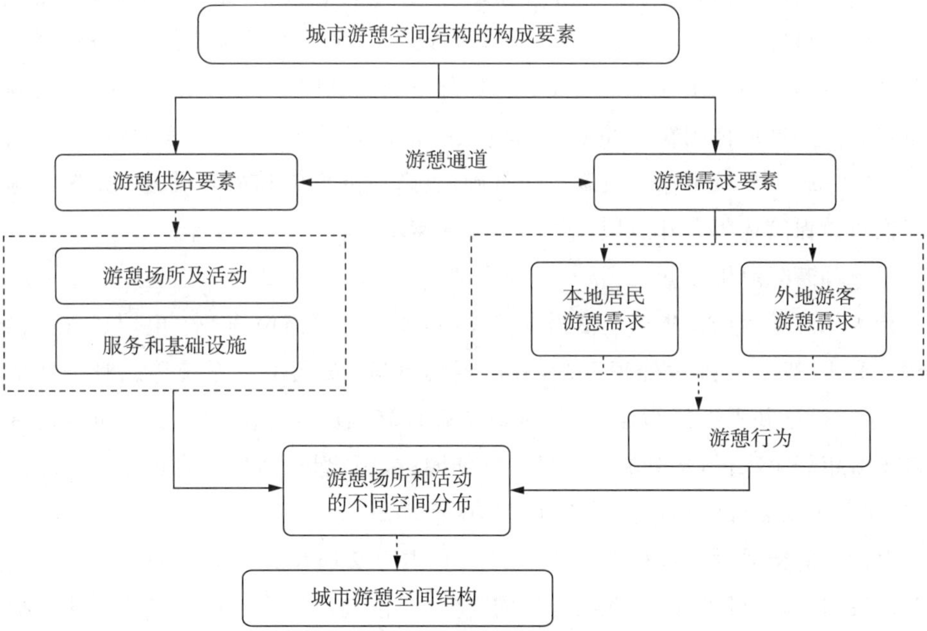

图3-9 城市游憩空间结构的构成要素

资料来源:肖贵蓉,2008

(四)城市游憩空间的废弃

城市游憩空间具有类似于生命体的特征,既有兴盛期,也不可避免地走向废弃,这种废弃是对城市资源的极大浪费。在当前城市存量发展的新阶段,对城市游憩空间的废弃及其更新进行研究具有重要意义。城市游憩空间废弃的原因较为复杂，戈德(Gold)在1972年首先提出了有关城市公园的使用和废弃问题，将主要的限制性因素划分为三个类别，即行为原因、环境原因和政府原因。帕特莫尔(Patmore,1983)也指出了造成游憩设施使用和废弃的四种进入障碍：自然障碍，包括个人限制和空间限制；财力障碍，管理费用和设施成本较高，成为经济方面的限制因素；社会障碍，与社会地位不相适应的游憩形象；交通障碍，缺乏交通工具，耗费大量的时间成本。一般地，城市总会缺少一些易于获得的游憩机会，而另一方面，却有大量的游憩空间因各种原因导致废弃。要解决这个问题，有赖于城市环境的合理规划及适时更新，从而能为居民提供足够的游憩空间和合适的游憩设施以满足他们的要求。

三、城市游憩设施

城市内的游憩设施包括公园、景点、文化设施、购物中心、娱乐城以及其他的休闲设施。根据吴必虎在《旅游与游憩规划设计手册》中的分类，这些设施可以分为基本设施和特殊设施两种类型。而冯维波在2007年发表的《城市游憩空间分析与整合研究》中提出，城市游憩的核心包括观光休闲、康体娱乐、商务购物、会议展览等方面，要满足游憩者的需求，必须提供相应的服务接待设施和基础设施。前者主要包括住宿、餐饮、娱乐、购物、解说等设施，而后者主要包括交通、水电、邮电通信、环境卫生等设施。这些设施数量和质量也会影响城市休闲空间品质的高低。根据肖亮在2010年发表的《城市休闲系统研究》一文中的分类，城市休闲设施包括基础设施、服务设施和配套设施。这些设施与服务的提供可以保障休闲者开展城市休闲活动的需求。

(一)城市游憩基础设施

是指为保障城市居民生产生活需要的设施，如交通道路设施，水、电、热、气的供应系统，废物、废水、废气的排污处理系统，邮电通信系统，安全保卫系统等。对于外来旅游者，城市基础设施并不直接为他们服务，但基础设施是游憩产业运行必不可少的基本条件。对于城市居民来说，部分城市基础设施如园林、绿化带、河堤本身也是可以利用的休闲资源，居民可以充分利用该类设施开展休闲活动。

针对游憩的交通设施包括对外交通设施和内部交通设施。完善程度与城市交通网络有关，目的是提高可进入性，并结合不同类型、区位和面积大小的游憩空间建设提供相应的服务。建设还需与游憩线路结合起来，防止破坏风景和景观完整性。

水电设施的规划建设主要涉及供、排水系统，污水处理设施和照明设施。照明设施包括功能性照明、广告灯饰补充照明以及景观性照明。电力与其他能源供应是游憩地必要的基础工程设施，建设时需根据项目的定位和使用特征考虑不同的供电系统方案。

邮政电信设施是信息交流的重要组成部分。针对游憩需求应建立质量良好、灵活性强、业务齐全的对外、对内的通信网络体系。除了传统的通信功能，电信设施还可以用于快速收集景区人群分布信息，起到分流、引导、优化使用等作用。

环境卫生设施主要指垃圾站、垃圾箱、公共厕所等。规划时需合理布置，风格要与环境相协调。近年来，部分景区为了减少对景区景点的干扰、降低环卫压力，以及促进游客自身环保意识等，取消了垃圾桶等设施，改由游客领取清洁袋的方式。这种方式应视景区的环境特征和管理方式选用，不能盲目推广。

(二)城市游憩服务设施

城市游憩服务设施主要包括为当地居民和外来游客提供服务的住宿、餐饮、购物以及其他设施。游憩服务设施的建设和完善，既配合游憩资源的开发满足游憩者的需要，又使游憩资源的开发与城市经济密切联系，推动着城市休闲经济的发展。

随着社会经济不断发展和人民生活水平的提高，餐饮服务得到了快速发展。据相关数据显示，1955 年，仅有 25%的美国家庭食品消费用于外出就餐，而到 1990 年这一比例已达到了 43%。此外，我国国家统计局的数据表明，2017 年全国餐饮收入总计 4.0 万亿元，同比增长 10.7%。其中，旅游餐饮占比 24%，达到 0.97 万亿元，环比增长 12.24%。餐饮服务不仅为人们满足身体上的需求，更能让人们在高质量的环境中享受美食、体验文化。因此，在规划和提供餐饮服务时需要考虑两个因素：首先，要充分挖掘饮食文化内在含义。其次，需要考虑餐饮设施的类型、规模、档次和空间布局。这些因素必须考虑游客的流量流向、消费观念和水平、城市规模和国际化程度，以及当地游憩资源的空间分布等。

酒店、宾馆、饭店是主要的住宿设施，它们具有各自的特点和细化特征。其中，宾馆和酒店的含义几乎相同，而饭店则更加注重餐饮方面。这些住宿设施可以根据其选址分为市区和景区两种类型。在城市中心，市区酒店的种类非常复杂，包括面向商务和公务的酒店、面向长期住宿的公寓酒店，以及专门为旅游和休闲者提供服务的度假酒店等。市区酒店通常选址于城市的中心区，具有独特的建筑特色，体现城市的特色，并提升城市的整体档次，成为城市规划中常见的地标。一些城市酒店由于建筑标准高、建筑高度显著，也常设置城市级别的观景区或游憩点，是吸引游客的重要资源。目前，城市酒店不再单纯的提供住宿功能，而包含餐饮、购物、交通、邮电、银行、娱乐、贸易、文化、会议等服务，形成一个综合性服务体系。不同历史时期旅馆业的发展与城市功能分区、零售服务网络的变更、城市内外交通的变化、城市人口的迁移等方面密切相关。此外，游客的流量和消费水平、城市规模及其国际化程度，以及游憩资源的空间分布也会直接影响酒店的规模、布局和档次，需要在规划建设时进行系统分析。

在游憩活动中，购物是一个重要的组成部分。以北京市为例，2021 年，外省游客接待量达到 1.29 亿人次，并且购物消费占据了旅游总收入的 87.8%。在消费构成方面，购物占比最高，达到 24.5%，而餐饮、长途交通和住宿的比例相近，分别为 18.7%、17.9%和 17.3%，景区游览占据 10.8%，文化娱乐则占 6.7%。对于城市居民而言，商业综合体是他们在休闲时间中的一个集聚场所。据袁鹏等(2017)的研究,随着互联网时代的发展和网购的兴起,零售购物在商业综合体中所占比例下降。商业综合体的人气不足,导致零售的比例由以往的70%~90%减少至40%~50%左右。相反,娱乐和游憩的业态比例提高,达到了30%以上。主力店从之前以零售购物为主的商业业态转变为更强调游憩体验的休闲娱乐业态。这种转变也导致消费形式由商品消费向空间消费的方向发展。

根据王凌(2014)的定义,文化娱乐设施是指在文化活动设施用地及部分娱乐康体用地上建设的,向社会公众开放,为公众提供场所开展文化、娱乐活动和服务活动,及与这些活动有关联的活动的公共设施。文化娱乐设施是文化娱乐活动的物质载体,是公共设施的重要组成部分。基于游憩视角的文化娱乐设施与习惯上关于文化设施的理解有一定差异,当前的文化娱乐设施更加接近公共文化设施和大型公共娱乐设施的组合。例如,2018年底,深圳提出了建设"新时代十大文化设施"的计划,其中包括深圳歌剧院、深圳改革开放展览馆、深圳创意设计馆、国深博物馆、深圳科技馆(新馆)、深圳海洋博物馆、深圳自然博物馆、深圳美术馆新馆、深圳创新创意设计学院、深圳音乐学院。其中学校和科研院所等内容,与游憩的关联不大,不能完全理解为文化娱乐设施。反而是一份在解放初期的1951年1月,由上海市人民政府公布的《公共娱乐场所暂行规则》中对娱乐场所范围的认定:"凡在本市开设之电影院、戏剧院、歌曲场、书场、茶园、舞厅、音乐厅、夜花园、酒吧间、咖啡馆、弹子房、球场、游艺场、溜冰场、马戏场等公共娱乐场所,除法令另有规定及非营业性之临时娱乐会外,不论公营、私营,悉依本规则管理之",其中的"公共娱乐场所"与现代意义上的文化娱乐设施的概念非常接近。

(三)城市游憩配套设施

城市游憩配套设施是指为提升城市游憩功能而专门配置的保障性服务设施,如城市旅游解说系统、外币兑换点、旅游集散中心、休闲信息咨询窗口等。城市游憩服务设施和配套设施的建设和完善一般投资数额大、建设周期长,因此对其建设规模、布局、数量必须严格论证和审批,做到适度超前发展,避免设施的不足和浪费。游憩配套设施包括各种游憩服务中心,根据它们的规模和功能范围,可以包括游客中心、信息咨询中心、服务站等。此外,还包含解说系统、导视系统等。解说系统是一种利用各种媒体和表达方式传达信息的系统,旨在帮助游憩信息的接收者了解相关事物的性质和特点,以实现服务和教育等基本功能。解说服务有向导式和自导式两种方式。在城市游憩空间规划和建设中,解说系统是管理者用来管理游憩者的重要工具之一。它具有以下功能:提供基本信息和导向服务;帮助游憩者了解并欣赏游憩资源及其价值;加强游憩资源和设施的保护;鼓励游憩者参与管理,并提高有关游憩技能;提供教育价值等。因此,解说系统的规划设计在城市游憩空间规划建设中非常重要。解决的措施包括:根据国际通用的图形和符号开发强制性的双语解说系统;将解说系统的设施布局实施统一规划;成立专业解说系统服务公司;逐步培训导游和解说人员,加强硬件和软件建设;建立管理人员和游客的信息反馈机制，听取游客的意见，及时改进和调整；关注科技发展的最新动态，及时吸收先进技术来改进解说系统。

四、城市游憩用地

游憩用地是居民进行旅游与休闲活动进行的场所，具有功能的复合性和综合效益。国外对游憩用地的管理主要通过政策管理和规划管理等方式。在英国土地法体系中，关于游憩的土地保护方面的法案值得关注。其中包含两个主要内容：第一是对自然历史土地的保护，第二是对城市绿带的保护法案。日本的国土分类起源于 1919 年，在 1967 年和 1970 年进行了修订，将全国土地分为五大地域：都市地域、农业地域、森林地域、自然公园地域、自然环境保全地域。其中都市地域中包含风景游憩用地，自然公园地域是专门为了保存自然景观与提供居民游憩的土地利用方式。俄罗斯在 2001 年 10 月 25 日开始实施《俄罗斯联邦土地法典》，其中，游憩用地处在重要地位。主要体现在：居民点用地大类中的休闲区；受特殊保护用地大类中的自然保护用地、休闲用地、历史文化用地亚类。菲律宾在土地利用规划中也十分重视游憩用地规划。

游憩用地往往不是专门的旅游活动用地，还承载了自然保护、风景名胜、宗教文化活动、农业生产等多种功能，同时发挥经济效益、文化效益、社会效益和生态效益。近年来，大都市郊区商业性休闲度假旅游设施的建设与发展加剧了土地资源矛盾，并改变了郊区原有的土地利用结构，进而增加了都市产业选择的决策难度。例如，根据一份 2005 年的统计，北京郊区有 40 家标准高尔夫球场、43 家高尔夫练习场、14 家滑雪场、155 个度假村和 30 家主题公园投入运营，乡村民俗旅游村多达 300 多个，大量、重复性的项目建设直接导致土地利用效率的降低。

（一）我国现行城市游憩用地的特点

现阶段，我国城市游憩用地与游憩空间并没有特定的管理机构，也没有专门的游憩用地规划，从近年政府编制的各种规划来看，发改委的区域规划、国土部门的土地利用规划、住建部门的城市规划与绿地系统规划、旅游部门的旅游（产业）发展规划，都从不同角度涉及城市旅游与游憩用地的问题，游憩用地的重要性已达成广泛共识，城市游憩空间规划与管理成为政府最为关注的对象之一，也成为学界研究的新领域。目前，我国城市游憩用地的管理呈现如下几个特点：①管理多头性。不但包括土地行政管理部门、旅游行政管理部门，还有建设规划、农业林业、水利、文化和环保部门。各个部门之间各说各话，缺乏沟通，重复挂牌的空间多，对游憩需求的整体统筹不够。②用地复合性。长期以来，我国游憩用地或者称为旅游用地在土地规划中以“复区”的形式认定，游憩用地在所有土地类型中地位很低，几乎被忽略了。目前的土地管理制度限制了游憩功能的开发。耕地、林地以及难以利用土地的游憩发展是重要的利用方式，能够提高土地的经济效益，缓解城市游憩空间的供需矛盾，促进区域的可持续发展。③分类模糊性。城市游憩用地的统计口径尚不明确。在旧版的《城市用地分类与规划建设用地标准》(GBJ 137—90)中,游憩用地分散于公共设施用地、道路广场用地、绿地和特殊用地几大类中,很难按照城市用地标准进行分类统计,尤其对于具有公共产品性质的公共游憩用地和受市场规律配置的商业游憩用地难以区分。近年来,商业游憩用地的地位在《城市用地分类与规划建设用地标准》(GB50137—2011)中已经解决。该标准中将博物馆、文物古迹、体育场馆等列入公共管理与公共服务设施用地,商业游憩用地包括的餐饮、旅馆、演艺、娱乐和康体用地均被列入商业服务业设施用地。但目前还没有广泛接受的游憩用地统计指标,游憩虽为城市的重要功能,但在各类法定规划中,游憩功能难以合理布局。④权属复杂性。虽然城市用地标准发生变化,但是土地权属依旧是困扰城市游憩用地布局和管理的难题。旅游休闲空间建设中,大量涉及农业用地转用和土地征收问题。我国土地的双轨制管理长期存在,城市郊区以集体所有制土地为主,规模有限,产权不清,容易产生纠纷。目前我国处于农村土地改革的探索期,党的十八届三中全会决议为农村土地改革指明了方向,"赋予农民更多财产权利,推进城乡要素平等交换",游憩开发是大都市郊区集体土地的重要利用方式,必须探索一条能够协调各方利益的空间发展之路。多头管理、地位不高、分类不明、产权不清是目前我国城市游憩用地管理的特征,不仅限制了游憩用地的科学布局和有效管理,也制约了科学研究的开展,给相关领域的研究带来诸多实际困难。

(二)现行国标中的游憩用地分类

尽管一直以来就有在城市用地类别中设置专门的旅游或游憩用地的呼声,但从严格意义上来看,现行的《城市用地分类与规划建设用地标准》(GB50137—2011)仍没有设定专用的游憩用地这一概念,但标准中还是明确了 B3 娱乐康体用地、G1 公园绿地、G3 广场用地等为代表的游憩用地形式,而更多地用于承载游憩空间或设施的用地则分散在了多个不同的用地类别中。其中,住宅用地 R11、R21、R31 中包含了小游园用地;R12、R22、R32 中包含了部分文化、体育、商业游憩用地;A2 文化设施用地、A4 体育用地、A7 文物古迹用地和 B1 商业用地等属于具有游憩特征和功能的用地范畴,关于风景道等概念,在道路与交通设施用地分类中没有提及。

(三)城市游憩用地的管理

针对当前游憩与旅游用地存在的问题和现实需要,2014 年国务院出台了《关于促进旅游业改革发展的若干意见》(国发〔2014〕31 号),将旅游用地纳入土地利用和城乡规划地类。2015 年 11 月 25 日,国土资源部、住房和城乡建设部、国家旅游局联合出台了《关于支持旅游业发展用地政策的意见》(国土资规〔2015〕10 号),进一步对于旅游业发展用地给予支持:一方面,积极保障旅游业发展用地的供应,如提出旅游相关建设项目用地中,用途单一且符合法定划拨范围的,可以划拨方式供应;用途混合且包括经营性用途的,应当采取招标拍卖挂牌方式供应,其中影视城、仿古城等人造景观用地按《城市用地分类与规划建设用地标准》的“娱乐康体用地”办理规划手续，土地供应方式、价格、使用年限依法按旅游用地确定。景区内建设亭、台、栈道、厕所、步道、索道缆车等设施用地，可按“其他建设用地”办理规划手续，参照公园用途办理土地供应手续等。另一方面，对旅游新业态用地政策加以明确，如提出在符合土地利用总体规划、县域乡村建设规划、乡和村庄规划、风景名胜区规划等相关规划的前提下，农村集体经济组织可以依法使用建设用地自办或以土地使用权入股、联营等方式与其他单位和个人共同举办住宿、餐饮、停车场等旅游接待服务企业。自驾车房车营地项目土地用途按旅馆用地管理，按旅游用地确定供应底价、供应方式和使用年限。新建邮轮、游艇码头用地实行有偿使用。有偿使用的邮轮、游艇码头用地可采取协议方式供应。现有码头增设邮轮、游艇停泊功能的，可保持现有土地权利类型不变；利用现有码头设施用地、房产增设住宿、餐饮、娱乐等商业服务设施的，经批准可以协议方式办理用地手续。利用现有文化遗产、大型公共设施、知名院校、科研机构、工矿企业、大型农场开展文化、研学旅游活动，在符合规划、不改变土地用途的前提下，上述机构土地权利人利用现有房产兴办住宿、餐饮等旅游接待设施的，可保持原土地用途、权利类型不变；土地权利人申请办理用地手续的，经批准可以协议方式办理等，从制度上确立了相关用地的合规、合法性。

与旅游景区不同，城市游憩用地需要兼顾当地居民和外来游客的需求。对于不同类型的城市，游憩用地的比重有较为明显的差异。

第四节　乡村游憩系统

一、乡村游憩及特点

乡村游憩是发生在乡村地域（非指狭义的环城游憩或城郊游憩之区域），通过使用农业“三产”资源（即“农业生产资源”“农民生活资源”“农村生态资源”）和乡村环境与设施，达到愉悦身心、休闲娱乐、强身健体、增长知识、开阔视野、促进交往等目的的活动和行为的总和。乡村游憩具有独特的地域环境特征，并由乡村游憩者、乡村游憩吸引物和游憩连接路径共同构成完整的乡村游憩空间结构系统。乡村有别于城市及荒野的空间结构特征也对游憩者的群体构成、选择偏好、游憩参与方式和行为等方面产生了不同的影响。

乡村以其独特的自然生态、风土人情与城市环境形成反差，逐渐成为市民游憩的热门之地，而环城地域的交通便利性和边缘效应，使得环城乡村游憩带成为市民最适宜的游憩目的地，环城乡村游憩已经成为城市居民热衷的休闲方式。

乡村居民的聚集程度一般远弱于城市，且多远离外来游憩者的定居地。因此，如果不考虑乡村居民自身的需求，乡村游憩在概念上与乡村旅游基本相同。布兰威尔和兰恩

(Bramwell & Lane,1994)认为:乡村旅游不仅是基于农业的旅游活动,而且是一个多层面的旅游活动,它除了包括基于农业的假日旅游外,还包括特殊兴趣的自然旅游、生态旅游、在假日步行、登山和骑马等活动,探险、运动和健康旅游,打猎和钓鱼,教育性的旅游,文化与传统旅游,以及一些区域的民俗旅游活动。德莫(Demoi,1991)指出:乡村旅游是发生在有与土地密切相关的经济活动(基本上是农业活动)的、存在永久居民的非城市地域的旅游活动。里舍勒(Reiehel)、洛因格(Lowengart)和米尔曼(Milman)指出:乡村旅游就是位于农村区域的旅游,是传统农业的后续产业或替代产业。

在我国,乡村旅游是新时代促进居民消费扩大升级,实施乡村振兴战略、推动高质量发展的重要途径。而通过乡村游憩的组织,推动乡村公共文化服务体系的发展健全,增加公共文化产品和服务供给,对更好地满足人民日益增长的美好生活需要具有重要作用。

乡村游憩具备以下重要特点:①乡村游憩的形式由乡村的自然景观、民俗文化、乡土艺术、田园生活和农业生产等共同构成一个拥有自然魅力的多元环境,资源多样、形式自然,内容丰富。②乡村游憩的目标市场主要面向城市居民,外来需求占重要比例,本地市场需求相对较少。③乡村游憩活动具有典型的地域性,农村环境与地理、气候、地貌等密切相关,具有独特的吸引力。④乡村游憩呈现明显的季节性特征,与农业季节性生产活动相关,如播种、收获、节庆、文娱等活动,同时也受到当地居民的农时特征影响。⑤乡村游憩具有很强的参与性,游客可以融入到农业生产活动中,如采摘、捕捞、收割等活动,增强游憩体验感。⑥乡村游憩的空间和资源具有丰富的兼容性,可以利用农业生产用地或设施组织游憩活动,大幅提升乡村资源的利用率。这种参与性也有助于促进乡村产业结构的优化,对乡村振兴具有显著的效益。

二、乡村游憩的系统构成

为都市居民提供休闲娱乐服务空间的都市郊区或乡村游憩地发展历史悠久。在20世纪70年代,全球乡村游憩地的发展已经成为城市郊区和乡村的一个重要景观。在中心城市周围,广阔的乡村地域形成了以小城市和卫星城为中心,以广阔乡村景观和乡村生活风情为休闲内容的乡村游憩地体系。

乡村游憩系统是由农业资源要素、乡村地域要素、乡村环境要素、乡村设施要素和乡村人文生态要素等相互联系、相互影响而形成的以游憩功能为主导的结构与功能的整体。乡村游憩系统又可以进一步细分为乡村游憩地域环境系统、乡村游憩行为系统、乡村游憩供给系统和乡村游憩支持系统等。其中,供给系统和支持系统还可以整合成广义的供给系统。

在我国,乡村游憩系统是近年来城乡经济大发展的结果,游憩系统的建立和完善对改善乡村人居环境、提高村民生活质量和幸福感、保护生态环境、推动乡村产业发展等方面都具有重要的现实意义。

三、乡村游憩地(地域环境)系统

乡村游憩地是由市场需求而催生的一种空间利用类型，指发生在城市近郊区，依托乡村独特的自然或人工环境，凭借相关的配套设施，可以满足乡村或城市居民作短期的、经常性的休闲需求，同时也满足外地游客游憩需求的场所。其中生态乡村游憩地是按照生态学原理改造或创造的游憩空间，具备一定的游憩吸引物、基础设施和服务设施。

(一)乡村游憩地域环境系统的组成要素

1. 景观要素

乡村游憩环境系统中的景观要素是游憩者参与游憩活动的最重要的吸引性要素。由于乡村所具有的基于土地的生产性特征，其自然景观中的一部分经过人们生产、生活所改造，具有明显的“第二自然”的特点。因此，乡村游憩系统中的景观要素又可进一步划分为自然景观要素、半自然景观要素及人造景观要素。其中，自然景观要素是乡村旅游中最具原始性和生态性的景观要素，是大自然自身所形成的富于多样性和变化性的景观，没有或极少受到人类活动的干扰，也包括一切由自然生物的生命活动所构成的景观要素类型，如山林草木、鸟语花香、泉水溪流、日出日落等。半自然景观要素是指在自然景观要素的基础上，通过施加各种人工活动而形成的新的景观要素，如农田、茶园、果林景观等。人造景观要素是为了满足人们生产生活的需要而完全由人工建筑的各类景观要素，如农家旅舍、乡间小道、农具展览馆、石凳石桌等。其中乡村特有的生产方式所造就的生产性和生活性景观是乡村游憩环境最具吸引力的资源，也是乡村游憩环境有别于其他游憩环境的最主要的特征。对相应的游憩资源的保护和游憩产品的产生具有决定性影响。

乡村景观主要由乡村聚落形态、乡村建筑和乡村环境所构成，是具有特定景观行为、形态和内涵的一种景观类型，是由分散的农舍到能够提供生产和生活服务功能的聚落或村镇所代表的地区，是土地利用粗放、人口密度较小、具有明显田园特征的地区。乡村景观首先表现为一种格局，是不同文化时期人类对自然环境干扰的记录，最主要的表象是反映现阶段人类对自然环境的干扰，而历史记录则成为乡村景观遗产，成为景观中最有历史价值的内容。乡村景观意象就是由这些可见的实物直接给人们留下的表面印象。由于乡村保持了完好的生态环境和文化传统，拥有优美的田园风光，村庄与自然环境构成一种和谐关系和有机整体，这种景观意象在人们的心目中根深蒂固，并逐渐成为城市居民逃离现实生活、放松身心压力、体验农家乐趣的主要心理动因。因此，乡村景观和乡村意象构筑了乡村的核心竞争力，是乡村最具吸引力的要素。

2. 生态要素

乡村生态要素是由土地资源要素、水资源要素、气候资源要素、生物资源要素等组成的复合生态系统。在乡村游憩活动的组织和发展过程中，既要尊重既有的生态环境要素，保持环境的可持续特征，又要考虑游憩者的环境需求，结合生态环境特征，提供适宜的游憩活动区域和活动形式。

3. 文化要素

乡村文化要素包含了丰富多彩的物质和非物质文化形态，能够准确地传达乡村生产活动的过程和特点、乡村生活的民俗特色以及乡村文化的内涵和魅力。不同于城市文化的繁华，乡村文化要素的特点主要体现在乡土服饰、民间语言、节庆活动、礼仪习俗等方面。这些文化要素涵盖了乡村社会、政治、经济和生活的各个方面，为乡村游憩产品的开发和保障提供了基础。

(二)乡村游憩资源分类

将农业资源转化为乡村游憩资源时，可根据其性质分为三类：乡村生态资源、乡村生产资源和乡村生活资源。乡村生态资源为游客提供了认识农村自然环境的机会，包括农村天气、地理、生物和景观等要素；乡村生产资源则可为游客提供获取农业知识的途径，包括农作物、农耕活动、农具和家禽家畜等；而乡村生活资源则能够让游客在乡村生活场景中获得真实的农民生活体验，其中包括日常生活习惯以及不同的农村文化和庆典活动等。

1. 生态型

生态型乡村游憩资源可以分为自然型和田园型两类。其中，自然型资源主要包括地形地貌、气候、土壤、水文、大气、生物和土壤等要素，而田园型资源主要包括农田果林、田间绿化、自然河流和聚落生态环境等要素。这些要素构成了城郊乡村景观的特色，同时也是乡村游憩地的吸引力和活动载体。优化这些资源可以进一步提升乡村旅游的品质和吸引力。

2. 生产型

(1)传统农业(例如世界遗产、农业特色景观)

传统农业不仅仅是农业生产的空间，还包括传统的农业生产方式所呈现出的农业特色景观。由于传统农业生产方式与自然的关系紧密，而且简单易行，因此非常适合与游憩活动相结合，成为一种重要的游憩体验方式。同时，一些传统农业景观已成为重要的农业文明的载体。例如，在菲律宾伊富高省、印尼巴厘岛、中国云南省红河州等地，水稻梯田以其尊重自然、追求社会—生态系统的和谐发展的理念被列入世界遗产名录，成为山地农业的代表，并具有重要的游憩价值。

(2)休闲农业

休闲农业的形式多种多样，包括了观光农园、休闲农场、市民农园和教育农园等，其中观光农园可分为观光果园、观光茶园、观光花园和观光菜园四大类。观光体验类休闲农业利用不同的农业特产，设计游览路线，让游客参观农产品生产制作过程，满足其好奇心，延长游览时间并实现农产品直销。休闲农场则是以农作物生产为主，包括林场、渔场、牧场等类型。市民农园为了让城市居民也能享受耕作乐趣和体验农业生产经验，将城市和近郊农地规划为若干小块出租给一般民众栽种花草、蔬果或经营家庭农艺。教育农园则兼顾农业生产和教育功能，其生产或栽种的作物及设施具有教育功能，如特用作物、热带植物、水耕设施栽培、亲子农园等形态。近年来，综合性园区成为我国休闲农业的主要发展模式。而在欧洲等地区，这种模式早在150年前就已经开始建设并得到政府重视和规范管理，现已成为经济发达国家和地区农村的重要产业。在我国台湾地区，休闲农业园区发展较早，水平也较为领先，而在大陆地区，广东省是休闲农业园区建设的起步地，在21世纪后发展迅速，产业规模、发展内涵、类型模式和综合效益不断提升，并且呈现良好的发展趋势。

(3)现代农业

当前，现代化高技术农业已成为我国传统农业和农村经济发展的重要替代方式。现代农业以生态农业、设施农业、资本农业、无害化农业、无土栽培农业和农产品工厂化生产为主要特征，是乡村经济发展的主流。其主要特点是以高科技农业园区为中心，提供现代农业科技展示、现代农事活动和未来农业展望等内容作为休闲娱乐的项目，让城乡居民了解现代农业，打造现代农业生产基础上的旅游休闲产业。

(4)特色产业

乡村特色产业可分为两类：一种是传统产业，如特色农业、畜牧业、传统手工业等，这些属于村庄原先就比较发达的产业；另一种是依托优越资源条件形成的新型现代特色产业，如以其生态环境和丰富的养生资源而著名的康养型村庄特色产业，科技创新成果较为突出的农业科技型村庄特色产业，以及依托传统手工业发展而来的艺术型村庄特色产业。这类特色产业型村庄具有独特的市场形象和一定程度的市场影响力，并具有独特的游憩吸引力。

3. 生活型

(1)都市乡村区

都市乡村是城市扩张的首要空间和问题较突出的地区，也是城市更新过程中废弃物和流动人口的集中地区，在城市非线性扩张中呈现出城市景观与乡村景观交错的特殊性。由于紧邻城区，可达性好，且具有乡村生活的恬静、乐趣和感受，因而都市乡村的外边缘成为城市居民的重要游憩空间。都市乡村可划分出三种游憩空间：即日常户外休闲空间、一日休闲空间和周末休闲空间。一日休闲空间主要是城市人到乡村获得轻松的休闲感受；周末休闲是城市人到乡村进行一定时间滞留的休闲空间，休闲的第二居所就是该空间的游憩度假产品。

(2)历史文化名村

历史文化名村是指历史建筑集中成片，保留着传统格局和历史风貌条件的乡村聚落。古村落是存在于中尺度地理空间上的一种特殊景观，是由历史遗留下来的民居、事物、艺术、环境、生产以及抽象的文化内涵、风格、古韵氛围等组成的综合景观体。作为传统的人居空间,古村落拥有着悠久的历史,代表着地域文化,是认识历史的重要窗口,具有多重、高密度的文化价值。在现代社会,古村落逐渐成为最重要的传统文化旅游地,吸引了大量游客前来观光旅游。乡村游憩也为历史文化名村的经济发展和产业结构调整提供了良好契机。历史文化名村自身拥有丰富的游憩资源,乡村的游憩开发可提高本地居民对历史文化遗产的保护意识。游客的关注和游憩活动所带来的每一种效益,都必然使本地居民更加珍视和自觉保护自身所拥有的文化遗产,形成对待传统村落全新的态度。

此外,通过游憩开发还可以改善历史文化名村中传统建筑的居住条件,有效地保护古建筑。研究表明,年代久远的老房子只要有人居住,就能够保持较好的状态。因此,乡村游憩产业的发展能够一定程度上缓和建筑失修的矛盾,同时提高社会对历史文化名村的关注。另外,通过游憩产业留住本地村民特别是青壮年,也是历史文化名村保护的关键因素之一。

(3)乡村休闲游憩度假村

1960 年,在英国诞生了 B&B(Bed & Breakfast)型家庭旅馆,被认为是最早的民宿,其早期定位并非完全针对乡村。但随着一些景区的快速发展,相关配套设施日渐落后,农家乐、渔家乐等乡村休闲游憩度假产品(村)迅速发展,成为乡村游憩住宿设施的重要组成部分,也成为许多乡村游憩的吸引源或目的地,民宿则是代表形式之一。最近几年,民宿行业的发展趋向专业化、高端化和规范化。台湾地区自 2001 年 12 月开始实施《民宿管理办法》,该行业数量迅速增长,合法民宿的比例也在提高,平均房间数量也有所增加。游客在民宿中的主要体验类型包括教育、娱乐、美学以及遁世体验等。2017 年 10 月 1 日,国家旅游局发布实施了《旅游民宿基本要求与评价》,对民宿行业标准和旅游民宿的定义、评价原则、基本要求、管理规范和等级划分条件等进行了规范。

(4)乡村传统民俗文化资源

乡村传统民俗文化资源根植于村民创造、共享与传承的风俗生活习惯,包括物质形态与非物质形态的传统民俗文化资源。其中,非物质形态的传统民俗文化资源可进一步细分为传统习俗文化资源(包括生产、生活方式、服饰、宗教、仪式、庆典、习惯等)、传统手工技艺、民间故事与传说。

物质形态的传统民俗文化资源主要体现在乡村人居环境和生产环境的营造上。村落的格局与山、水、田等自然因素,宗族、信仰等社会因素以及村口大树、桥、塔、围墙、祠堂、庙宇、更楼、墟市等物质因素有关,在形态上表现为自然地理形势、公共空间格局和建筑群的肌理。传统习俗文化资源包括多种形式,其中包括少数民族习俗、地域性特色习俗、物质资料生产习俗以及宗教文化。此外,还有乡村传统手工技艺遗存,包括传统手工业、食品加工和菜肴烹饪等。另外,民间故事和传说也是重要的文化资源,包括神怪志异、历史和名人故事、文化典故和地理沿革等方面。

(三)乡村游憩资源的特点

乡村游憩资源是一种长期、和谐且具有自然生命力的对农耕生产活动中人地关系的总结，也是对乡村聚落特有的人和人之间社会关系的凝练。乡村游憩资源具有生产的特征。其形成和基础要素都和农业生产密切相关，无论是农具、农事、农时等，既可以计入乡村游憩资源，又是农业生产活动的一部分，在这些活动中记录了长期以来逐步形成的大量人与自然相互关系的文化信息，是游憩组织和体验的丰富源泉。

乡村游憩资源还具有面向生活的功能性。乡村是人类长期聚居的优质场所，与乡村环境相适应的乡村生活方式和体验是乡村有别于城市的重要特征，田园生活也是人类理想生活的重要范型之一。因此，乡村游憩资源中能够体现出田园生活情趣、乡村人居优点的那些特征也成为乡民身份认同感的体现以及游憩活动的焦点。

近年来，关于乡村游憩的原乡性的研究渐趋深入。所谓“原乡”即“原色本乡”，意味着传承着祖先的历史记忆和原味生态环境。原乡强调人与自然的和谐，主张以自然为本，以居民为本，以乡土为本，主张保持好原住民的生活方式，为人们提供本色的自然体验和生活体验。原乡并非静态地维持原有乡村形态和生活方式，而是需要对乡村生活的内核进行真实性的保存，正如《奈良真实性文件》(*The Nara Document on Authenticity*)中所述：“保护一切形式和任何历史阶段的文化遗产是保护根植于遗产中的文化价值。”这种文化价值的保存是乡村游憩资源保持长期吸引力和持续发展的关键。

四、乡村游憩供给系统

(一)乡村游憩资源供给

乡村游憩资源供给主要依靠农业三产资源(包括农业生产资源、农民生活资源和农村生态资源)，形成了多元化的吸引游客的资源体系。农业生产资源主要表现在农耕方式和相关文化衍生以及采摘、科普、农耕、饲喂等多样性游憩活动及产品。农民生活资源相比城市更具有独特的文化价值，例如节庆、饮食、礼节等，可用于体验、参与和观光等活动。农村生态资源相对完整自然，具有极强的吸引力和文化代表性。物质系统和文化系统是乡村游憩资源供给系统的核心，其中物质系统由自然环境、生产和生活环境和建筑物等基础设施等组成，而文化系统包括农民生活文化、人文景观、道德情感、民俗民风、宗教信仰、语言、传统技艺和艺术等，以农耕为核心，以乡村环境为依托，具有独特的游憩价值。

(二)乡村游憩设施供给

乡村游憩设施供给包括为便于游憩者进行乡村游憩活动所提供的一切便利性的服务设施。通常，乡村游憩设施包括文化娱乐设施、体育设施和休闲娱乐设施三大类。由于乡村的建设强度和水平远低于城区，乡村游憩设施的供给能力和服务标准也存在较大的不足，较难形成完整且高标准的供给体系。但另一方面，乡村游憩的设施供给也具有在地性和文化性等优势。例如乡村环境中所提供的农产品、食品、水源等具有天然的产品优势，相应的生产设施也不乏游憩吸引力，典型的如水车、风磨、杵臼、渔网、引水渠等；此外乡村中一些较为原始或与生产活动相结合的交通工具，如拖拉机、收割机、畜力车等，原本不属于游憩设施，但其自身具有极强的游憩吸引力，具备从生产工具、交通保障设施直接转化为游憩设施乃至游憩对象、游憩产品的可能。

（三）乡村游憩服务供给

与城市复杂且完整的游憩服务体系相比，乡村游憩服务受限于乡村的劳动力和产业体系的构成，多数情况下，最为困难的是关于游憩服务的人力资源的有效组织。目前仅依靠政府对乡村的公共服务提供供给是无法满足的，而且市场化的供给和社会组织的供给方面并不完善。因此，乡村的游憩公共服务应坚持让政府、市场等以多样化的形式和手段相互协调，实现多元化供给，达到供求均衡，进而提升供给水平与供给效率。

第五节　荒野地游憩系统

一、荒野地游憩的概念和导向

荒野的概念在 20 世纪 20 年代由美国林业局首次应用于自然保护，并在 1964 年首次编入《美国荒野法案》(Hendee et al.，1990；Nash，1990)。它在行为中被定义为“……一个地球和它的生命社区不受人的束缚的地区，在那里，人自己就是一个不留下来的访客。”荒野也经常嵌入公园用地，并被置于土地保护政策中，特别是在那些能够拨出相对较大和未受干扰的地区的国家(Harmon，1987)。此外，荒野也是全球保护的一种意识形态(McNeely et al.，1994)，尽管实际上今天的地球很少有地区没有受到人类的影响(Vitousek et al.，1997)。

荒野地游憩是基于荒野型自然资源的一种游憩活动。针对这种游憩类型，游憩活动所依托的背景环境的重要性要远远大于已经开发的游憩场所。由于荒野地的环境大多是自然的，管理方面也倾向于维持这种自然的面貌，因此游憩设施的发展无论是在范围上还是在功能上都会受到严格限制。通常，荒野地中的游憩设施的建设规模较小，即便有需要也只是为了尽可能地加强游客的安全和便于资源保护，而不是为了游客的舒适和方便。荒野地游憩区域大多远离城市，通往荒野地的道路等级较低、车次较少，而且在那些无人踏足过的区域未来是否建设游径也还是未知数，因此，荒野地游憩区并不是很容易能够到达。此外，由于荒野地游憩的使用趋于分散化，这就为小组交流创造了一种社会环境。

荒野地游憩多发生在公共土地上，这些土地可能是特别指定为游憩使用，也可能不是。有些土地虽然允许游憩使用，但也可能强调其他类型的利用，例如木材生产。同样，游憩也有可能发生在某些专有领地上，但这些领地并不是专门指定的游憩区域。大多数的荒野地游憩区由公共机构负责管理。虽然荒野地游憩活动多种多样，但一般都是分散在大面积的区域内，使用密度较低。由于使用和干扰面积较大，管理工作变得非常困难。此外，维护这些区域的自然化和自然面貌非常重要，因此需要大量管理，以避免资源过度破坏。

二、荒野地游憩空间的主要类型

克劳森和尼奇(Clawson & Knetsch，1966)根据自然状态、规模和相对位置将户外游憩资源分成基于资源型地域、中间型地域和用户导向型地域等三大类。荒野地游憩空间基本上属于其中的第一类，典型的如国家公园、国家森林、野生避难所等。世界自然保护联盟(International Union for Conservation of Nature，IUCN)根据对保护区利用的水平和类型将其分为六个类型(联合国环境计划署世界监测中心，2003a)：类型 Ia，严格保护区(科学监测)；类型 Ib，荒野保护区(野生环境保护)；类型 II，国家公园(生态系统保护和游憩)；类型 III，自然遗迹(种质资源保护)；类型 IV，栖息地/物种管理区(人为管理保护)；类型 V，受保护的陆地/海上景观(陆地/海上景观保护与游憩)；类型 VI，管理资源保护区(自然生态系统的可持续利用)。该系统及游憩机会谱(Recreation Opportunity Spectrum，ROS)(美国林务局，1982)至今仍受欢迎并得到广泛应用。

三、荒野地的游憩系统及特征——以国家公园为例

国家公园是 IUCN 提出的六个类型的保护区中与游憩关联度最高的荒野地游憩空间类型之一，以其为样本，有助于对荒野地的游憩系统的构成和特征进行了解。

1836 年，拉尔夫·瓦尔多·爱默生(Ralph Waldo Emerson)发表了《论自然》一书，为美国的思想发展和民族自信开辟了一个新的境地，也为随后的国家公园的建设奠定了理论基础。有关国家公园的游憩研究可追溯到 1928 年伊萨贝尔·佛罗伦斯·斯道瑞(Isabelle Florence Story)发表的 *Recreation & Education in our National Parks*，该文论述了国家公园对于美国青少年开展自然教育和户外游憩活动的重要意义，表达了建设国家公园的初衷。

自 1872 年美国的黄石国家公园建立以来，国家公园的概念逐渐被世界各国认可并广泛应用。同时，西方国家在国家公园建立之初就一直倡导在公园内开展各种游憩活动，以赋予国民基本的游憩权利。中国的国家公园建设相对较晚，但近年来发展迅速，正在积极探索符合国情的国家公园发展模式。自 2015 年开始，中国正式开展国家公园体制试点建设，相继确立了三江源、钱江源、长城、普达措、海南热带雨林等 11 个试点区。2017 年，《建立国家公园体制总体方案》的出台，奠定了中国国家公园体制工作的基础。该文件强调，在保护国家公园自然生态系统的原真性和完整性的同时，需要为公众提供作为国民福利的游憩机会，以彰显国家公园的公益属性和全民共享性。为实现这一目标，我们可以从以下几个方面入手，对国家公园进行系统性的建构。由于国家公园具有较好的代表性，这些内容同时也对大多数的荒野地游憩有借鉴意义。

(一)游憩功能分区

功能分区是实现国家公园的可持续发展，同时保护自然资源和提升游客游憩体验的

有效途径。在处理国家公园原真性、完整性保护与游憩利用矛盾，以及实现生态保护、环境教育、提升国民游憩福利等方面具有重要意义。国家公园的功能分区应从总体评估开始，识别适合游憩的区域，划分为若干分区，然后在游憩区内再进行二级分区，以指导产品和设施布局。其中，“游憩区”是国家公园总体功能分区中必不可少的组成部分，作为相对独立的功能空间，是布置游憩设施和开展游憩活动的重要空间载体。对于游憩区内部的区划和模式，学者们进行了大量研究与探讨，例如，美国学者冈恩(Gunn)就提出将游憩区细化为重点资源保护区、低利用荒野区、分散游憩区、密集游憩区和公园服务区等，各游憩空间则对游客实施差别化的进入限制，以实现国家公园的原真性和完整性保护，同时满足游客的游憩需求。

(二)游憩业态发展

随着人们对自然环境保护的日益关注，国家公园游憩业成为旅游业的热门发展方向。国家公园的游憩业态是依托游憩功能区而形成，以满足游憩者各种需求的游憩产品、服务和活动的总和。在国家公园中发展游憩业受到多重因素的影响：首先，是地理因素，如区位可达性等。其次，是自然环境因素，如地形地貌、游憩资源等。此外，游憩设施布置、使用密度等也会影响国家公园游憩功能。最后，游憩业的发展还有赖于管理部门的有效管理。为了进一步发展国家公园内的游憩业，需要加强对各种因素的研究和分析，制定有效的管理策略。同时，加强公众教育和宣传，提高游客素质和环保意识，推动国家公园游憩业的可持续发展。

(三)游憩设施建设

建设国家公园时，游憩设施的合理设计和布局非常重要。这不仅能提高游客的游憩体验，还能维护生物多样性。根据功能分类，国家公园游憩设施主要可以分为交通设施、休闲设施、服务设施、解说教育设施和其他设施。具体来说，这些设施可以包括游径、自行车道、公交车站、生态停车场、运动设施、游乐设施、休憩设施、野餐区、购物场所、生态旅馆、户外露营地、导航设施、标识系统、宣传牌、游客中心和户外解说场地等。通过合理的规划和布局，这些设施可以使游客更好地了解国家公园的自然环境和文化价值，同时也可以有效地保护自然环境，提升国家公园的品质和形象。

(四)游憩设施

修建国家公园的根本目的是自然保护和公众游憩。而其中自然保护是国家公园成立的首要目的，观光游览次之。美国国家公园管理局(National Park Service，NPS)确立了一些保护与游览相协调的方案。首先，国家公园内不允许建设索道缆车和娱乐性设施，也不搞开发性项目，更没有豪华度假村、旅游城镇、高层豪华酒店等。这些限制保证了公园的自然环境和景观不被人为破坏。其次，公园内必要的车道选线也十分谨慎，不得破坏自然景观和资源。为了避免修建道路对生态环境造成的破坏，也尽量采取各种补救措施，如野生动物跨越道，以确保各种生物能同样使用道路两边的生态环境。再次，国家公园内的建筑风格力求与当地自然环境和风俗民情相协调，不得破坏自然景观和资源，只允许建造少量的、小型的、朴素的、分散的旅游生活服务基本设施。这些设施的建造也应遵循严格的环保标准。国家公园内的环境保护设施也应完善，不设有任何生产性设施及库房，但要设有先进的污水处理及垃圾处理设施。此外，国家公园还严格限制门票等的征收，门票价格相当低廉，且为不同类型的游客推出了各种优惠措施。

(五)游憩评价

国家公园的游憩评价研究主要包括游憩适宜性评价和游憩价值评价两个层面。游憩适宜性评价是指在保护的前提下和功能分区框架下，对国家公园内部游憩资源环境、设施、服务等进行科学评估，以评估国家公园是否适宜开展游憩活动及其适宜程度、对人们游憩需求满足程度，从而为国家公园因地制宜进行游憩功能利用提供依据。适宜性评价分为理论分析(明确评价目标、分析游憩适宜性影响因素)、评价指标体系构建、定量实证评价(收集数据、确定指标权重、计算综合评价等级)及结果分析与应用(游憩利用类型区划)等4个步骤。游憩价值评价研究是自然资源经济价值研究的一个分支，始于20世纪60年代。从已有文献看，条件价值法(Contingent Valuation Method，CVM)和旅行费用法(Travel Cost Method，TCM)是当前游憩价值评估中最主流的两种方法，它们有共同之处，但在基本原理、评估过程、适用性、可操作性及准确性等方面也有较大区别(表3-4)。

表3-4 CVM和TCM的比较[①]

评估方法	不同点					相同点
	提出者	评估原理及过程	适用性	可操作性	准确性	
CVM	Davis，1963年	通过直接调查游客对某一环境质量改善的支付意愿(WTP)或对环境质量损失的接受赔偿意愿(WTA)，从而对游憩价值做出估计的方法	既能用于评估资源的使用价值又能估算其非使用价值	需要的评估数据资料较少，计算相对简单	需要构建假想市场，主观性较强，计算结果偏差相对较大	都属于非市场产品经济价值评价方法，都需要借助问卷调查或实地访问收集一手数据
TCM	Hotelling，1949年	通过调查计算游客收入水平、旅行时间、频次等来估算游憩价值，旅游费用支出与其消费者剩余之和即舒适性资源的经济价值	只能评估资源的使用价值，适用程度较低	对数据需求较多，计算过程较复杂	依据人们的真实行为作出估测，结果比较客观	

资料来源：转引自李洪义，2020

① 关于CVM和TCM的具体介绍另见本书第五章第三节。

（六）游憩主体

国内外对国家公园游憩主体的研究主要包括游憩动机、游憩者偏好和行为、游憩满意度等。其中，在游憩动机的研究中发现，挑战自我、探险、亲近自然、求知、社会交往、放松身心、享受自然、消除紧张、逃避身体压力、户外学习、尝试冒险、结交新朋友、怀旧等是国家公园游憩者的主要动机和偏好。在游憩偏好方面，德莱弗（Driver）等在 1975 年开发的游憩体验偏好量表（Recreation Experience Preference scales，REP）被广泛应用于测量户外游憩体验。而游憩满意度的研究则表明，游客对国家公园保护情况和旅游解说的满意度较高，而对公园管理服务、资源及设施的满意度较低。满意度的具体评价指标包括公园景观、设施、服务、环境、安全等。个体特征、拥挤感知、自然资源条件、游憩服务设施等是国家公园游憩满意度的主要影响因素。在评估游憩满意度时，还可以考虑游客的切身需求和特殊要求，使公园能更好地满足游客的需求。

（七）游憩环境影响

游憩环境影响是指由于对游憩者管理不当或过度的游憩活动而对国家公园脆弱的生态环境造成的影响，并可能导致难以恢复甚至是毁灭性的后果。该领域的研究最早始于 20 世纪 30 年代美国学者贝茨（Bates）发表的一篇论文。哈米特（Hammitt）在 1998 年的《游憩生态学》一书中对 20 世纪 50 年代以来美国国家公园荒野游憩生态影响机理与管理研究成果进行了系统总结。在游憩环境影响的研究中，主要研究成果包括以下两个方面。首先，是游憩对环境和生态系统的影响机理。这主要表现在对环境体系各类自然要素的影响以及对国家公园敏感区域的生态系统冲击。其次，是游憩环境影响的定量评价。这方面的研究主要包括实验法、实测法和调查法等。例如，柯尔（Cole）等学者利用实验法研究了美国怀俄明州 Wind River Mountains 野营地游憩影响的空间形式；尤多拉（Judova）等学者则采用调查研究方式研究了斯洛伐克 Tatra 国家公园户外游憩活动对公园水生态和土壤的影响。这些研究成果为制定有效的国家公园管理政策和应对游憩环境影响提供了重要的参考依据。

（八）国家公园游憩管理

国家公园的管理目的主要包括科学研究、原生自然保护、物种和遗传多样性保护、环境效益维持、特有的自然和文化特征保护、旅游和游憩、教育、资源可持续利用以及文化和传统特质的维持。根据 IUCN（1994）的报告，国家公园的主要管理目标是保护生态系统和提供游憩服务。在千年生态系统评估（MA，2005）中，文化服务包括游憩和生态旅游被列为生态系统服务的重要组成部分。良性发展的游憩甚至可以成为国家公园保护生态系统的手段之一。

游憩资源管理、游憩环境管理、游客管理及游憩服务管理是国家公园游憩管理的核心，相关研究也主要集中在这 4 个方面，关于其管理模式的汇总见本书第七章第四节。

第四章　游憩的时空行为

第一节　游憩行为

一、基本概念

(一)游憩行为

游憩行为是游憩者根据自己的思想决策，借助游憩资源进行的各项活动。这些活动是受到游憩者的心理、动机和决策行为等方面的影响的，最终目的则是为了达成某种愉悦的游憩体验。因而可以说是一个涉及地理学、社会学、心理学等学科的综合概念。游憩行为的基本特征是放松性，是纯粹为了放松的活动。在补偿匮乏、实现自我等游憩内驱力的作用下，产生了游憩需要和游憩动机，最后是游憩行为的实现(谢彦君，2005)。

游憩行为的概念是在借鉴了休闲与游憩基础理论之后而产生的研究成果，且逐步成为西方游憩地理学和环境心理学的一个研究热点，研究内容涉及动机、态度和行为等方面。贝克尔(Becker，1977)从空间行为模型中总结出影响露营者行为的空间因素，表明露营者的空间行为受到孩童参与程度、家庭性别角色、活动联系和距离衰减的影响，并与设施设置状况有关。惠勒(Wheeler，1978)总结了州级公园体系游客的到访方式和总体特点，发现75%的游客把度假公园作为休闲目的地。埃尔贡(Ergun，1979)研究了性格对个体游憩活动和个体决策中各个过程(感知过程、评价过程和选择过程)的影响。哈斯(Hass，1980)研究科罗拉多野外地带资源特点及游客游憩偏好，得出游憩资源的8个特点、10种游憩心理感受和10种独特的游憩体验，并验证了资源特点和游憩心理感受与体验呈显著的正相关线性关系。

近年来，西方游憩行为研究表现出一定的理论创新，代表性的研究成果如希尔斯(Hills，2000)等提出的检验休闲游憩满意度的个性差异的四大理论：畅爽理论、自我一效能理论、逆转理论、一般社会动机理论。赫鲁贝斯等(Hrubes et al.，2001)在预测狩猎意向与行为时，应用了著名的计划行为理论(Theory of Planned Behavior，TPB)，TPB理论认为人的行为是经过深思熟虑的计划的结果，人的行为模式受到三项内在因素影响：个人行为态度、主观性规范、行为控制认知，该理论能够帮助我们理解人是如何改变自己的行为模式。

国内早期代表性的研究成果是旅游者行为理论。该理论将旅游动机分为心情、身体、精神、经济四类，将旅游活动行为层次分为基本层次（游览观光）、提高层次（娱乐和购物）、专门层次（休闲、疗养、会议、宗教朝拜等）三种（保继刚，1987），研究还提出影响旅游者决策的主要因素包括感知环境、最大效益原则（最小的旅游时间比、最大的信息收集量）、旅游偏好，不同尺度的旅游者空间行为具有不同的表现，大尺度的旅游者空间行为上表现在力图到级别较高的旅游点旅游、尽可能游玩更多的高级别旅游点、力图采用环状路线旅游，中小尺度的旅游者空间行为则采用节点状路线旅游、同时旅游线路影响旅游效果（陈健昌　保继刚，1988）。借鉴上述关于旅游行为的研究成果，不少学者开始针对游憩行为展开研究。吴必虎（1994）通过旅行测定手段获得基本数据，运用游憩活动空间和使用曲线分析技术，对上海城市游憩者的流动规律进行了总结。1999 年，吴必虎提出了其代表性的研究成果——环城游憩带（Recreational Belt Around Metropolis，ReBAM）理论，随后便出现了大量关于居民环城游憩行为的研究，例如在对都市居民环城游憩行为发展原因分析的基础上，以武汉市为例对居民环城游憩行为的特征进行了调查与实证分析（李江敏　张立明，2004）。郑州提出“两心一翼，一带（ReBAM）五线”的发展战略。刘鲁等则在环城游憩带的基础上，对其中具有“引渡”或“承转”功能的节点进一步强化，形成“环城游憩汀”的概念。

（二）游憩需求

“游憩需求”通常等同于个体的偏好和欲望，无论个体是否拥有产生满足感所必需的经济、物质和其他资源（Driver & Brown，1978）。游憩需求是一个倾向概念，反映了潜在或行为趋势，与后期的游憩行动相分离。只有在对个体附加一系列具体的条件和假设，并且有可用游憩资源的情况下，才有可能实现（United States Bureau of Outdoor Recreation，US BOR）。

智利经济学家曼弗雷德·麦克斯尼夫（Manfred Max-Neef）指出，人类的需求系统由持续生存、受保护、仁爱、理解、参与、闲暇、创造、个性和自由等九个基本方面组成。通过游憩发展来充实人们的闲暇时间，凝聚人文精神，恢复创新动力和对生命的体验与尊重，是游憩的主要目标。

游憩需求是一个复杂的综合概念，包括了多个方面，例如活动、环境、体验、收获和满意等。满意是游憩需求的终极目标。根据弗洛伊德（Sigmund Freud）意识层次理论，人类的原始需求和情感都潜藏在潜意识层，驱动着人们作出各种选择，追求快乐和满足。潜意识分为生物性潜意识和社会性潜意识两部分，前者是长期进化过程中形成的本能需求，后者则是人类文化传统和生活方式的积淀。不同的文化背景和社会历史背景，决定了人们对闲暇时间的利用方式和游憩需求的不同，表现为不同地区和不同人群之间的游憩差异性。随着经济和社会的变化，人们的游憩需求也在不断变化和演进，游憩活动、设施和环境也必须不断适应和跟随这些变化，以满足人们不断变化的游憩需求。

了解游憩需求的主要途径是调查分析，重点是研究特定的游憩地市场结构的一般特征，分析、评价和预测游憩需求。为了满足市民的游憩需求，提供一部分公共服务，城市为市民提供了游憩场地和设施，并鼓励他们开展游憩活动。当前，以城市需求为导向的城市游憩发展模式已逐渐成形，而伴随着人们生活水平的提高和审美水平的提升，人们开始产生前往其他区域以及进行多种类型游憩方式的需求，例如田园游、荒野游、亲子游、公路游、主题游等都是近些年被人们所推崇的新型游憩方式。针对游憩需求的变化，我们应以理念创新引领游憩产品系统的创新，以市场需求变化推动游憩产品的内容创新，结合最新理论研究成果和技术来指导游憩产品形式创新并借鉴成熟的国内外经验。同时，结合贴近人心的“集合需求”，即把抽象潜在的需求挖掘出来进行加工、组合、提炼，打造触动人心的新型游憩模式。

(三)游憩动机

游憩动机是引发游憩行为的心理及其他内在驱动力的总和，在本质上具有个体性和主观性特征，例如甲认为是合理和符合逻辑的事情，乙却认为是荒谬或动机不纯的。对游憩动机的研究和分析是为了解决人为什么要游憩的问题。吴承照(1998)将游憩动机的理论发展总结为经典理论、近代理论和现代理论三个阶段。其中，经典理论主要出现于 19 世纪，代表性理论有剩余能量理论、本能理论、重演理论、放松理论和成熟理论，这些理论建立在儿童游戏的基础上，主要是从人性的角度，解释娱乐游憩的形成机制(表 4－1)；近代理论主要关注娱乐行为的内涵和目的，解释游憩行为的价值和意义，代表性理论有补偿理论、类比理论、发泄理论、精神分析理论、发展理论、学习理论、自我实现理论、熟悉或过剩理论、平衡理论等(表 4－2)；现代游憩理论主要包括能力动机和激励寻求两种，关注剩余行为的存在，试图解释儿童、成人或动物为什么在所有需求都得到满足之后仍然要从事或参与游憩活动。

表 4－1 游憩动机的经典理论

经典理论	主要观点	代表人物	缺点
剩余能量理论(Surplus energy theory)	儿童在维持正常生活外还有剩余能量需要发泄，由此产生游戏(儿童游戏是成人活动的戏剧化)。游戏是动物使用剩余能量的活动，人体能量可以储存，但容量有限，超越一定的限度就要释放	英国社会学家、心理学家斯宾塞(Herbert Spencer)，德国思想家席勒(Schiller)	无法解释在体力和智力都很疲劳的情况下仍然要从事游戏活动
本能理论(Instinct theory)	遗传因素是游戏行为的动因，儿童游戏可以完善生存技巧，适应成年阶段的生活需要，游戏主要有四种形态：①战争游戏；②名人游戏；③模仿或戏剧性游戏；④社会游戏	德国心理学家格罗斯(Karl Cyoos)	忽视了人的学习能力

（续表）

经典理论	主要观点	代表人物	缺点
重演理论（Recapitulation theory）	儿童是从动物向人类进化的一个环节，游戏是个体重新体验人种发展的历史（祖先的动作和活动）	美国心理学家霍尔（G. S. Hall）	游戏不能再现物种的线性进化
放松理论（Relaxation theroy）	游戏不是发泄能量，而是在工作疲劳后恢复精力的一种方式，人类需要有利于身体和精神健康的活动来解除紧张工作带来的压力	德国拉察鲁斯（M. Lazarus），裴茄克（George Patrick）	
成熟理论（Maturity theory）	游戏是儿童操作某些物品进行的活动，不是本能，而是一般欲望的表现，引起游戏的三种欲望：排除环境障碍获得自由，发展个体主动性的欲望；适应环境与环境一致的欲望；重复练习的欲望	荷兰生物学家、心理学家博伊千介克（F. Buytendijk）	

资料来源：吴承照，1998

表 4－2　游憩动机的近代理论

近代理论	主要观点	代表人物	缺点
补偿理论（Compensation theory）	在工作中的不顺心通过娱乐来满足心理的需求		忽视了学前儿童，假设工作是有害的
类化理论（Generalization theory）	在工作中的积极体验会延伸到游憩活动		排除了学前儿童的游戏，假设工作至少某些方面是有益的
发泄理论（Catharsis theory）	把不满的情绪引到社会可接受的活动上来发泄		不能解释游憩能够放松的原因，对娱乐的认识狭窄，忽视游憩的其它效应
精神分析理论（Psychoanalytic theories）	以充满娱乐的方式来重复一些强烈不满的体验，补偿现实生活中不能满足的欲望	奥地利弗洛伊德（S. Frelld），新精神分析学派艾里克森（E. H. Erikson）	偏重儿童潜意识，对娱乐的社会性未受到重视，不能预测未来的行为
发展理论（Developmentalism theory）	游戏是儿童心理、智力发展的结果，游戏反过来增加智力复杂性，不同智力阶段游戏方式不同	瑞士心理学家皮亚杰（Jean Piaget）	

（续表）

近代理论	主要观点	代表人物	缺点
学习理论（Learning theory）	游戏是一种学习行为，儿童经验的积累会变得更复杂，甚至类似成人行为	美国心理学家桑戴克（E. L. Thorndike）	
自我实现理论（Self-expression theory）	娱乐是人们自我表达动机的结果，人类作为积极的、精力充沛的动物，需要找到释放能量的途径，利用他的能力，表达他的个性。影响游戏行为的因素有：①生理或解剖结构；②任何给定时刻的适应性强度；③心理倾向或偏好。人类各种愿望不断改变游戏的态度和习惯	美国教育家埃尔默·米切尔和伯纳德·梅森（Elmer Mitchell & Bernald Mason）	
熟悉或过剩理论（Familiarity or spillover theory）	个体一般选择熟悉的、较少冒险的、更多成功机会的游憩活动		
平衡理论（Balance theory）	人们选择多种游憩活动在于保持生活的平衡，这种平衡可能是身体的、心理的或社会，孤独生活的人选择社会互动，从事脑力工作的人从事体力活动来维持平衡		

资料来源：吴承照，1998

依索阿霍拉（Iso-Ahola，1980）认为，人类行为是受主观确定的目标和内在或外在的奖励驱动的。如果活动的目的是获得奖励，谓之外在驱动。如果是为了活动本身，则为内在驱动。丹恩（Damm，1981）则提出潜在游客家庭环境条件最终决定旅游倾向。动机可能是从以反常状态为主到自我膨胀的一个连续的过程。克里本道夫（Krippendorf，1987）认为动机包括修复与重建、补偿与社会融合、忘忧、交流、开阔视野、自由与自主、自我实现、幸福等。

格里克斯曼（R. Greksmann，1935）将游憩行为的动机总结为四种类型：身体动机——控制肥胖、保持心血管健康、健康观念的更新；社会动机——满足成为社会团体的一份子和交朋友的需要，与他人在一起减少孤独感；心理动机——游憩是提供刺激和挑战的一个途径，是放松和逃离现实的途径，同时减轻压力；情感、智力和精神动机——自我实现、智力价值和结果、精神价值和结果。

在此基础上，游憩动机通常可分为以下几种类型：健康动机，指游憩者进行体育运动或从事其他有益健康的活动；娱乐动机，即追求一种轻松愉悦的享受，通过改变环境和生活方式来调节生活；艺术动机，通过参加摄影、绘画等艺术类活动获得美的享受以及启迪思想、传达情感等；文化动机，希望在游憩中学习新知识、提高修养，了解风土人情、语言、建筑、宗教、艺术和考古等文化方面的知识；交际动机，包括结交新朋友、拜访亲友以及逃避日常琐事或家庭生活等；街市游览动机，对于市场和商品感兴趣的游客，虽然没有明确的购物目的，但会前往游览市场。

游憩是一种自由选择与自主进行的休闲行为，但并不能视为完全没有约束的行为。个体动机体现的是个性化的游憩倾向，而在实践过程中，这种游憩倾向会因群体动机或客观条件等方面的影响发生变化，或称妥协。这些外部的制约条件，既能形成对自主游憩的约束或压制，也能产生促进作用，例如游憩过程中因群体行为所带来的安全感，以及在外部影响下表现出来的环境责任感等。

(四)游憩选择与决策

严格意义上，游憩需求和动机并非游憩活动的开始，只有将游憩动机转化为实际行动，作出选择并进行决策，才是实现游憩的必要环节。现实生活中，限于多种制约因素，大量的游憩行为仅停留在选择阶段而未付诸实施，因此，游憩选择概念成了休闲与户外游憩系列概念中的中心概念(Williams，2003)。游憩选择概念有助于解释：①一些活动和场地为何受到追捧；②一些游憩企业为何破产，而其他游憩企业却能够提供满足感；③其他游憩机会是怎样排序的，以及为何如此排序。

在选择基础上的游憩决策是指为了满足游憩需求，游憩者个人或群体通过对游憩资源或游憩机会的选择、取舍来确定游憩计划并付诸实施的过程。游憩决策受到游憩者的价值观、动机、需求以及对游憩信息的认知和支付游憩行为的能力(时间、金钱或身体条件等)等因素的影响，并与游憩资源、游憩服务和游憩机会的多少有关。

(五)游憩体验及游憩体验质量

游憩体验是指游憩主体的主观期望和游憩行为与游憩客体(游憩设施与服务)和游憩地社区行为(游憩地居民的影响)之间的交互作用和结果，是每个游憩主体的主观感受和游憩地客观条件的综合。游憩体验包含游憩带来的生理体验、心理体验、社交体验、知识体验、自我实现体验等，游憩体验是人们的内在状况、环境和所经历的活动通过一系列复杂的交互作用而产生的。因此，游憩体验具有独特的、动态演化和多维度的特征。风景景观设计中常用的“影子空间”的概念就与游憩体验密切相关，这种所谓影子空间是指在游憩活动中，为了使游憩者有最佳的感觉舒适度，除了完成活动所必需的物质空间(基本空间)外，还需要提供更大的心理空间(外围空间)，外围空间内存在游憩体验的最佳空间规模，随着这一规模空间的增大或减小，游憩体验的质量开始迅速下降。

游憩体验质量不仅仅是反映游憩地设施和服务对游憩主体主观期望的满足程度（通常称为满意度），而且反映了游憩地客观环境的服务能力及游憩地社区居民的参与情况（通常称为友好度）和相互影响。一般可以通过以游憩满意度为指标的游憩体验质量评估来反映游憩体验的效果。如科扎克等（Kozak et al.，2000）提出了游憩满意度评估的4个维度，即设施、信息、服务和体验。吴承照等（2010）初步构建了户外游憩体验质量评价模型（图4-1）。毛小岗等（2013）通过对北京城市公园的研究，发现可达程度、感知质量和感知价值是影响居民游憩满意度的三大潜变量等。

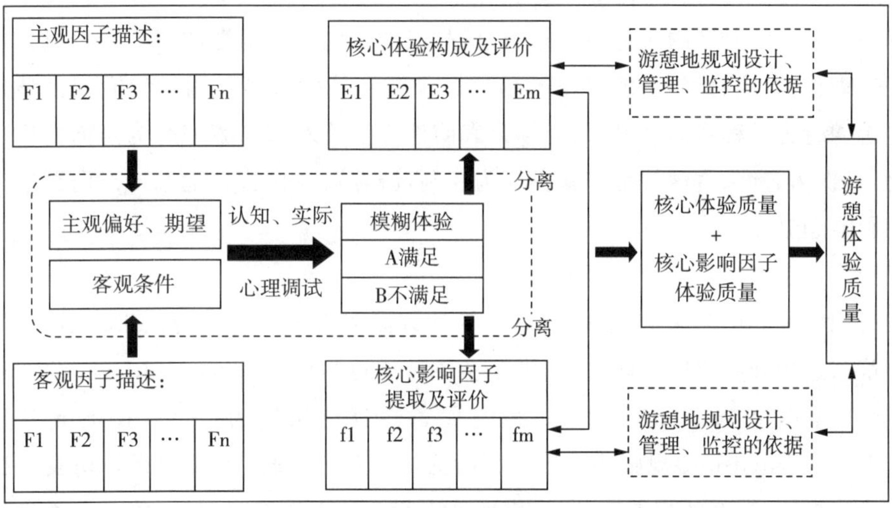

图4-1　户外游憩体验质量模型

资料来源：吴承照，2010

二、游憩行为过程

（一）以住区为中心的行为过程

此类游憩过程多发生于与住区相近相邻的城市游憩空间中，以日常游憩行为为主。张安等（1999）对南京城市游憩者时空分布规律与活动的频率进行了分析，认为不同动机旅游者空间分布模式不同，游憩活动的重游率随距离衰减。吴承照（1999）认为，游憩效用决定了城市居民户外游憩分布行为，并在吴必虎关于“距离衰减”理论的基础上，进一步提出门槛距离，之前为反距离衰减，超过这一门槛，才表现为距离衰减现象。殷红梅等（1999）以贵阳黔灵公园为研究客体，分析城市公园游憩者来源的时空分布规律，表明其游憩流动有明显的空间指向性及折回式流动方式。史久西等（2010）通过问卷调查对浙江省乡村居民在村庄内部的游憩行为进行研究，揭示出与时空因子中关系最为紧密的是出游目的地的距离。

（二）以地域为中心的行为系统

此类游憩行为过程多发生于以较大范围聚居区为中心的地域系统中，例如市域范围内的郊野公园，分布在城市市域范围的风景名胜区等。粟路军等（2008）以长沙市为例，对城市居民环城游憩距离选择进行了实证研究，发现城市居民环城游憩活动并不完全符合距离衰减规律，而是存在出游理想距离。孙瑜等（2013）基于问卷调查数据，研究了郊区居民游憩行为的空间特点、决策影响因素与过程，以及游憩行为的事后评价。研究发现：郊区居民的游憩地点选择呈现距离衰减规律，自然型与锻炼型活动在内圈层比例较高，娱乐型与交往型活动在外圈层比例较高。行为决策中的主观因素，如感知信息、偏好等在郊区居民游憩行为决策过程中起到了比较大的作用。黎巎等（2011）利用计算机仿真技术来模拟旅游景区的游憩者的行为过程，以期为国内景区游憩行为计算机仿真系统研究提供理论、方法、操作上的参考与借鉴。张圆刚等（2019）运用结构方程模型建构游客乡村游憩行为过程意向模型，研究结果表明地方情感对游客游憩行为意向的作用效果最显著，其次为态度、主观规范和知觉行为控制，游客在乡村旅游地选择意向总效果呈现不同的影响趋势。

（三）户外游憩行为决策与实施

在游憩资源使用与保护、景区规划与管理方面取得了大量研究成果之后，户外游憩行为决策与过程开始被广泛研究，其中多主体游憩行为仿真系统（Multiagent Recreation Behavior Simulator System，RBSim）最具代表性且应用较为广泛。RBSim 基于 BDI（Belief Desire Intension）规则构建了游客行为决策过程，通过系统的运行仿真出游客的游憩质量指标，如游客的相遇次数、一定区域内瞬间最大游客量、景区能承载的日最大游客量等，以此为基础设计相应的管理措施。张仁军（2006）基于 GIS 与多主体技术建立了景区游客空间行为模拟系统，夏（Xia）用半马尔科夫过程对游客的时空运动进行建模。总的来看，目前针对景区地理尺度的游客行为规律研究是较为缺乏的，上述研究思路也仅在理论层面，但可作为借鉴。

三、游憩行为的影响因素

影响游憩行为的因素较为复杂，通常可以分为外部因素和内在因素两方面，综合来看主要包括：

（一）心理因素

指由游憩者个体所决定的主观因素，包括知觉、动机、态度、偏好、人格等方面。心理学的研究表明，人的意识和行为是紧密联系的。前文所述的游憩动机，从心理学角度可以归纳为求实（实用、实惠）、求新（时髦、奇特）、求名（显名、炫耀）、求美、好胜心、爱好、求知、访古寻祖等多种形式，且针对个体，还存在着性别、年龄、教育、身体、家庭状况、心理障碍等多方面心理层面的差异。而游憩偏好取决于人们对特定事物所持态度以及游憩信息的了解程度,是实践环节中增进游憩使用和体验的有效视角。

(二)人口特征

也指人口统计学特征因素,受社会结构中社会集团和特定的控制机制等影响,包括社会阶层、家庭、相关团体及其他如性别、年龄、身体状况、职业、居住地等诸多因素。其中人口规模、分布和结构在解释游憩模式方面具有关键性作用。近年来,我国最大的人口特征是年龄结构的变化。人口普查数据显示,2020 年,我国总人口达到 14.12 亿人,与 2010 年相比,0—14 岁比重上升 1.35 个百分点,少儿人口比重回升,生育政策调整取得了积极成效。但与此同时,人口老龄化程度进一步加深,有研究数据表明,到 21 世纪中叶,老年人口比重将达到 25%,到时每 4 个人中就有一个老年人,人口结构将从长方形变成倒金字塔形。这样的人口结构一方面会提出更多的游憩诉求,但另一方面也会因劳动力人口的缺少导致一连串的压力与失调。

(三)社会经济因素

主要指与居民出游密切相关、有关社会经济发展水平所决定的闲暇时间和个人可自由支配收入的水平等。其中,影响个体游憩欲望或意愿的因素包括社会关系、社会结构、教育、职业和收入。游憩是一种社会互动形式,社会组织方式对游憩行为影响很大,家庭成员之间的互动、同年龄群体之间的沟通、种族社区内部的沟通等都有助于形成游憩行为的目标和动机。而不同收入水平的游憩行为会表现出特定的关注点,通过调查发现,中低收入居民对绿地游憩的可达性依赖较高,这源于其对步行和公共交通的依赖,相应的,提高公共交通服务水平将有效地促进游憩场所的使用。游憩是闲暇时间的主要活动,随着社会经济的发展,保障闲暇时间已成为促进游憩乃至社会综合发展的重要举措,在《国民旅游休闲发展纲要(2022—2030 年)》中已明确将保障旅游休闲时间等作为未来的 10 项重点任务之一加以贯彻执行。

(四)文化因素

指游憩者自身的文化特征以及出游环境的文化背景。每个人都生活在独特的社会文化环境之中,参与游憩的过程是不同文化环境的信息交流和融合,并深刻地影响着参与者自身。文化对游憩行为的影响和调节作用主要体现在两个方面:一是文化决定了出游者的消费观念和行为规范,另一方面文化造就和影响着出游者的习性和行为。例如,通过对来华英国游客的问卷调查显示,推动英国人来华的前五大动机为“享乐、与当地人交往、追求新鲜、逃离日常环境与社交”。而针对日本游客的来华旅游动机的调查显示,日本游客的来华旅游目的主要以观光度假和商务活动为主,兼有文化交流、宗教朝拜、探亲访友和修学旅游等目的(方文,2010)。

(五)地理因素

主要包括两个方面,一是客源地与目的地之间客观距离的因素,另一个是目的地和目的地之间各自具备的由地理条件决定的相互关系。距离是指(两物体)在空间或时间上相隔,或者相隔的长度。旅游距离衰减理论认为,空间距离对游憩目的地选择既是推动因素也是阻碍因素,目的地与客源地的空间相互作用一般随距离的增加而降低,但有时远距离异质文化的吸引力又能促进游憩行为的产生和发展。与地理因素相关的还有诸如空间近邻效应等,根据该效应,区域内不同目的地之间存在相互作用关系,距离越近,作用力越大。这种关系又可以分为互补性和替代性,互补可促进合作,替代则产生竞争。

(六)政治状况因素

主要包括国家之间的经济关系、经济政策、国家政局、休假政策等。例如东南亚组成的东盟、亚洲及太平洋沿岸各国组成的亚太经合组织促进了区域间的经济和贸易往来,也推动了各国相互间的出境旅游。

四、游憩行为的时空分析

(一)游憩活动的分类和体系

1. 游憩活动(行为)的分类

对于大多数人来说,居住环境周边的户外游憩活动是他们生活中的重要组成部分,在周边或近距离接触优质游憩区对于城市居民来说是一个至关重要的问题(Bell,2010)。城市生活给人们带来许多压力(Kennedy & Adolphs,2011),缺乏户外游憩活动会限制人们从日常工作压力中恢复的能力(Degenhardt & Buchecker,2012)。周边游憩活动是指人们在游憩时间(例如下班后或周末)在城市或乡村周围的自然环境中进行的短期(<1 天)和接近家庭(<8 千米)的活动(Buchecker & Degenhardt,2015)。它可能包括所有在易于到达的区域(就距离,时间和通道而言)基于自然的活动,例如步行、慢跑、骑自行车、越野行走和遛狗。

针对游憩活动的分类方式较为复杂,以下是其中的一些类型:

① 场所,依据游憩发生的场所可分为室内游憩和户外游憩[①];

② 参与人数,基于参与者的数量可分为个人游憩和群体游憩(或社会游憩);

③ 活动性质,从性质上分为体育性、娱乐性、文化性、研究性、自然性等游憩活动;

④ 活动状态,从活动状态分静态和动态,被动和主动游憩[②];

⑤ 年龄,依据年龄可分为儿童游戏、青年、成年和老年游憩等;

---

① 户外游憩是风景游憩研究的重点,在大多数文献中是所涉及的"游憩"其释义均指户外游憩,在部分文献中户外游憩还专指在自然游憩地内的活动,其概念泛化后也包括所有户外发生的游憩活动,与室内游憩相对。

② 其中非参与性游憩如观赏风景、观看表演等,属于被动游憩,具有参与性的如打球、参与表演属于主动游憩。

⑥ 消费水平,一般可分为低消费和高消费游憩[①];

⑦ 发生时间,日常游憩、周末游憩、短期游憩和长期游憩等[②];

⑧ 自然资源,如水体游憩、山地游憩、草原游憩、海滨游憩、森林游憩等;

⑨ 文化景观,水乡游憩、古镇游憩、城市游憩等;

⑩ 时间的利用价值,时间上可以分为为别人服务的活动、直接参与创造及创作的活动、积极参与的活动、通过观赏他人的活动或作品融入自己感情的活动、对社会和个人没有价值的活动、消极活动(最低层次的休闲活动,如犯罪、酗酒、赌博)等。

2. 游憩活动体系及其影响因素

在现代社会中,游憩活动日渐丰富,形成了由室内游憩、社区游憩、城区游憩、地区游憩等四个层次所构成的由近及远、从大众化到专门化、从多数人到少数人的游憩体系。其中社区游憩是指在居住区内的户外游憩活动如邻里交往、散步、静坐等,城区游憩包括商业、工业、公园、广场、标志建筑、学校、娱乐、体育等游憩活动,两者都是日常生活的组成部分。游憩活动的时间、形式、主题等都受到生产方式和水平的深刻影响。在以农耕为主导的中国古代社会,日出而作、日落而息的劳作习惯使得游娱时间主要集中在农闲时的节庆活动期间,游憩活动的激烈程度也大不如同时期的游牧民族,表现出明显的趋静性;游憩活动的空间范围也较为有限,缺少在空间移动上广阔的活动;而崇拜自然、寻求人和的农耕社会的文化特征也与古代欧洲工商业社会公平竞争的思想有较大差异,体现出的求雨、庆丰的游憩主题和奥林匹克体育活动等主题之间也相差甚远。

(二)游憩活动的地域组合

游憩活动的地域组合主要是指游憩活动与游憩空间的交织关系,包括以下一些类型:

1. 游憩活动之间的相互关系

同一游憩地可以开展不同种类的游憩活动,这些活动之间存在不同的相互关系,可归为以下几类:

连锁关系:某项游憩活动的发生会引起其他活动的发生。例如,在海岸游泳会带动人们进行太阳浴、沙滩活动等。

冲突关系:某些游憩活动可能在同一空间中发生,但彼此之间存在冲突,例如钓鱼和划船、狩猎和攀岩等活动。

观赏关系:一些游憩活动本身就是被观赏的对象,可以引发其他的活动。例如,滑雪

---

① 实际上,大多数游憩活动属于低消费或不消费的活动,不依赖专门化的游憩设施或完全依托由市政公共部门提供的免费开放的共享性游憩设施;而也有部分消费型游憩活动如高尔夫、高级娱乐场所等。

② 其中日常游憩是指非节假日时间发生的游憩活动,没有时间和场所上的局限。短期尤其是周末游憩是当前游憩活动的主体,随着交通方式的进步,其活动影响范围有逐步增大的趋势,并逐渐与短期旅游相融合。而长期游憩已是旅游的范畴,遵循旅游活动的规律,其中一部分形式简单、具有重复性的如康养、健身类的活动仍保持了一些日常游憩的属性。

场景会吸引人们进行景观观赏等。

相互无关：一些游憩活动可以在同一空间中发生，但彼此之间不会相互影响，例如钓鱼和散步等。

为了确保游憩活动的顺利开展，冲突关系的游憩活动不应当规划于同一空间，而具有连锁关系和观赏关系的游憩活动应该充分利用场地的关联性，合理布局。在规划游憩地时，首先要明确不同游憩活动的定位，分析各活动之间的相互关系。

2. 游憩活动与环境的关系

游憩活动发生的空间基础是环境，因此游憩活动与环境之间的关系是人地系统中最基本的关系之一。地质地貌、水文气象、动植物以及生态系统的结构与稳定性都会影响人们选择和开展游憩活动的情况。在可持续发展的目标下，游憩规划必须以保护环境系统的稳定性为准则。游憩环境容量是衡量两者关系的重要指标。游憩规划应当根据节约投资和保护环境的原则来进行，且要考虑游憩活动的适地性，针对不同的地形坡度和环境条件开展不同的游憩活动。

3. 游憩设施与环境的关系

游憩设施与环境之间的关系非常重要，既可以提高游客的游憩体验，也能够保护环境，从而实现可持续的游憩发展。为此，应该通过优化游憩设施来引导游憩活动的开展，具体可以从以下几个方面入手：

结合环境特征增加适当的设施。在选择增加游憩设施时，应该考虑环境的自然特征，同时也要考虑游客的需求，以便更好地引导游客进行各类游憩活动。

优化设施的布局和设计。设施的布局和设计应该与环境进行协调，既要满足游客对于设施的需求，又要减少对环境的影响。

适当控制设施数量和密度。过多的游憩设施可能会对环境造成负面影响，因此应该控制设施的数量和密度，以确保环境的自然度。

加强设施维护和管理。设施的维护和管理既可以延长设施的使用寿命，又可以减少对环境的影响，从而实现可持续的游憩发展。

4. 游憩活动组合与地域配置模式

游憩活动可以从类型和系列的角度进行划分。在根据消费水平进行分类时，可以区分为高、中、低系列。任何一个游憩地，都是由不同类型和系列的游憩活动组合而成。

类型与系列的组合通常有以下几种模式：

单系列多类型组合模式：这种模式通常以城市公园为代表。在这些公园里，各种类型的休闲游憩活动收费低，并且参与人数较多。

多系列单类型组合模式：这种模式通常以专门化的游憩场所为代表。游憩场所可以细分为许多功能特定的小场所，每个小场所提供单类型的游憩服务。例如，游乐场内的不同游乐设施与对应的娱乐活动。

多系列多类型选择组合模式：这种模式通常以大型旅游区或度假区为代表。游憩地可进行的游憩活动丰富，各种活动的消费水平也各不相同。参与者可以根据自身的需求与喜好，自由进行选择。

多系列多类型组合模式：这是一种理想的模式，全面满足游客的各种需求。但在实际中，很难达到这种完美状态。

根据游憩地功能定位与活动组合策划，需要根据活动、设施的要求和环境特点进行空间布局。游憩活动的地域配置有三种模式：点状、线状和块状。点状模式将不同的游憩活动分散布局，如钓鱼、民艺、陶艺、表演、园艺、娱乐、烧烤和网球等，并通过游览道路将它们联系起来形成一个整体。线状模式主要以自然单元为背景，如河流、湖岸线等。许多风景名胜区游憩活动的布局也是沿着几条主要游线开展的，是线状模式的组合。块状模式出现在面积较大的旅游开发区、风景区或国家公园，根据环境分区或功能分区进行块状开发，类似于组团模式的开发，形成游憩机会序列（表 4－3）。

表 4－3 游憩活动模式分类简图

游憩活动模式		
模式概括	前期研究	
	学者	模型名称
Ⅰ. 单一模式 单点 	Mings and McHugh(1992) Lue et al. (1993) Oppermann(1995) Flognfeldt(1999)	直接路径 单一目的地 单一路径 度假之旅
Ⅱ. 多点模式 基地 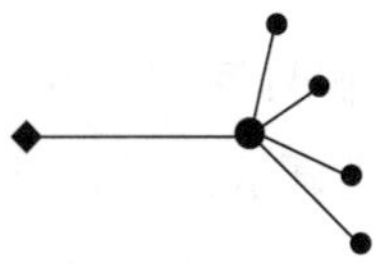	Lue et al. (1993) Oppermann(1995) Flognfeldt(1999)	大本营 基地假期 一日游
中途停留 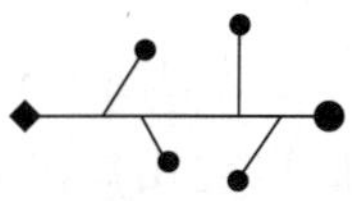	Lue et al. (1993) Oppermann(1995)	途中 中途停留
连锁循环 	Mings and McHugh(1992) Lue et al. (1993) Oppermann(1995) Flognfeldt(1999)	全环行 出行链 全循环 开口循环 往返

（续表）

游憩活动模式		
Ⅲ. 复杂模式 目的地循环 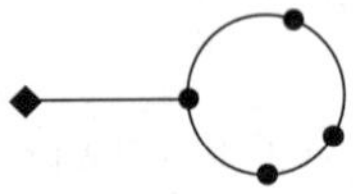	Mings and McHugh(1992) Lue et al. (1993) Oppermann(1995)	部分环行 自驾游 区域旅游 目的地——区域环路
复杂的邻里 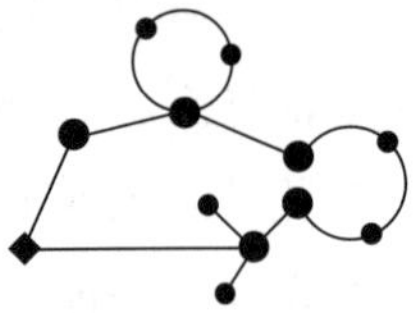	Oppermann(1995)	多目的地区域循环
◆游客出发区域　●游客目的地区域　——交通路线		

资料来源：Gigi Lau and Bob McKercher，2006

（三）游憩活动空间和使用曲线

地理学家们对人类游憩行为的研究主要是从设施所在的区位和游憩者的旅行两个角度来进行。游憩行为的研究往往采用特定的统计分析方法。其中，常用游憩活动空间来刻画游憩者的意境地图；用使用曲线来表示客源地——目的地（O－D pairs）的距离衰减。

1. 游憩活动空间

对游憩者的活动空间进行统计分析，可以得出不均匀的分布特征数据，将该数据连接成等游线（iso tourist line）可用来表达游憩地的游客活动空间。吴必虎（1994）以上海为研究对象，综合调查市民出游情况，并将统计数据生成意境地图（图 4－2），结果显示针对市区内目的地，上海市民旅游消费能力和愿望强。市民一般在节假日和周末喜欢合家出游，在一日游情况下，选择市区公园和游乐设施作为目标。等游线显示，上海市民的意境地图中明显有三个旅行指向，按其涌涨程度（crowding），依次为中心城区、西部区和南部区。以人民公园和外滩为中心的 RBD 被绝大多数市民视为游憩中心，出游率高达 90％以上。在郊区为目的地时，活动空间基本呈同心圆衰减，这可能与目的地分布、长江三角洲平坦的地貌有关。不过，在西部区有较明显的上升趋势，反映以淀山湖风景区为中心的远郊目的地也有很大的影响。

2. 使用曲线

使用曲线是指游憩设施的使用人数（或游憩机会）随着某种要素的变化而发生改变的一种统计学描述。这些要素既可以是空间性的，也可以是时间性的，还可以是其他一些社会经济指标，如使用人数随年龄的变化曲线。

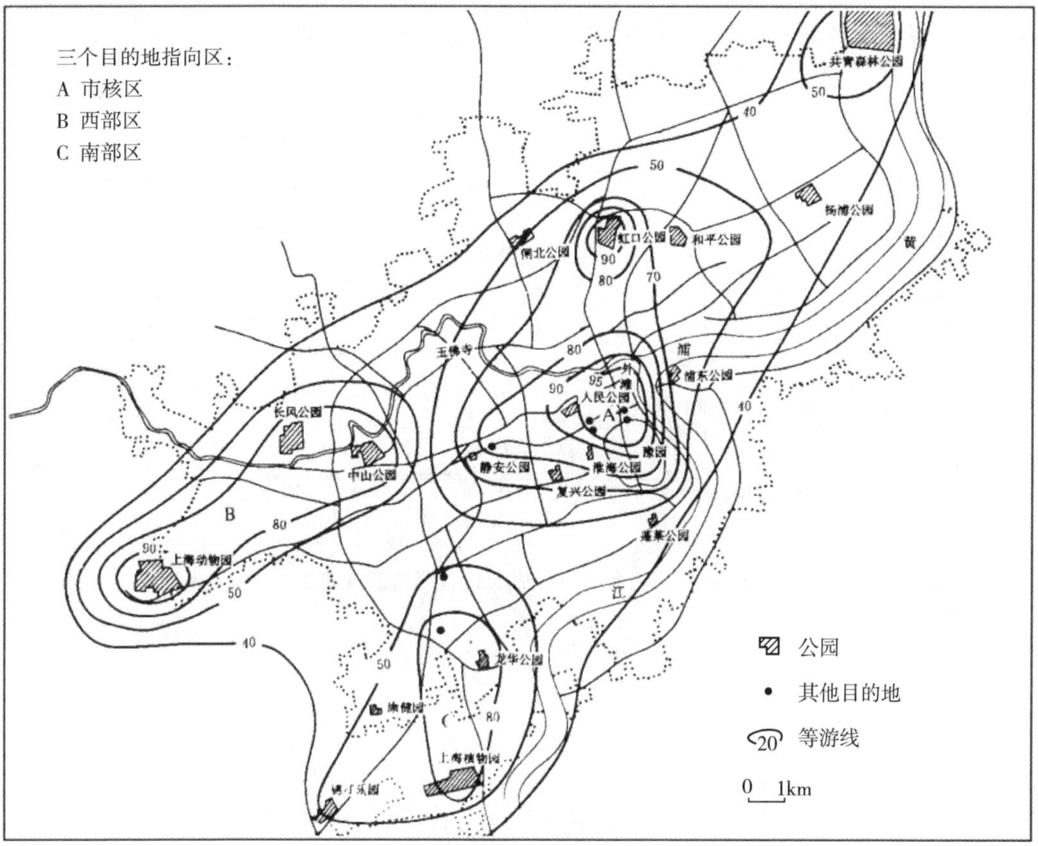

图 4－2　游憩活动空间：上海市区为目的地

资料来源：吴必虎，1994

(1)空间使用曲线

吴必虎(1994)对上海市百一店等样本点的调查统计结果表明，使用者住处与设施间的距离有明显作用，设施的规模越大，距离衰减越平缓(图 4－3)。随着距离的增加，使用者逐渐减少，至某一不连续带之后又逐渐增加的情形。在小尺度空间，这种 U 型曲线也可见到。例如，调查发现，黄浦区居民对人民公园、上海展览馆、静安古寺、中山公园和上海动物园的出游率分别是 100、89、58、92 和 95，呈典型的 U 型。

(2)时间使用曲线

游憩人数随时间变化，呈现一定的规律，可将其称为节律性。自然系统的周期性、人的生活方式、社区运作的时序等决定了游憩者流动行为的涨落现象。流动观测记录表明，在时间使用曲线中，时变化(一日内周期)主要受生活节奏影响，月变化(一年内周期)则主要受节气的影响。图 4－4 是冬(1992—01—01)春(1992—05—01)两季进出静安公园的时变化曲线，从图中可以发现，进园流和出园流之间也存在着节律(滞后节律)；且较温暖的春季，滞后期较长。在寒冷冬季，下午日温高峰滞后期(13 时—15 时)是一日中入园最多的时段，而在春季则有上午和下午两个入园高峰。至于年内节律，则更为明显，它存在一个春季高峰、一个秋季次高峰；一个冬季低谷，一个夏季次低谷。

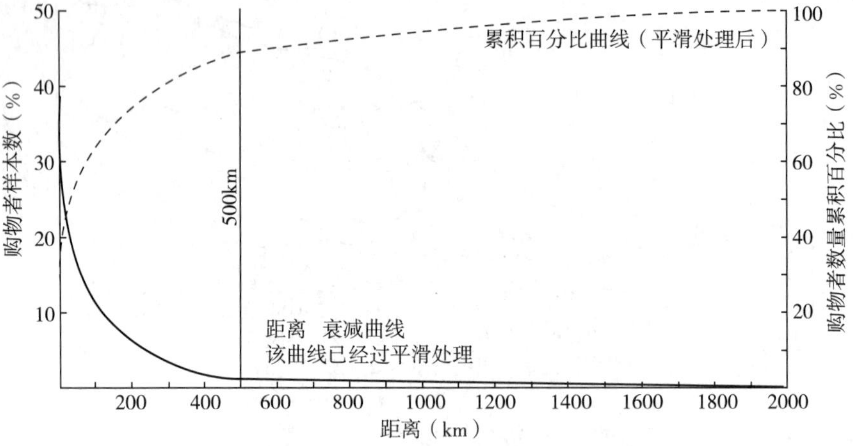

图 4-3 上海市百一店购物者距离衰减曲线

资料来源：吴必虎，1994

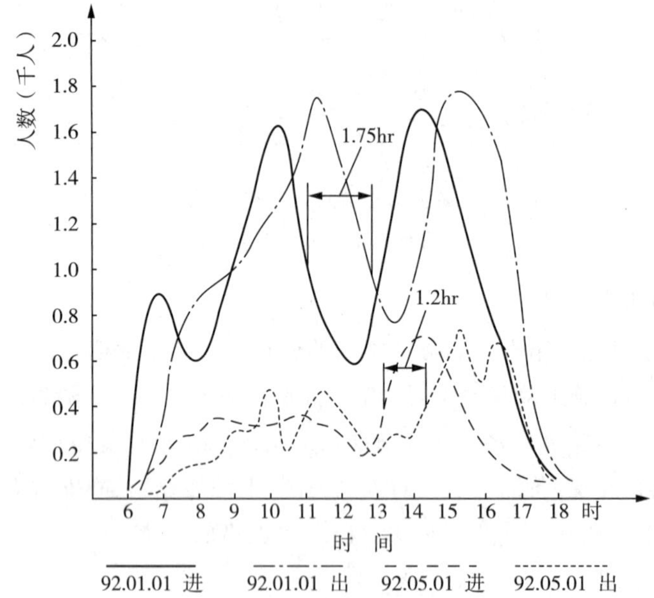

图 4-4 静安公园游客日流量曲线

资料来源：吴必虎，1994

(3)机制分析

一般来说，距离和游憩者数量之间存在着反比例的增长关系，即所谓的距离衰减现象。为了刻画距离在游憩者移动中所起的作用，人们常用引力模型(gravity models)来表示。该模型在不同情况下，有不同的参数。其基本式为：

$$R_{ij}=G\frac{E_iA_j}{(D_{ij})b} \quad (*)$$

式中 R_{ij}——某段时间内客源地到目的地之间的游憩者人数；E_i——客源地的出游能力的某种表达；A_j——目的地(或设施)的引力大小的某种表达；D_{ij}——i 和 j 之间的距离的某种表达；G 和 b——经验参数。通常情况下，参数 $b>1$，这主要体现距离 D 的重要意义。由于 b 的作用，在距离衰减曲线中，曲线一般都是非线性的，而呈指数衰减，衰减速度较快。

公式(*)中，出游能力 E 是指客源地内由若干与旅行行为有关的社会—经济、心理—生理变量定义的性质。在人口迁移文献中，常用人口数 P 来代替(*)中的 E。实际上，人口数也是决定 E 的大小的一个主要因素。人口越多的城市，出游能力越大。

目的地或游憩设施对游客的吸引力 A 是造成游客流动的另一基本要素。设施的知名度、某公园的美学特征、娱乐设施的座位数、夜生活项目丰度，以及其他许多相关变量，共同构成了目的地的引力。

可达性是游憩者至游憩设施的可能性和便捷程度。上文提及的距离衰减实际上反映了距离是可达性的一种障碍。一般说距离越大，可达性越小。但可达性并不完全由距离所决定。它还与交通方式、交通线路、站点分布、停车场(停降、停泊设施)布局及大小等密切相关。

(四)时间地理学的分析

通常，规划设计学科长于对游憩空间的思考，但游憩行为并非单一的空间概念，必然伴随着时间和空间的交错。通过精巧的设计和组织，可以令游憩行为得到最好的体验，感受最具特色的环境特征。而时间地理学(Time-geography)方式为这种组织提供了可靠的理论保障和实践工具。

时间地理学起源于对地图的认识。传统研究中把本来不可分割的同一个人有时作为交通人口、有时作为迁居人口、有时作为购物人口来处理多数场合，把人不是作为个体而是作为集合体进行分析，其结果往往是研究成果与提高个人生活质量和环境问题等难以结合。这说明有必要把人文现象表示在时刻变化着的时、空间连续坐标上，并对人的所有活动进行连续不断的分析。地理学中的区位论以空间分析作为基础，但用点、线、面等几何特性来表示的地图对空间填充过程却难以表现，如何把各种相关要素表示在时间、空间坐标上成为问题的焦点。这种对通常的地图表示法的怀疑成为哈格斯特朗(Hägerstrand T.)提倡时间地理学的开端。20 世纪 60 年代后期由瑞典地理学家、区域科学与区域规划学家哈格斯特朗及其领导的隆德学派提出并发展了时间地理学概念，旨在表现并解释时空间过程中人类行为与客观制约之间关系。借助详细的人口迁移统计数据，哈格斯特朗追踪了研究区域中每个个体的运动轨迹，反思实证主义的汇总研究，重新审视汇总现象背后的个体差异、微观过程以及社会机制。

时间地理学理论架构的核心是哈格斯特朗的时空观与行为观及其对人的基本假设。首先，哈格斯特朗针对社会生活中的人，提出了八条根本性的命题：①人是不可分的；②每个人的生命是有限的；③人在某个时间同时完成多项任务的能力是有限的；④每完成一个任务都需要花费一定的时间；⑤人在空间中的运动需要花费时间；⑥空间的承载能力是有限的；⑦任何领地空间都存在一个有限的外边界；⑧现状必然受到过去的状况的制约。其中，最为根本性的假设，也是最能体现时间地理学时空观的根本假设，即是对个体而言，时间和空间都是一种资源，并且二者是不可分割的。在此逻辑之下，哈格斯特朗发展出了一套在时空间中表达微观个体连续的行为过程及行为机制的概念体系和符号系统。时空间中的路径是对个体行为过程的模式化表达，而时空棱柱的形态综合反映出个体出发地点、移动速度、活动计划以及活动目的地所施加的组合制约等时空行为决策的微观情境性，是对个体行为所承受的生理、物理及环境制约的模式化表达。时空棱柱不仅能够用在个体层面，也是一个非常有用的分析工具(图 4－5)。

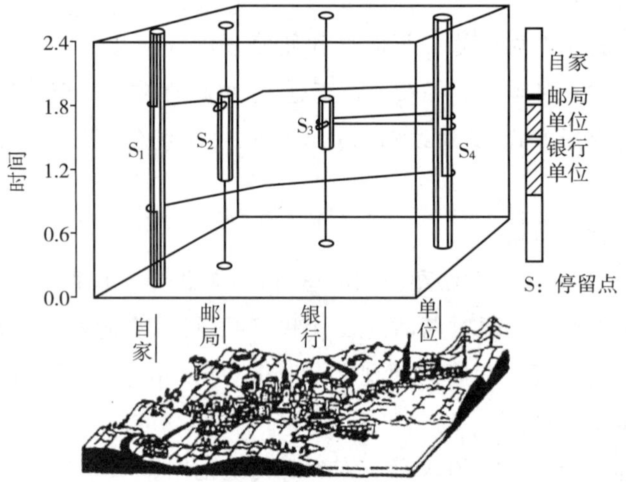

图 4－5　时空坐标系中的个人活动路径

资料来源：Shoval N and Isaacson M，2007

时间地理学对于游憩者行为的研究具有突出的贡献。如在研究景区(公园)管理、规划与游客移动的关系中，针对游客时空移动这一复杂过程，管理者掌握受欢迎景点的位置和运动规律非常重要，通过时空行为规律可以更准确、直接地分析并指导管理和规划。在澳大利亚“十二使徒”景区，柯诺拉(Connora)分析游客移动与设施和管理行为的关系以及对游客体验和设施承载能力的影响；而针对荷兰的德伦特—弗里斯荒原国家公园，梅耶尔(Meijles)将使用者运动分析与环境、生态因素结合来探讨自然资源管理，主张公园管理要协调经济、环境、休闲和社会等多方需求和价值。

时空结合的分析也有助于旅游目的地管理、规划与旅游者活动的安排组织。例如，齐林格(Zillinge)的研究表明长距离旅行中移动和停留的时间较为集中，旅行常在假期第一天和最后一天，在距家最远地方停留时间最长，游客的行为受停留时间和已游次数影响。时间地理学超越了具体景区的旅游者的旅行节奏研究，或用于探索多景区、多目的地游客动向和旅游活动的动态分布特征。塞西莉亚(Cecilia)通过游客时空运动方式数据挖掘，用模型模拟跟踪澳大利亚菲利浦岛的游客动向，帮助当地管理部门更好地组织游客；吴和卡森(Wu & Carson)关注多目的地游客分散，将时间因素加入 GIS 应用，帮助辨别旅游者行为，指出多目的地旅游构成包括到访地(空间)、停留时长(时间)和基于供给和需求特征的交通方式。进一步，时间地理学还应用于旅游设施规划与管理、分析微观旅游节点和游客活动之间的关系等重要领域。杰弗里(Jeffrey)对英国约克郡和亨伯赛德郡旅游局提供的 101 家酒店近一年的月住宿统计数据进行时间序列分析，发现三个时间要素解释了酒店住宿需求：占用水平的差异、季节变化的集中度和季节的长短。区分酒店后，根据各自在三个参考曲线的参数进行归类，进而提出时空模式，帮助制定合理酒店营销和发展策略。

五、游憩行为的其他研究热点

陈洁等(2010)将当前游憩行为研究总结为 9 个领域，其中，近些年的热点主要包括 4 个方向：①游憩者行为特征研究，此类研究多数是采用数学方法对案例城市进行实证研究，了解游憩者的行为特征将为城市游憩业的规划、建设、发展等及其他研究提供基础。②公园等特定场所游憩者行为研究，公园、森林公园、野生动物园等一些特定场所是某些特定人群进行游憩活动的高频发生地，因而对这些地方人群游憩行为的调查研究成为一个热点。这部分研究成果也为城市设计更有吸引力、生命力的旅游游憩产品打下了基础。③基于游憩行为的游憩空间研究，从空间类型、空间要素、空间结构与形态等方面系统探讨城市游憩空间结构，分析游憩物质与环境空间结构、游憩行为与需求特征、游憩行为空间分布规律等一系列要素。④环城游憩行为研究，大多数大城市都有已形成或正在形成的环城游憩带，因而对城市居民在环城游憩带的游憩行为研究也成为热点。

第二节　游憩者的心理与行为

一、游憩者的心理特征

(一)游憩心理学的研究目标

心理学是研究个体行为和心理过程的科学。研究目标通常分为描述、解释和预测。在游憩心理学中，研究重点在于了解游憩者的心理和行为规律，包括游憩体验、发生动机、行为表现、群体效应、心理目标和价值，以及基于心理认知的游憩策略。通过深入研究这些内容，可以进一步提高游憩体验的质量，满足游憩者的需求，同时也为游憩管理提供科学依据。

（二）游憩知觉

心理学为我们理解感知世界提供了较为完整的解释。感觉是指感受器通过产生神经冲动的过程，从而代表身体内外的经验。人类通过各种感觉系统，如视觉、听觉、嗅觉、味觉、触觉、肤觉、前庭觉、动觉和痛觉等获取信息，这些信息被加工后用于解释外界客体和事件，从而形成知觉。

游憩是一种知觉过程，具有多种目的和方式。心理学为游憩的研究提供了建设性的方法，例如利用空间认知地图的实验表征对游憩场所进行认知和路线设计。时间知觉对于游憩体验也具有影响，例如，当人们处于特定的情绪中，可能会有“度日如年”的时间高估现象，也能产生“时光如梭”的感慨，对时间产生低估。在旅游心理学上会借助时间知觉这一特点提出“游长行短”的游览原则。此外，错觉也是游憩知觉中的重要类型之一，中国传统园林中的景观常利用人的错觉增加审美效果，起到渲染风光和突出景物的作用。

除了常规的知觉规律，一些其他规律也很值得关注。例如，图形、背景和封闭性的价值。图形是位于最前面的客体，而背景则用来突出图形。知觉组织过程用于区分图形和背景，产生主观或错觉轮廓。当图形和背景的差异较大时，更易于识别。在景观中，这种异质性以许多方式出现，对于景区的构成和策划非常有帮助。其他常用的规律包括接近律、相似律和共同命运原则。接近律表示在其他条件相同时，最近的元素将被组织在一起。相似律表示在其他条件相同时，最相似的元素将被组织在一起。共同命运原则表明，在其他条件相同时，运动方向和速度相同的元素会被组织在一起。这些规律在游憩方面具有重要影响，通过感知整体性来实现。邻近的资源可以被视为一个整体，相似的资源、活动或设施也会被看作共同体，并在景观中使用补形或完形的概念，以营造整体性。

记忆是存储和提取信息的能力，也是一种信息加工过程。人们在提取信息的同时对记忆进行建构，因此记忆不是精确的信息副本。记忆由短时记忆和长时记忆组成，其中短时记忆是将认知资源集中于少量信息的内在机制，而长时记忆包括从感官和短时记忆获取的所有体验、事件、信息、情感、技能、单词、范畴、规则和判断等，它构成了每个人对于世界和自我知识的全部。相对于日常生活，游憩活动通常是短期的异地活动，游憩中的知觉过程更吸引人，更容易留下记忆。虽然游憩中的短时记忆相对较多，但由于游憩活动的差异性和带来的满足感，这些短时记忆常被用于多次回溯或加工重构，成为重要的长期记忆的一部分。

（三）动机

从心理学角度来看，动机（motivation）是对所有引起、支配和维持生理和心理活动的过程的概括。

动机的产生源于：①驱力与诱因。生物体会寻求维持一种平衡状态，当某种需要破坏了平衡或产生了紧张驱力时，就会被唤醒。这些驱力促使生物体采取消除紧张的行为，直到驱力被满足或消除时，动态平衡得以恢复。游憩活动是人们对生活和工作之间的平衡需求的一种反应，适当的游憩活动有助于压力的释放、体力的恢复，并促成更有效率的工作过程。②阿普特尔（Michael Apter）逆转理论假定了四对元动机状态，包括：有目的的——超越目的的；顺从的——逆反的；控制的——同情的；自我中心的——他人取向的，不同状态派生不同的动机模式。这些互逆的过程促成了游憩活动的多样性。③本能行为与学习。游憩活动的原始产生源于人类的生物本能，而在摆脱了生存危机后，人们投入游憩活动中的本能更多地体现为社会本能，如同情、谦虚、社交和爱等。④动机的期望与认知取向。罗特（Julian Rotter）的社会学习理论（social-learning theory）提出：个体从事某一特定行为的可能性是由他达到目标的期望以及该目标的个人价值所决定的。期望与现实之间的差距能够驱使人去做出正确的行为。对于游憩活动，人们拥有复杂的期望，需要的对象和方式也会因个体的不同背景而有所不同。

日本学者今井省吾等人将旅游动机归结为三个主要因子，其中包括：①解除紧张的动机，如转换心情、逃避麻烦的现实、接触自然；②充实和发展自我的成就动机，如对未知事物的憧憬、接触自然等；③社会的存在动机，如与朋友亲密和谐地相处、从众心理、作为了解常识、为了家庭团圆等。吕勤（2000）认为旅游者具有求补偿、求解脱、求平衡等动机。游憩活动的动机与旅游动机基本相似，但由于游憩活动更侧重于日常生活之余的时间，且其活动频率较旅游活动高，阻力或干扰较小，因此，游憩动机从心理层面设定的目标相对较低。

（四）人格

在公元前 5 世纪，希腊医生希波克拉底（Hippocrates）提出了四种基本的体液和与之相对应的气质类型，即血液多血质、黏液质、黑胆汁抑郁质和黄胆汁胆汁质。这种分类一直得以沿用，并在现代仍具有一定的价值。

另外，威廉·赛尔顿（William Sheldon）将体型和气质联系在一起，将人分为三种类型：内胚层型、中胚层型和外胚层型。这些不同类型的个体在游憩活动中的表现迥异，对游憩活动的类型选择和组织方式也具有参考价值。

虽然这些人格分类具有一定的准确性，但是个体的人格是由多种因素决定的，不仅仅取决于体内何种体液占主导和体型，还受到基因、环境和个人经历等因素的影响。因此，在使用这些分类时，需要结合多种因素来进行综合评估。

二、不同阶段的游憩心理

（一）准备阶段

准备阶段可以分为两个部分。其一是做出游憩决策的阶段，这是从产生游憩动机到实际游憩行为的过程。对于日常生活中较为简单的游憩行为，如去社区公园散步，并不需要很周密的准备。但即使在这样的情况下，一些心理活动或干扰因素仍然存在，比如出于社交目的，散步可能会选择在特定的时间段进行。进行一些强度较大、距离较远、社会性较强的游憩活动会需要更大的决策努力。对于具有商业性的游憩组织，这个阶段表现为迎合潜在游憩者的项目推广、宣传方面的努力。在这个阶段，游憩者的心理活动较为复杂，可能会反复权衡游憩活动的得失，包括时间、金钱、体力等方面。当动机足够强烈，并与潜在游憩地或项目较为吻合时，游憩决策即可制定。第二个部分是在选择参与某项游憩活动或前往某个地方游玩后，进行游憩前的准备阶段。在这个阶段，游憩者同样会有复杂的心理活动，例如对即将参与的项目的期待、关注、不安等。由于性格上的差异，不同的游憩者关注的方向具有较大差异。有些人会对游憩组织感到困惑或缺乏安全感，并导致对游憩过程反复推敲以降低风险；而有些人则会对游憩内容充满期待，刻意回避对游憩细节提前熟悉或了解，以维持参与游憩的兴趣和好奇心。总体来看，该阶段的心理活动是积极、正向的，是游憩活动进展的第一个高潮。

（二）途中阶段

从居所抵达游憩地的过程称为途中。途中距离对游憩活动既有阻止作用也有激励作用。距离越远，经济成本、时间成本、体力成本就会越高，阻止作用也会越强。此外，差异化的文化、生活环境和风俗等因素也会加强阻止作用。但是，较远的距离却可以增加游憩活动的不确定性和想象空间，产生更多的好奇心和探索欲望，从而促进游憩活动的发展。距离产生美，形式高度不同的风景也能刺激游憩者的感官体验。因此，适当的距离可以有助于游憩活动的发展。

针对不同类型的游憩活动，途中阶段的内容和形式以及对游憩活动的影响有很大的差异。对于短距离的游憩活动，途中阶段的耗时很短，甚至可以忽略不计，而中等距离的游憩活动的途中阶段占比较高，并对游憩者的心理产生较大的影响。以环城游憩带为例，70 千米左右的途中距离大约是机动车一个小时的活动范围，这个类型的途中阶段需要游憩者进行一定的前期准备，对即将开展的游憩活动内容和环境质量有所期待。途中过程虽然时间较短，但具有历时性，因此游憩者可以较为完整地收集沿途的信息。在这个过程中，会对交通工具自身的质量和整洁度、途中选线交通状况、沿线风景和时间节点等产生影响，但不会产生乏味、单调的感受。一些经过组织的途中关怀和景点简介可以帮助游憩者缓解紧张情绪、调整心理节奏，更快地投入游憩中去。因此，在途中阶段，游憩者需要享受沿途的风景，准备好同行的必需品，并且应该调整自己的情绪，从而更好地投入游憩活动中。

远途的游憩活动易受交通工具的制约，并可能出现差异性较大的途中感受。其中远途游憩的时间方案对游憩感受具有较大的影响。如果是在较短的时间内进行远途活动，则不可避免会选取飞机、高铁等快速的交通工具，这些交通工具满足了游憩者渴望迅速抵达游憩地的心理要求，且其自身环境也较为舒适，这使得途中阶段本身也可以成为一种美好的享受。但另一方面，由于高速交通工具自身的特点，如噪声、震动、颠簸、受气候影响及一些因高速运动带来的安全隐患，游憩者在途中易产生不同程度的紧张和担心。同时，这些高速的交通工具的行程基本封闭，属于典型的点到点的方式，这也就决定了其途中对外界信息的了解较为有限，缺乏对游憩活动的准备。在特殊情况下，还易导致郁闭性情绪的产生，造成不适的途中体验。更长时间或不限具体时间的远途游憩则是另一种表现。由于时间不是限制因素，这种远途可以采用较为慢速的交通工具，并因此带来途中游憩的可能，这时，所谓的途中已成为游憩活动的本体，游憩目的地的重要性反而降低了。典型的如邮轮、慢速火车、自驾车、房车、长途汽车和非机动车等。

(三)活动阶段

抵达游憩目的地后，游憩者的活动又可以分为直接参与游憩活动或休息后再活动等两种方式。就心理角度看，游憩者们普遍存在一个适应的过程，李刚(2013)将这个过程总结为陌生感、兴致感和归属感等三个心理发展阶段。对短程游憩，该过程主要表现为从外部环境融入游憩氛围，并表现出从拘束到放松的变化。对中长程游憩活动，主要表现为异地环境融入本地环境的过程，这时，环境差异占主导。

在活动阶段，需要重点关注两类关系的处理。其一是人际关系。参与游憩活动的人群会分成伴游群体和外部群体两部分，其中，伴游群体又可以分为随行和本地服务人员等。这种人际关系具体表现为群体的心理影响，其中比较突出的如从众心理，即群体成员的行为有跟随群体的倾向等。其二是人境关系。这种人境关系对游憩活动以及游憩所依托的具体空间环境及设施提出了具体要求，例如在活动中，要满足游客追求新奇、生动、神秘、特殊和积淀的愿望。游憩活动又需要符合方式得当、内容多样、节奏适度、活动适量等特点。

(四)结束阶段

在游憩活动后期，游憩者进入结束阶段，在该阶段会出现与准备阶段相似的心理特征，游憩者产生归家情绪，并对归家过程中的细节进行反复思考，以期合理安排。此外，由于生活或游憩纪念的需要，游憩者在该阶段还具有强烈的购物需求，并在购物活动中产生更加丰富的心理变化。

结束阶段不仅是游憩者从游憩地回到居所的过程，还包括了另一次由返程带来的途中阶段，这个途中阶段与来时并不相同，游憩者在心理上具有对游憩地的一些回忆以及对归家的迫切和想象，游憩者的体力呈下降趋势但心理仍然保持着一定程度的紧张状态。

在回到居所后的一段时间乃至之后的较长时期，游憩活动的影响仍然存在，人们会对游憩活动过程中美好的印象和难忘的场景进行反复回味，其中部分成为美好人生的积淀，也有一些作为消除压力、获得释放的经验进行总结。随之，游憩者将计划下一个周期的游憩活动,并付诸实施。

三、游憩中的社会关系

作为社会活动的重要组成部分,游憩的社会心理研究主要关注以下几个方面:首先,研究游憩行为所处的社会背景,包括对他人真实、想象或符号化的表征;其次,研究人与人之间在游憩活动中的相互作用与活动;第三,探究游憩行为所发生的场景以及在特定场景下行为的期望和规范等因素。

(一)情境的力量

游憩者通过自己的认知和情绪来解释情境,构造出个人的社会现实。观察者则会对发生的事件进行有选择地编码,从而使得社会情境显得有意义。在这一过程中,社会控制和个人控制并不是完全对立的。从社会和个人的角度看待行为都是有效的,因为个体既是社会的创造物也是社会的创造者。我们是基因和环境相互作用的产物,但我们也有能力决定未来的方向。今天的选择将决定未来的环境,而社会情境也会影响个体,二者相互作用。

(二)从众

从众是指人们采纳其他群体成员的行为和意见的倾向。从众的表现形式包括顺从和接纳。顺从是为了避免外部压力而与群体趋同,但内心并不赞同;服从是顺从的一种,是对直接命令的顺从。接纳是指内心认可社会压力并在行动上保持一致。导致从众的因素包括规范性影响过程和信息性影响过程。规范性影响是指希望被别人接纳、喜欢和支持的影响;信息性影响是指希望了解给定情境下正确的反应方式的影响。规范性影响和信息性影响都会导致从众行为的产生。

在游憩中,从众行为会对游憩体验产生重要的影响。从众行为可以促进行为的一致性,但也可能抹杀游憩的多样性。从众行为还会影响游憩社会性阶层的构成方式,从而影响领导和被领导的关系。在游憩组织中,需要根据游憩活动的类型强化或削弱从众带来的影响,以确保游憩活动的多样性与个体的自由。

(三)群体影响

群体是由两个或更多人互动并相互影响形成的。特纳(Turner,1987)认为,群体成员之间视彼此为“自己人”而非“陌生人”。因此,在一起长跑的同伴可以算得上是一个群体。群体的存在满足了人类的不同需求,包括交往需求(如归属感和社交互动)、成就需求和获得社会认同的需要(Johnson et al.,2006)。肖(Shaw)的定义中指出,在计算机房各自忙自己的学生不能被称为群体。虽然他们在一起,但他们只是聚在一起而非互动成群体(不过,他们也可能是网上聊天室无形群体的一员)。群体互动常常影响明显,智慧碰撞中的学者们可以激发出灵感火花。然而,臭味相投的不良青年则有可能加剧彼此的反社会倾向。

他人的存在能提高个体简单动作的准确性，这被称为社会助长作用。亨特和希勒里(Hunt & Hillery，1973)发现，当有他人在场时，学生走简单迷宫的时间会缩短，但走复杂迷宫的时间会增加。米歇尔等(Michael et al.，1982)发现，一个学生社团中表现优秀的台球选手，在有四位观察者时比无人观察时表现更加出色。相反，表现平平的选手会在密切观察下表现更差。另一项研究表明，与独自开车相比，新驾驶员在考驾照时，若在车上与另一名待考的人一起，一般更难通过考试(Rosenbloom et al.，2007)。

对群体和谐的过分关注被称为群体思维，其常见表现包括：①完美无瑕的错觉；②合理化行为；③无质疑的群体道德观；④对其他观点的武断印象；⑤从众压力；⑥疑虑的自我审查；⑦一致同意的错觉；⑧“心理防御”以保护群体不受不愉快信息的干扰。贾尼斯(Irving Lester Janis，1972)指出，高内聚力的群体认为他们的决策一定没有错误，在群体决策时往往采取谨慎的倾向性思维方式(表 4-4)。对贾尼斯群体思维模型的批评认为，该模型中某些方面(如支配型领导方式)与错误决策的联系比其他方面(如凝聚力)更紧密。群体问题解决的研究表明，群体比个体更可能做正确的决策；如果群体规模较小或大群体中先进行群体的头脑风暴，群体则更容易提出好的想法。

群体极化指的是群体对观点的强化。在日常生活中，人们往往与观点相似的人打交道。麦考比(Maccoby，2002)指出，男孩和女孩间的性别隔离能够加强他们游憩中的表现差异。男孩们玩游戏时，会逐渐表现出更具竞争性的倾向并作出行动导向。而女孩们在一起时，则会更加偏向于关系导向。

表 4-4　影响群体决策的因素

因素类型	定义	
客观因素	与任务相关的特征，比如明确性、规则等	
群体因素	群体任务因素	群体实现任务或目标的可用资源，比如员工能力、资源支持、经验背景等
	群体结构因素	群体完成任务时可用的系统资源，比如群体结构、权利类型、意见一致性等

资料来源：Janis，1972

四、应对游憩的心理策略

(一)吸引力分析

游憩吸引力不仅包括游憩活动或游憩目的地的吸引力，还包括游憩组织者的吸引力。具有更高吸引力的游憩活动和目的地能够增加游憩行为，而游憩组织者的吸引力则能有助于游憩活动的顺利开展和有效管理。此外，吸引力对游客的影响也是不可忽视的。研究表明，虽然大多数人不会承认体育和娱乐明星的认可对某些产品的影响，但我们更可能对自己喜欢的事物做出回应。慈善募捐、糖果销售和产品促销的组织者深知这一点，他们可以利用这种心理作用来吸引更多游客，甚至和他人短暂的谈话也能增强我们对此人的好感和对其影响的回应。因此，游憩吸引力的提升能够促进更好的游憩体验，无论是通过中心路径还是外周路径的说服方法。

在罗伯特·B·西奥迪尼(Robert B. Cialdini，2008)所著的《影响力：科学和实践》中，他提出了六大基本原则，这些原则构成了人类相互关系和影响力的基础。这些原则包括：①权威性：人们会听从可信的专家，你可以通过展示你的专业性和分享你的成功案例来确立你的专家形象；②喜好：人们更加肯定所喜欢的事物，因此要赢得朋友并影响他人，可以建立在相似的兴趣上，诚实直率地表扬别人；③社会证明：人们会利用他人的例子来确认思考、感受和行动的方式，可以利用同辈力量和权威人物来指引方向；④互惠性：人们感到有义务知恩图报，因此可以慷慨地给予你的时间和资源，善有善报；⑤一致性：人们倾向于遵守他们公开的承诺，可以让他人把他们的意图写下来或者说出来，通过提问来引发肯定的回答；⑥稀缺性：人们珍惜稀有的事物，可以真诚地强调信息或机会的唯一性。

在社会心理学的研究中，人们相互之间的吸引力产生也有相似的描述。例如相似性产生喜爱，拜恩(Byrne，1971)发现，当某人的态度与你自己的越相似时，你就会越喜欢他。两个人能否成为朋友的最好预测因素是他们相互之间的接近程度。相似性对于不同职业、不同文化背景的人都适用。外表吸引力也是吸引力的因素之一。实验研究和现场研究都表明，大学生更倾向于选择外表有吸引力的人。然而，在日常生活中，人们实际上愿意选择那些外表吸引力与自己相匹配的人结婚。相似的态度、信仰和价值观将极大地增进双方对彼此的喜欢。而根据吸引力奖赏理论，我们更喜欢那些能给我们带来奖赏，或者那些与奖励事件联系紧密的人。

大多数的游憩活动是群体性的社会活动，上述关于人与人之间的相互影响和关系的分析对游憩活动的产生和质量的提升具有重要影响。而这种影响不仅存在于人群之间，还存在于人们对于游憩目的地或目标物的判断中，当人们参与到游憩活动中会自然发现，游憩的伙伴、游憩的场所、游憩的节奏以及产品等等都与自身息息相关，是出于自觉或不自觉进行选择的结果。好的游憩经验，有赖于对自我喜好的满足，从这一点上看，所谓游憩吸引力的产生实际上是建立在对自我审美、活动能力、社交习惯等方面的认同以及对自身的熟悉过程上。

(二)态度与行为

态度是对人、客体或观念的积极或消极评价。社会心理学家认为态度和行为互相支持，通过人们表现出的态度能够预测相应的行为。行为对态度的影响可以用三种不同的理论来解释：①自我表露理论，假定人们适当调整自己的态度以使其看起来与行为一致，特别是那些为了给他人留下好印象而控制自己行为的人。人们确实会因他人的想法而调整自己的态度,但同时也会引发真实态度的改变。②认知失调理论,当行为与态度相反或很难做决定时,人们会感到紧张。为了降低这种情绪的激活,会通过一系列的心理活动将自己的行为合理化。失调理论进一步认为,人们不当行为的外在理由越少,越觉得自己对其负有责任,从而会产生越多的失调,态度改变也会更多。③自我知觉理论,当人们的态度不太坚定时,会通过观察自己的行为及其环境来推断态度。自我知觉理论的一个有趣的推论是"过度合理化效应"。例如,付给人们报酬让他们做自己喜欢的事,有可能将他们的这种乐事转化为苦差。

通常,游憩者对于游憩活动或产品的态度越肯定、越积极,则相应的游憩行为发生的可能性就越大。引发态度的三种信息包括:认知、情感、行为。因此,需要尽可能将游憩地或游憩活动等信息传递出去,才能形成预期中的态度。在游憩组织中,培养游憩者对游憩伙伴、游憩场所的好感,鼓励肯定性的评价和认同是对态度的正确引导。而针对前述三种不同的与行为相关的理论性总结,对游憩者行为方式和游憩目的的判断将有助于引导人们的行为意向,促成其游憩行为的发生,在必要时,还可以据此进行针对性的策略设计,以调整游憩者的态度,如进行广告宣传,利用名人、专家的明星效应,增进游憩吸引力等。

(三)健康与幸福感的追求

1. 情绪、压力和健康

情绪(emotion)可以界定为一种躯体和精神上的复杂的变化模式,包括生理唤醒、感觉、认知过程以及行为反应。压力(stress,或称应激)是一种反应模式,刺激事件包括来自外界或内部。大量的研究证据表明,负面的情绪会导致不当的应激,并对健康产生不利影响。频繁的压力,久而久之会导致抑郁(Robinson & Alloy,2003)。而孤独的情绪不仅会增加抑郁和自杀的风险,还会导致罹患高血压、心脏病、认知退化和睡眠障碍等疾病的风险增加(Hawkley & Cacioppo,2010;Shankar et al. ,2011;Vander Weele et al. ,2011)。在一项涉及30万名研究对象的148项研究的综述中显示,社交孤立对死亡率的影响接近于吸烟,高于肥胖或不运动带来的不良影响(Holt-Lunstad et al. ,2010)。

2. 游憩健康性的挑战——电视(电子媒体)与电子游戏

游憩活动对缓解心理压力、保持心理健康有一定的作用。但应对现代社会多样化的游憩形式,其健康性价值受到一定的挑战,需要结合不同的形式加以引导或限制。例如,观看以电视为代表的媒体信息或参与电子游戏都是典型的游憩活动,但这些活动中存在部分对游憩健康性的质疑和挑战。研究发现,很多人花在电脑前的时间多于花在看电视上的时间。在观看暴力行为方面,互联网比电视有着更多样化的选择,包括暴力视频、暴力图片和敌对群体网站等。人们还可以利用网络自己制造并传播暴力视频,通过电子邮件、即时消息或社交网站来恐吓他人(Donnerstein,2011)。在对欧洲青少年的调查中,三分之一的青少年报告曾在网上观看过暴力或仇恨相关的内容(Livingstone & Haddon,

2009)。在美国年轻人中,那些频繁登陆暴力网站的人,其报告曾参与暴力行为的可能性是其他人的5倍(Ybarra et al.,2008)。这些活动同样具有一定的放松或满足刺激的作用,但并非健康的方式和导向,已经超出了游憩活动的定义。

但另一方面,电视的最大影响,并不在于它的质量,而是它的数量。与更多的娱乐活动相比,看电视消耗了人们的精力,压抑了他们的心境(Kubey & Csikszentmihalyi,2002)。每年电视占用了上千小时或更多其他活动的时间。普特南(Putnam,2000)的报告中提出:每一点增加在电视上的时间都是在与市民参与活动竞争。电视从俱乐部会议、志愿活动、教堂祷告和政治活动那里偷走了时间。当前,电子游戏作为一种娱乐产品正越来越受到大众的欢迎,并逐渐取代电视的地位,但电子游戏中暴力血腥内容愈来愈多。而另一方面,亲社会游戏是与暴力游戏在概念上相对的一类游戏,在亲社会游戏中人们互相帮助。新加坡、日本和美国的三项儿童和成人研究显示,参与亲社会游戏的人,在现实生活情境中有较多的帮助、分享和合作行为(Gentil et al.,2009)。正如金泰尔和安德森(Gentile & Anderson,2011)得出的结论:"电子游戏是绝好的老师"。教学游戏教会孩子阅读和数学,亲社会游戏教给孩子亲社会行为,而暴力游戏则教给孩子暴力。因此,在选择电子游戏时,需要认真鉴别其内容和效能。

3. 心理学视角下的健康和幸福感10条原则

健康心理学(health psychology)是心理学的一个分支,致力于研究人们是怎样保持健康、他们患病的原因以及生病后的反应。健康(health)是指躯体和精神上的一种稳定、充满活力的一般状态。它不是简单的不生病或不受伤,而是关注人体的各个组成部分是否在一起运作良好。生物心理社会模型(biopsychosocial model)将健康同心理状态和社会环境联系起来,并将健康看作一个动态的、多维度的体验。对最佳健康(wellness)的判断综合了生理、智力、情绪、精神、社会和环境的方方面面。最终,健康心理学的目标是运用心理学的知识来提升健康水平,促进健康行为。

依据心理学,健康和幸福感的塑造基于以下10条原则:

① 持久的幸福并不是人为创造的。人们能够适应变化的环境,适应财富,适应残障。因此,财富就像健康:没有它会使人痛苦,但是拥有它(或者任何我们渴望的环境)也并不一定保证幸福。

② 控制时间。幸福者认为他们能控制自己的生命,这通常得益于他们对时间的掌控。因此,设立目标,并将它们分解为每天的小目标。

③ 表现出幸福。至少可以假装一种暂时的心情。做出一种微笑的表情,感觉也会好一些。体验这些情绪,便可以引发这样的情绪。

④ 寻找合适的工作和休闲方式,以便于发挥自己的技能。幸福的人通常处于一种叫"心流"的状态中,专心于一项挑战自我而不会压倒自己的任务。奢侈的休闲形式(比如坐游艇)比起从事园艺、交际或手工制作提供的心流体验要少得多。

⑤ 参加运动。大量研究表明，有氧运动不仅能促进健康和精力，也是消除轻度抑郁和焦虑的一剂良药。健全的心灵寄存于健康的身体中。

⑥ 保证足够的睡眠。幸福的人们过着一种积极的、精力旺盛的生活、同时也预留了时间来补充睡眠和恢复独处的宁静。许多人都有睡眠困扰并受到随之产生的疲乏、机敏下降以及抑郁的心境等的影响。

⑦ 优先考虑亲密的人际关系。与那些非常关心你的人建立亲密友谊能够帮助你渡过难关。倾诉有益于身心健康。去精心培育你最为亲密的关系，不要认为他们对你好是理所当然的，要以同样的方式显示出你的友善，肯定你的伴侣，一起玩耍一起分享。用饱含情感的投入换回心中的炽烈情感。

⑧ 关注自我之外的事物。向那些需要帮助的人伸出援手。幸福能促进人们的亲社会行为(那些感觉很好的人会表现出更多的亲社会行为)。但是，亲社会行为也会回馈给人们积极的感觉。

⑨ 记录日记。那些每天停下来思考他们生活当中的一些积极方面(健康、朋友、家庭、自由、教育、感受、自然环境等)的人体验了更多的幸福。

⑩ 培育灵性自我。对许多人来说，信念提供了一个支持性的群体、一个脱离自溺的理由和一种生活希望。

第三节 不同区域中的游憩行为

一、城市游憩行为

(一)针对城市游憩行为的研究

游憩行为的定义源自于游憩者利用游憩资源开展游憩活动，以满足自身游憩需求。这表明城市居民的日常游憩行为是其生活的重要组成部分，当前中国处在社会经济转型期及快速城市化时期，城市居民游憩需求不断增强。因此，相关学者对城市居民游憩行为进行了综合性的分析和研究，包括城市公园游憩空间行为特征、都市环城游憩行为等方面的研究。此外，研究表明不同的游憩群体的游憩行为呈现出职业分异，而特殊群体则明显地体现出影响游憩行为的相关因素。为了帮助规划和配置游憩空间，一些学者通过探索游憩行为模型，并提出相关的改进建议。通过对城市居民的游憩行为进行渐进式的探索，可以了解他们的游憩需求以及评价游憩空间使用行为和使用后评价的关注点。学者们还利用 POE 评价定量化研究建立了游憩场所的满意度评价因素集合，从生理舒适度、社会参与度和文化与精神需求满足度等方面构建了游憩场所的 POE 满意度评价模型。

(二)城市游憩行为的时空特征

通常，城市游憩者由两部分人组成：一部分为当地居民，另一部分为外来旅游者。刘震等(2019)通过采集数字足迹数据,对上海市居民和游客两类典型城市游憩者的行为特征进行了分析。研究结果显示,从时间层面看,居民出游时间主要集中在夏季和秋季,而在非节假日出游的可能性更大;而游客出游时间的集中指数较高,季节波动性也更加强烈,表现为在寒暑假和黄金周期间有明显的高峰期。从资源层面看,居民和游客对不同类型的游憩资源偏好有所不同。居民更喜欢康娱休闲类游憩资源,如动物园、植物园、郊野公园和城市旅游公园,而游客则更倾向于观光旅游类游憩资源,如都市观光建筑、展览馆和旅游度假区。在游憩点选择上,居民更倾向于选择非市中心的游憩点,如上海野生动物园、欢乐谷、顾村公园、世纪公园和上海动物园等。对于游客而言,由于时间有限,为追求边际旅游成本最小化,他们会尽可能地选择同一区域内较知名的景点进行休闲放松。从空间层面看,居民游憩网络具有高密度高中心度的特点,不同区域的景区之间联系紧密,核心景区对周边景区的辐射能力也较强。而游客游憩网络密度和中心度比较低,呈现小范围多中心的空间形态。

杨友宝等(2021)通过融合城市中心区、都市郊区等尺度单元,运用"百度指数"大数据平台和 ArcGIS 空间分析手段,从"时空动态"维度对长沙市居民游憩活动行为的演变特征进行了研究,结果表明:①长沙市居民游憩活动行为具有明显的时间演替性,居民对不同景区的游憩选择偏好分为"持续增长型、持续下降型、先降后升型、先升后降型"等 4 种类型,各景区的游憩偏好指数位序关系不断发生调整,排序均不相同,反映出居民游憩活动行为选择在时间序列上的动态演进趋势和不同目的地游憩市场吸引力的此消彼长状况。②居民游憩偏好指数的基尼系数呈"快速回落—小幅回升"演化特征。表明居民对不同目的地游憩选择偏好的集中程度不断弱化,居民游憩活动行为需求和出行空间趋于多元分散化。③居民游憩偏好指数的等值线分布呈现由中心城区向周边区域逐级递减的"圈层状"结构,反映了居民游憩空间选择的"距离衰减"现象;同时,中心城区与外围郊区之间的游憩关注热度差距不断缩小,居民游憩活动行为空间呈"中心化"与"郊区化"并行发展态势。④游憩活动行为的重心一直位于中心城区,与城市中心参考点存在一定空间偏离且强度不断增加,表明居民游憩活动行为空间分布范围不断扩张,且居民游憩活动行为选择的方向性集聚态势日趋强化。

二、乡村游憩行为

与城市地区相比,乡村的游憩发展不够充分。在刘兵(2020)的调研中,起初,当地居民对"游憩"一词几乎毫无概念,而将其解释作"在闲暇时间从事的放松、娱乐和消遣的活动"时,受访者才恍然大悟。放松和娱乐人人知晓,但游憩的理念在乡村地区还未成熟。乡村居民还习惯于被动地消磨时间,缺乏主动地支配、利用时间,对于活动的形式,他们倾向于不费脑力、体力的活动。

(一)乡村景观与游憩偏好

在乡村游憩活动中,乡村所特有的景观形式既是乡村游憩目的地的重要属性,也是乡村游憩独有的吸引力和资源本底，这源于人们对乡村景观的多重属性的偏好，也是风景学科研究的重点内容之一。研究表明，人类偏爱含有植被覆盖和水域特征并具有视野穿透性的景观，环境美学强调良好的景观质量应该符合多样性、整体统一性及连续性标准(Hannes P.，2000)。绿色覆盖度与开阔地比例对景观偏好影响较大(王云才等，2003)。阿利亚撒(Arriaza，2004)等认为，人对乡村景观的感知除了存在差异性，也存在一定的相似性，这种相似性表现为对具有神秘性、复杂性、一致性、连贯性、生态良好、植被丰富等方面为一个整体的乡村景观的共同追求。尼尼克(Nijnik，2008)等认为，景观成分中的非动物元素，如岩石、山体、瀑布与湖泊对乡村的社会、环境与经济价值起了多重作用。坦佩斯塔(Tempesta，2010)揭示了历史性景观元素(如乡村别墅与传统农业建筑物)能提高被访者对农业景观的欣赏。

关于景观吸引力评价方面，谢花林与刘黎明(2003)构建了分层次的乡村景观评价指标体系，包括社会效应、生态质量和美感效果三方面。谢花林等(2003)还提出了一套分层次的乡村景观美感评价指标体系，在此基础上提出模糊综合评判模型。郑文俊(2009)曾基于旅游视角从景观美景度、乡村性、环境友好度、景观可达性、景观感知度这 5 个方面系统构建了乡村景观吸引力综合评价指标体系；并进一步探讨了乡村景观的价值认知与功能重构，提出在乡村景观开发中注重景观可辨性、乡村性与旅游可参与性(郑文俊，2013)。塔普苏万(Tapsuwan，2012)等基于每个乡村区域或自然资源管理区内所提供的公园的游憩设施与游憩活动，从游憩吸引力方面评估乡村环境资产。

根据夏婷等(2015)以浙江德清县为对象的研究，“传统农耕”和“乡村历史建筑”是对乡村景观偏好做出主要贡献的两类因子，这表明在乡村旅游中，主要吸引游客的景观类型就是传统农耕文化和古村落文化，这是长江中下游地区人们古老又典型的生活方式。通过对参与性乡村游憩活动倾向程度分析可得：游客偏好山野参与性活动，喜欢在有水体、自然的、野性的景观空间开展游憩活动，追求一定程度的“旷野情结”。

(二)乡村游憩的动机

墨菲(Murphy，1999、2000)提出，了解当地生活、增长知识、享受主人的热情接待、体验乡村文化和生活方式是乡村旅游者在社会文化方面的动机和需求；沃姆斯利(Walmsley，2003)认为，摆脱都市的疏离感、寻找满足感和踏实感是乡村旅游的主要动机，也有某些旅游者为了欣赏自然美景、享受乡村宁静自在的生活而选择乡村旅游。

张春花等(2007)将城市居民乡村旅游动机划分为“游览观光型”“康体放松型”“体验学习型”三大类；杜鹃等(2008)以“推—拉理论”为指导，采用主成分萃取方法得出乡村旅游动机的 3 个推力公因子(新奇与刺激、身心需求、享受与体验)和 3 个拉力公因子(设施与服务、农家乐旅游资源、交通便利程度)。郑文俊进行了相似的研究，发现柳州市城市居民很大程度上认同乡村地区可进行休闲放松、怀旧及商务交流等活动，也具有前往乡村地区进行旅游活动的需求动机；柳州乡村旅游目的地的乡村自然环境、休闲氛围、浓郁的人文景观和丰富的农事活动对城市居民具有很强的旅游吸引拉力。

(三)地方情感对乡村游憩行为的影响

地方情感指人和特定地方之间情感上的联系(Giuliani,1993),又可分为地方依赖感、地方认同感、地方归属感和地方熟悉感等不同层次(Hammitt,2006)。地方情感对乡村游憩行为具有重要影响。研究发现,乡村游客群体中一定比例的游客具有乡村生活经历。其中,游客游憩行为意向特征及影响因素研究一直是学者关注的重点,地方情感因素已成为学者研究游客出游考虑的重要因素之一。近年来,相继有学者将计划行为理论(TPB)、自我调节理论(TSR)和目标导向行为模型(MGB)应用到游客的游憩行为意向研究中,形成了一系列乡村游憩行为意向模型。

(四)乡村游憩行为系统

1. 乡村游憩行为类型

(1)针对乡村居民的游憩行为

史久西等(2010)以浙江 18 个典型乡村为对象,对村民的游憩行为进行了调研分析。结果表明,乡村居民的出游行为和态度以看电视和游园散步为主,在日常游憩场所中家中、公园、小商店、村委会、串门等较为受欢迎。游园活动以休息纳凉、聚会健身等为主。同时,游访量分布特征受人口学指标影响,男性出行频率高于女性,少年儿童和老年人的游访量较高,但人数不多,游园的主体是中青年。随着网络化、信息化、知识经济时代的到来,城市居民室内活动时间增加,游园散步的时间有下降趋势,而乡村居民对公园的喜爱程度仍旧颇高,公园是一种不可替代的公共服务产品和文化娱乐场所。翟利等(2012)针对山东泰安的乡村案例进行了相似的调查研究,结果表明,乡村居民的业余爱好以看电视和上网为主,在家中进行活动比较多,很少去绿地进行活动。尽管近半数的居民认为绿地的作用很重要,但绝大多数对现有的绿地态度一般。在乡村中,绿地可达性较高,近半数的居民能够在 5 分钟内到达绿地,但使用频率较低,主要是居民自己或和家人去绿地进行散步活动。此外,70.3%的居民愿意为绿地的维护支付费用,支付意愿平均值为 23.4 元/年,中位数为 10.0 元/年。这与史久西等人的调研结果非常相似。总体而言,乡村居民对绿地的利用和维护意愿较高,但在实际行动上存在一定的局限性。

(2)针对游客的乡村游憩行为

国际上,20 世纪 90 年代的一些关于游憩价值与游客行为的研究发现,游客对西班牙阳光沙滩需求降低的同时,以享受自然环境为目的的乡村旅游需求呈现增长趋势;经济合作与发展组织(Organization for Economic Co-operation and Development,OECD)的调查结果表明,更多的城市居民选择去乡村度假。德国南部乡村旅游主要吸引了有孩子的家庭和老年夫妇短期出游,廉价的乡村住宿设施激励了这种行为。而对葡萄牙的研究表明主流市场是到乡村休闲的游客,还包括少量逃离惯常日程以及和家人在一起的其他游客。

近几年，乡村旅游行为更加多样化。德维萨(Devesa)等将其动机分为寻求宁静与休息、接触自然、享受乡村美食以及自然、文化旅游等几类。而在北美地区，乡村旅游者的旅游动机差异很大，有些动机与乡村性联系密切，但有些仅是发生在乡村地区，与乡村性联系不大。在法国进行的关于需求的调查数据也表明，乡村地区正在以户外活动、当地景观和美食吸引花费较高的游客。

我国学者对乡村旅游的动机和行为进行了大量研究，结果表明，上海和南京等大城市乡村旅游者主要是为了回归自然，欣赏田园风光以及体验乡村文化。针对昆明和成都的研究发现亲近自然，享受乡村环境是重要的原因，而且对于乡村环境生态性和卫生条件的要求越来越高。西安地区农家乐的一般旅游者和生态旅游者动机不同，包含放松、休闲、户外活动求知、探亲访友等多种。

李玉新等(2016)以北京延庆县为例，对游客出游行为决策中对目的地的偏好以及具体表现的旅游行为进行了研究，并得出如下结论：

乡村旅游的游客主要是年龄在26—55岁、城市居民的中青年，性别差异不大，一般与家人出行。他们具备相对较高的教育水平和中高收入，一般为白领、公务员或公共机构工作人员。几乎所有人都选择具有高森林覆盖率、清新空气、绿色食品和清澈河流的乡村旅游目的地进行观光和休闲，对乡村生活环境的要求也很高。但他们对农村文化体验(如农耕、活动等)并不太关心。游客主要在食宿上花费，总支出相对较低。自驾和包车是最常用的交通方式，公共交通和火车很少使用。乡村旅游的出游频率高，时间短，往往只有一个目的地。一些有更多闲暇时间的游客甚至在旅游旺季或全年各周都会旅行。研究发现，游客对乡村旅游目的地的自然与文化偏好并不影响旅行次数，但同时也发现不愿意为自然环境支付更高费用的游客出行频率较高。

2. 乡村游憩活动的特点与组合

(1)乡村游憩活动特点

乡村游憩活动包括观光、体验、休闲、康体等多种类型，内容丰富、形式多样且自然，与城市或其他区域的游憩方式有显著不同，为欣赏和参与提供了良好的基础。乡村地区的三生环境是自然环境、人类生活环境和农业生产环境的集中反映，这与现代城市生活有着显著的差异，并具有强大的吸引力。乡村生活中关于人地关系的丰富知识具有典型的环境教育潜力和信息，并且是自然教育和城乡文化交流的重要内容和场所。

(2)乡村游憩活动组合

基于乡村游憩活动的相互关系，对不同的乡村游憩活动内容或空间进行组合，能够形成具有特定游憩目标或效果的乡村游憩活动类型，根据王云才等(2006)的研究，大致可以分为以下几种：

① 农园观光体验型。以展示种植业的栽培技术或园艺、农产品及其生产过程等为主，建立教育农园、农业公园、市民农园或租赁农园等。利用开放成熟期的果园、菜园、瓜园、花圃等，供游客入园观景、赏花、摘果，从中体验自摘、自食、自取的生活和享受田园风光。

② 森林生态教育型。以森林区优美的环境、洁净的空气，吸引居民体验回归大自然和进行休闲、度假、森林考察、避暑疗养等健身活动。休闲旅游产品包括野炊、野营、烧烤等，运动型旅游产品有垂钓、划船、漂流、滑雪等。可以通过夏令营的形式，组织中小学生到森林中了解自然，这种科普教育型产品也可以通过举办节日的形式推出，如森林节、山花节、观鸟节、野果采摘节等。

③ 渔场垂钓劳作型。利用水库、池塘、鱼池等水体进行垂钓、驾船、划艇、食水鲜和水上娱乐等内容的水域旅游活动。开展渔业观赏、渔业示范、渔业劳作、渔村民居、渔村商贸为主要内容的乡村旅游、渔村旅游。可推出当一天渔民等参与性强的项目，让游客和渔民一起赶海、捕鱼等，从而丰富游览经历，推动乡村经济发展。

④ 乡村民俗文化型。乡村文化和乡村遗产旅游最能够代表乡村旅游的文化内涵。民俗文化可以通过各种形式体现在乡村旅游的每一个环节，如乡村民俗节庆、乡村地方性文化戏种与活动、乡村博物馆或乡村民俗馆、农家习俗体验。

⑤ 乡村牧场休闲型。乡村牧场是乡村经济发展经历过以粮食种植为主的阶段后，农业产业结构调整为以奶业和奶制品为主的发展阶段的一种重要的乡村经济形态。乡村牧场形成以林地一草地一栅栏一设施一牛(羊)群为主的景观综合体。其开阔的空间，优美的山野风光，恬静的牧场情趣，鲜美的奶制品都成为人们聚集在乡村牧场的吸引物。休闲牧场的游憩行为主要有：与动物亲近活动、牧场远足活动、牧场骑游活动、农事体验活动、鲜奶与奶制品品尝活动、牧场的休闲娱乐活动等。

⑥ 乡村民宿度假型。乡村民宿是乡村度假旅游的一种典型形态，以农家提供住宿和餐饮服务为主体，以提供旅游信息服务和乡村旅游工具为辅助，以乡村散客度假旅游为对象的旅游活动。民宿度假不同于一般乡村旅游接待基地集中提供服务设施的服务类型，而是分散的和自主的旅游方式和服务类型。与农家乐、农家旅馆相比，前者是发展初期的简单服务类型，民宿度假则是休闲度假阶段的旅游模式。农家乐等提供的是大众的、低成本的、简单的住宿和餐饮服务；而民宿度假提供的则是度假休闲模式的高品位的住宿、餐饮等系列服务。

⑦ 乡村意境梦幻型。乡村意境是由乡村景观环境所决定的特殊的乡村景观感知现象，往往成为城市居民梦寐以求的生活环境和人们理想的人居环境模式。随着乡村现代化和城镇化的发展，传统乡村景观已逐步被现代乡村景观所取代，传统乡村景观意境的感知和体验也成了现代时尚且有吸引力的活动。该类型的主要游憩活动有：乡村意境体验、乡村通道旅游、乡村聚落怀古等。

三、荒野地的游憩行为

荒野地游憩是随着社会进步逐渐发展起来的，其中对荒野游憩的审美倾向起到了关键性作用。总体来看，以美国为代表的发达国家在荒野地游憩的研究与发展上起步较早，理念上也较为先进，以下结合美国荒野地的发展和使用经验，对与之相关的游憩行为进行介绍。

(一)早期户外游憩使用

虽然荒野地和偏远荒僻地区的管理目标强调维护其高度的自然完整性，游憩活动仍对这些地区产生了大量的生态冲击。在早期，荒野地的使用增长速度快于其他地区。从1946年到1970年，美国林务局统计的荒野地游客增长了14倍(Stankey，1973)；而从1970到1975年，加利福尼亚林业局荒野地的使用平均年增长率为16%(Hendee et al.，1990年)；虽然增长率在20世纪70年代后期和80年代前期之间出现了减缓现象，但使用仍在持续增加。事实上，荒野地使用的速度在20世纪80年代后期又开始恢复增长，并一直持续增加到90年代(Cole，1996年)。此外，游憩使用的土地一直在减少。指定的荒野地的面积不断增加，但随着未被指定的偏远地区被指定为荒野地或变成道路，荒野地面积急剧减少。

在国家森林荒野地游憩活动中，冬季运动增加得很快，特别是在开发的滑雪区域。从1966年到1979年，使用量增加了三倍，其中大部分增长是来自滑雪、越野滑雪和雪地车活动。远足和登山在这段时间也增长了接近三倍。除了国家森林以外，也存在着类似用地的使用增长。在公共调查中，远足或背包族活动者从1965年的990万人增加到1977年的2810万人。国家公园管理局从1972年起开始在全国范围对偏远荒僻地区的宿营数据进行统计。虽然有些公园已经具有相当长一段时间的趋势数据，但是有些公园从1972年后才开始有数据。例如，大烟山国家公园的过夜使用量从1972年的7万人增加到1975年的10.5万人，比1972年的使用量增加了53%，比1963年的使用量增加了250%(Bratton et al.，1978)。从1967年到1972年，约塞米提国家公园的偏远荒僻地区露营增加了184%，过夜使用者从7.8万人增加到22.1万人。从1967年到1974年，国家公园偏远地区的过夜使用量翻了四倍；从1966年到1976年，落基山国家公园边远地区的总的使用量增长了七倍多(Hendee et al.，1990)。

科罗拉多河至大峡谷的漂流是滨河游憩扩张的典型案例。在1960年之前，这条河流的漂流次数不到650次，但十年后每年在这里漂流的人数达到了1万人。从1966年到1972年，河流的漂流人数增长了十余倍，从1067人增加到16432人。随后，漂流人数的增长受到了使用许可数量的限制。独木舟和皮艇数量迅速增加，独木舟数量在1973年到1976年增长了68%，皮艇数量增长了107%。这种快速增长趋势导致公共资源机构对很多河流进行了使用限制。在1972年到1977年期间，受限制使用的河流数量从8条增加到了38条。在一些受限制的河流中,使用许可的申请人数是公布的许可数量的20倍,申请者需要等待十多年才能有一次漂流的机会。由于所有的使用都集中在狭窄的带状走廊上,这对河流的生态环境造成了严重的影响(Leather Berry et al.,1980)。

数据显示,近几十年来越野车使用呈现剧烈增长趋势。越野车的使用在美国国家森林地区和非路面区域带来了严重的环境冲击。据调查,1982年有11%的12岁及12岁以上的人使用了机动越野车,3%的人使用了雪地车。而1970年到1979年,国家森林地区中越野车的使用量增加一倍;机动车辆在开放日总计达到了530万辆,雪地车达到了330万辆(Feuchter,1980)。1979年在国家林区的道路上,开放日期间总共发生了5000万次的游憩驾驶行为。

露营是荒野地游憩区产生生态影响的最常见的活动。数据显示,露营在户外游憩活动中排名第三,仅次于游泳和自行车活动。据科尔和拉佩奇(Cole & LaPage,1980)的一项全美国范围的调查显示,美国有300万到400万家庭都会去露营。这个数字在1971年增长到了1240万户,至1978年达到了1750万户。露营的年增长率在20世纪60年代为20%,在70年代早期为8%,在70年代晚期小于5%。

(二)荒野地游憩行为的发展趋势

自从最初的户外游憩资源评估委员会在1960年进行调查之后,一些国家游憩调查陆续展开。也正是从那时起就开始考虑到对于当前甚至未来的游憩参与的趋势进行研究,其中包括1965年、1970年、1972年、1977年、1982年,1983年、1987年以及1994年、1995年。虽然近35年来的户外游憩调查并没有严格的可比性,但是它们确实指出了与荒野地游憩使用和游憩影响有关的某些活动存在着一些总体趋势。

关于全美国家游憩调查对比的研究结果表明:在1960年至1982年期间,白天远足活动广受欢迎并且有明显的增长,在1982年的调查中有14%的回复者参与了白天的远足活动;调查显示从1987年以来每年每人参与的远足活动平均有10天,并且有20%的参与者每年远足超过15天;从1960年到1982年,露营参与率几乎翻了一倍,其中包括背包族。1987年的调查显示20%的游憩公众会在开发的场地露营,平均每年露营持续的时间有9天。其他11%露营者会选择在原始的营地露营,露营平均每年的持续时间是8天。其中背包族的游憩者占总人数的5%,每年使用的平均持续时间为7天。

从1987年以来的调查数据构建出了对未来户外游憩需求的规划。预测公众未来对于土地、水、雪和冰上的各种活动的最大的偏爱需求,这种预测是以十年为单位,预测一直持续到2040年。在个人活动中,这些规划展现了美国公众需求增长最快的活动,包括滑雪、越野滑雪、在泳池中游泳、背包旅行、参观史前古迹、跑步和慢跑、乘木筏以及在日间远足。根据规划,未来需求的活动大部分都是发生在荒野地,而且需求增加似乎很明显。例如,据预测背包族旅行至2040年将增加155%,野外观察和摄影将会增长74%,日间远足会增长193%,户外摄影将会增长105%。

第四节　游憩行为与风景组织

一、与风景相关的游憩行为

在游憩活动中风景既可以作为对象也可以视作环境背景。基于这个认识，与风景相关的游憩行为也可以分为两类，其一可称为视觉审美类，主要从视觉角度对风景信息进行提炼、感知和体验，包括观光、摄影、写生绘画、赏花草、游园林、参观、眺望等；另一类可称为环境依赖类，是指将风景作为游憩行为的环境背景来提升行为质量，包括绝大多数的户外游憩活动，如骑行、露营、踏青、徒步等，或户外餐饮、静坐、文学创作等。需要指出的是，部分游憩行为兼具两类特征，但因细节的差异被分在两个不同的类别中，例如绘画行为，如果绘画描述的对象是风景本身，属于第一类，如果绘画描述的对象与风景环境无关，则此时风景起到的是作为绘画这一活动的背景的作用。

游憩行为的空间分布呈现出以住居空间为中心的圈层关系，并根据不同的城市或地区呈现随距离递减或 U 型曲线分布的特征。与风景相关的游憩行为在空间分布具有一定的独特性，表现为随着差异性的增加而集中，随着与自然的相关而集中的特点。本质上，所有的风景都可用于满足游憩需求，基于游憩目的，风景就是和游憩行为相关的或能够满足游憩需求的环境或信息。

二、游憩的审美感知行为——风景成景

(一)风景成景的基本方式

风景成景可以分成两种不同的方式：第一种是解译式的风景成景，其中较为初级的是游憩者对于自然环境的具有倾向性的选择，即选择成景。这种选择过程并没有经过信息加工，是一种原始、自然的环境信息，可以称之为风景资源。游憩者从自然环境中选择特定类型的信息进行识别和解读，转化成为风景信息，这种风景信息是游憩者对自然环境的一种特殊认知方式，同时也会受到游憩者的文化特征等因素的影响，从而产生多样性的随机风景。

在此基础上，适当地进行认知信息的组织化，可称为审美成景。这是对风景资源进行特定的联想或加工，使之成为代表不同文化特色的特定风景信息，从而形成较为稳定且一致的风景认知。这种成景方式具有明显的文化倾向，可以采用文字、图形、传说等方式形成风景的认知，甚至可以不必依托某一具体的客观对象而长期存在。例如，很多人并没有去过泰山景区，但是通过一些关于泰山的诗词描述，如“会当凌绝顶，一览众山小”，就已经在头脑中形成了一个关于泰山风景的印象，这种印象和真实的泰山风景相距甚远，但并不妨碍它成为共同的风景认知，且这种认知在游憩者亲身投入景区，参与游憩

的过程中，还会对游憩活动的体验产生积极影响。再如，唐初王勃所作《滕王阁序》让“落霞与孤鹜齐飞，秋水共长天一色”的风景成为千古一绝，其实滕王阁始建至今已历18次重建，今貌与王勃撰文之时大不相同，但并不妨碍这个风景永世流传。这种解译型的风景建构，还具备将不同的风景对象用同一种模式进行理解、认知的可能。如边留久对陶渊明诗句中南山和摩洛哥的瓦法卡峰之间的关联认知作出的解释，瓦法卡山的实体（物理实体）被当作南山（精神实体）来感知。

总之，风景成景是游憩者对自然环境进行认知、体验和感知的过程，其中解译式和审美成景是两种不同的认知方式。通过对自然环境的选择和加工，游憩者可以形成自己特定的风景认知，这种认知同时受到游憩者的文化、经验等因素的影响，从而产生多样性的随机风景。优化风景成景，可以提高游憩者的满意度和体验感，也有助于将一个风景区打造成为一个高品质的旅游目的地，吸引更多的游客前来旅游消费。

第二种成景方式是基于游憩活动的需求所进行的风景再造，可称之为营造式，风景代表了人们对于理想生活环境的诉求和想象。而这种风景再造的环境基础是人们生产生活方面中的常见的空间、内容、形式等，依据及目标是具有风景需求的游憩活动。通过对目标环境特征有计划的游憩化之后，获得了完全不同于日常生产生活的对于环境的体验，亦即风景化。这种成景方式最典型的例子如古典私家园林的营造。这些园林空间实际上仍是日常的生活场所，但这种生活场所有别于普通的住宅，造园者把一些对于自然或审美的喜爱、追求也放到了对于环境的营造当中去，并且通过了一系列特殊的建构方式来形成对于游憩需求的响应。进一步，还可以采用解译式成景方式对这些特征进行加工、提炼，使之可以入画、入诗，成为文化传承的一部分。

营造式风景有时还可以突破原初自然的限制，表现出超越自然的形式，甚或表达出一些仅通过自然演变无法出现的场景，成为人类生存的独特印记。由于高品质的风景资源相对有限，且多数已被开发利用，在很多新开辟的景区中，采用这种营造式进行风景成景已成为必然。在这种营造过程中，人们把自己通过选择和解译所获得的风景经验进行了总结，并根据其中的一些基本性规则形成新的风景，这就是常见的风景设计方法。阿兰·罗热（Alain Roger）将此总结为两种所谓“培养”风景的方法，其一是将艺术的规则直接介入场所实体中、自然基石里，也即园林艺术，其二是非直接的乡村规划、山岳和海岸景观规划等，通过景观意象、视线透视等来实现视觉现场的艺术化。后一种方式与之前的解译式具有相似之处，不同的是有时需要在特定位置附加设施，如人工的画框形式的构筑物，来获得风景的扩展。

（二）风景成景的游憩意义

风景成景既是过程也是结果。作为过程，风景成景需要一定的条件，如特定的时间或不同的交通工具、方式等，不同条件下的游憩过程对风景效果影响极大（徐刚，2022）。风景成景是在特定的环境中进行的游憩活动，游憩者会随着风景资源的集中度或首位度的增加而获得更多的体验，并最终在具有唯一性的风景环境中抵达游憩的目的地，完成游憩的全过程。在这个过程中，人们通过摄影、绘画、文字描述、记忆、联想等途径对环境中的特征进行概括，将最具代表性或审美价值的环境特征提炼为风景信息，其本身也成为游憩风景的创作过程。

风景产生于游憩活动（或情境）之中，作为结果，风景既在游憩活动中被需要，也在游憩活动过程中产生。游憩活动的一个主要目的是发现、感知、欣赏、体验风景。游憩的满足感的获得源于与之相应的游憩情境的产生。例如，陶渊明的《饮酒・其五》中的“采菊东篱下，悠然见南山”的描述，这里出现了两个活动内容，其中采菊的活动可以理解为一种生产活动，在这个生产活动中或情境（状态）结束之后，“悠然”“见南山”的行为以及相应的风景出现了。这里“悠然”所描述的是一种状态，在这种状态中人们的活动性质发生了转换，伴随着悠然的态度，采菊已经演变成为一种游憩活动，而这个时候见的“南山”所构成的这种风景正是因游憩而产生的。在游憩活动中人们得到了以摄影或绘画作品为载体的有形的风景信息，或形成了以美好的环境记忆为载体的无形的风景印象。

（三）风景的差异性成景

风景感知具有文化背景上的差异。德国汉学家沃夫冈（Wolfgang Kubin）指出，在西方将自然当作风景，就是强调风景被单独注意、感受到的部分，在绘画中，到 17 世纪（荷兰），而在文学中，直到 18 世纪才确定下来。与此相反，在中国，早在六朝（222—581）时代，也就是在大约 1500 年前，便有了自然意识（文学、绘画、园林艺术）的发展，人们把风景看成是独立部分，并有意识地去探求、把握它的美。

风景感知具有地域差异。针对同一风景资源，来自不同的区域的人群所获得的风景并不相同，一般情况下，与资源地环境差异越大的地区的人群所获得的风景信息也越多，这种差异性还体现在风景信息与日常生活环境的比较上，与日常生活环境反差比较大的区域更易于形成风景感知。对于风景所在地的居民，同样的风景信息大多已经成为他们的日常生活环境，缺少风景感知的诱因；而对于外来游客，则更易注视到景物中的特征，并组织形成风景信息。

风景感知具有个体差异。在游憩者中，那些审美基础较好、感觉较为敏锐、善于进行联想的人群所能感受到的风景信息更多。例如在一个环境当中，有经验的摄影师或艺术家会积极捕捉特殊的时刻、视角，他们所获取的风景信息远比普通人要多，质量也较高。

风景成景还具有情境差异。当游憩者在描述风景的同时，具有一个特定的游憩情境。但不同的感知者在面对风景感知时所感受的情境具有差异性，同时不同的情境还可以创造风景，随着游憩者在参与活动中的情绪变化和体验感的提升，常规意义上不是风景的环境也具备了向风景转化的可能，例如一些保留了地方生活特征的菜市场，在当地居民眼里只是混杂凌乱的生活场景，却是许多有经验的游憩者倾向于去异地采风的首选目标。

三、风景组织及其游憩价值

(一)风景组织的概念

风景组织是指以风景游憩为目标,将各类风景要素按照一定方式进行系统性联系的过程或所形成的系统本身。风景组织可分为空间组织和行为组织两种形式。空间组织也可称为风景布局,以风景构图、造景等手段为主,是对各类风景要素之间的关系进行有目的的整合,并在此基础上对风景资源和游憩场所进行综合性的规划和安排。风景的行为组织则包括风景静态行为和动态行为组织(风景序列)等,重点关注在游憩活动中的风景感知,以及在风景环境中游憩活动的内在规律和秩序。

(二)风景的空间组织

1. 风景构图

构图是一个造型艺术术语,指美术创作者为了表现作品的主题思想和美感效果,在一定的空间,安排和处理表现对象的关系和位置,把个别或局部的形象组成艺术的整体,在中国传统绘画中称为章法或布局。本质上,风景构图也是一种游憩行为,不但要考虑平面,更要考虑空间、时间等因素。一般而言,风景构图是一种以自然美为特征的空间构图,同时考虑时间的变化,因风景构成要素随时间季节有变化,且反映出不同的景色特征。风景构图的一般规律如:比例与尺度、对比与调和、对称与均衡、对位与呼应、韵律与节奏、比拟与联想等。一些风景构成的基本理论如旷奥等对于选择观赏点也具有帮助。风景构图常用于解译式成景方式,其对象多为不受游憩行为影响的风景要素。风景构图的主要内容是对这些风景要素进行主题性的解读或联系,以及对视点(或观赏点)的经营和选择。这是一种相对被动的组织方式,但也是景区成景中常用的方法,尤其是在那些以自然特征为主、受到地形约束或生态环境保护等目标限制的地区。而如果不加限制,在一个景区当中可供选择的观赏点或路径几乎是无限的。因此,需要对具有潜在价值的观赏点以及这些点之间的相互关系进行梳理和比较,选择其中最适宜且能够更全面地展现景区主题与特色的观赏点的集合,并将它们通过有趣的游径联系起来。通过选择不同的视角、特定的时间(如季节、早晚)、特别的要素(如奇石、怪松)等等,能够产生一些具有选择倾向的风景信息,这些信息以静态信息为主,并体现出具有规律性的审美构思,适宜开展如摄影、写生或以此为背景的品茶、餐饮、对弈等活动。

2. 风景造景

与传统的绘画中“意在笔先”的方式较为相似,风景造景需要倾向性明显的总体构思,并在构思的基础上,适当地对景区内的景点或者景物进行有效的组织。

风景造景既包括在不同环境中的人工建、构筑物的布置经营,也包括在具体场地内采用艺术手法营造满足游憩需求的景物、景色或与之配套的空间场所,以及结合景区主题对那些与主题相关或相悖的环境要素的取舍,以期形成一个相对稳定的主题化风景形态。

针对以观察或欣赏景物为主要目标的游憩行为，风景造景主要体现为对景物进行的环境标识与改善，以及通过新建以观景为目的的建构设施，并在确保安全的条件下，适当进行风景观赏上的引导。针对特定场地的风景再造，风景造景需要结合预先设定的游憩需求进行风景的原型构思，并完善其相应的系统。

目前，在自然景区中，风景造景多为谨慎且有限的建构与经营，而在人居集中的区域，多以风景园林化的方式进行风景营造。

风景园林化方式具有明显的文化地理特征。例如，在我国传统的园林设计中，在造景手法上，会采用高远、平远、深远、扩远、弥远和悠远的方法进行风景空间美的整理。对不同的景物，可以把它们分别设定为风景的主景和配景，并进行所谓前景、中景和背景等层次方面的划分，或通过借景、对景、分景或者是框景、夹景、添景等等方式来获得景物和景物之间的关系。在文化意趣上，传统园林受士大夫文人的影响，具有对自然山水情趣的不舍追求等。

(三)风景的行为组织

与游憩活动的形式相似，风景的成景既有静态也有动态的形式。游憩静态体验多为观光、摄影、写生等方式，所获取的风景信息在形式感上有较多的要求；在动态体验中，风景信息会通过序列、主题、线索、对位关系等进行组织，总体上形式较静态体验为弱，但氛围感更强，且与游憩活动之间的关系也更为紧密。

通过园林化方式形成的人工风景具有较为集中的审美价值以及适宜的游憩环境，因此成为重要的游憩场所，其中一部分在文化和形式上具有较高代表性的还可以进一步成为旅游目的地。在这类景区的规划中，规划者不能在环境中作较大的建设或风貌调整。因此规划设计的重点是选择能够观赏到特定风景的时间和空间上的节点，并基于这些点的选择，进行路径或时间序列上的规划及组织。比如针对苍茫的大漠遗址风景，选择在落日的时间抵达会有较好的体验，而在葱翠的森林中，可能选择清晨穿越会更为合适。另外，同样的选择点，如果采用不同的前后序列进行组织，所得到的效果也会有很大的差异。

第五章　资源、市场与产品

第一节　游憩资源的调查与评价

一、基本概念

游憩资源包括一个很宽的区域与背景谱系列，主要有：空间本身（上空、地下和水下空间）；地表特征，包括地表土地、水体、植被和有特色的生态、文化和历史景点；区域气候特征等。

游憩资源基于人的活动需求而存在。克劳森和尼奇（Clawson & Knetsch，1966）指出，景观的外部特征，或者水体、陆地的任一特定区域的特征，这些都不能被称作是游憩资源。正是自然特征和人运用自然特征的能力与欲望的结合，才构成一种游憩资源，如若不然，这些所谓的资源只不过是无意义的岩石、土壤和树木的叠加。克鲁兹沃瑟（Kreutzwiser，1989）也提出，游憩资源是一种自然或人类改变环境的元素，它提供满足游憩需求的机会。陈昭明（1976）认为资源本身是中立的，因为人为地利用而称为农业资源、林业资源、畜牧资源等，凡自然资源被游乐利用称为游憩资源。李嘉英（1983）、蔡聪琪（1984）等提出，自然环境、人文历史景观或其组合等，凡是可提供游憩机会，满足现在或未来从事观光游憩需求的都是游憩资源。

游憩资源不是静态的或者一成不变的，而具有随时间和空间而变化的动态特征。有时候游憩资源会变得多余，而随着经济、社会和技术条件的改变，在过去被忽略的地区也会出现新的游憩资源潜能。自然资源需要文化的评估，这使得一个群体在某一段时间内认定的游憩资源，在他们处于不同环境下或对于其他处于不同环境下的群体而言会发生变化，可能不像想象的那样有用途或者有价值。

二、游憩资源的分类

克劳森和肯奇（Clawson & Knetsch，1966）将游憩资源分为使用者导向型、资源导向型和中间型等三类。邱伯等（Chubb & Chubb，1981）提出如下分类：未开发游憩资源，包括土地、水、植被和动物群、私人游憩资源、商业化私人游憩资源、共有游憩资源、公共和私营部门文化资源、专业资源等。卡特尔和伦威克（Cutter & Renwick，1999）则把游憩资源分为以下四类：永久型资源，无论开采水平如何，都将有稳定的供应，例如太阳。可再生性资源，能使用并消耗，但是在中长期内可以再生。非再生性资源，或称存货资源，其供应有限，可穷尽，例如荒野。潜在资源，未来可能成为资源的物质，通过技术手段等可转化的资源。

美国户外游憩资源评价委员会（ORRRC）提出的分类系统将游憩资源按环境属性和使用特征分为六类：高密度游憩区、一般户外游憩区、自然环境区、特殊自然区、原始地区、历史及文化遗址等，在该系统上发展出的游憩机会谱（Recreation Opportunity Spectrum，ROS）随后作为一种重要的技术手段得到广泛应用。

在我国台湾地区，对休闲游憩资源的分类也有较为完善的系统。其中王鑫（1983）将游憩资源分为：①国家公园；②风景特定区；③森林游乐区；④海水浴场；⑤历史文化古迹等。李铭辉、郭建兴（2000）将游憩资源分为自然及人文两大类，并分别指出相应的游憩形式：①自然：气候观光、地质观光、地貌观光、水文观光、生态观光；②人文：历史文化、宗教观光、娱乐观光、聚落观光、交通运输观光、现代化都市观光等。台湾地区的交通观光部门在 1985 年出版的《风景特定区评鉴标准研究》报告中，将台湾地区观光游憩资源分为：①海岸型；②湖泊型；③山岳型等类型。在 1992 年依据资源基础、活动特性和管理特性将游憩资源分为：①自然游憩资源；②人文游憩资源；③产业游憩资源；④游乐设施与活动；⑤服务体系等。

2017 年修订的国家标准《旅游资源分类、调查与评价》（GB/T18972—2017）中将旅游资源划分为 8 个主类、23 个亚类、110 个基本类型。出于游憩与旅游活动形式和内容上的相似性，标准中关于旅游资源的表达基本可以适用于游憩资源，但需要对这些资源的公共利益属性进行强化，确保其社会属性是公共性和公益性（张振威，2013）。

三、游憩资源调查分析

对于游憩资源的评价，一般出于两种目的，其一是对游憩资源所具有的天然禀赋进行调查、统计、认知，以获取资源的基本信息，为保护或开发利用提供基础支持；其二是就某类资源与不同类型的游憩活动之间的相互关系进行比对，通过综合分析发现针对某种形式的游憩的潜力。常见的资源评价方式可分为定性和定量两大类，其中也有些方式具有综合性，如游憩资源的分类法，既具有定性的特征，又包含了一定的定量分析的理论基础。

四、游憩资源使用价值评价

（一）定性评价

游憩资源的定性评价是基于评价者（游憩直接参与人或参与评价的潜在使用者）或专家对于游憩资源质量的个人体验而进行的，通过人们的感性认识对游憩资源所做出的定性评价或分级，一般不形成具体的数量指标。我国许多学者对旅游资源的定性评价进行了研究，其中具有代表性有以下几种，可作为游憩资源评价方法的参照：

"六字七标准"评价法。该方法源于上海社会科学院的黄辉实对旅游资源的两个方面的评价过程。一是从旅游资源本身来评价，另一个是从旅游资源所处的环境来评价。在旅游资源本身方面，他采用了六个字作为指标："美、古、名、特、奇、用"。在旅游资源所处的环境方面，使用的是季节、污染、联系、可进入性、基础结构、社会经济环境、市场等七个标准。

"三三六"评价法。卢云亭(1998)的"三三六"评价法即"三大价值""三大效益""六大开发条件"评价体系。"三大价值"指旅游资源的历史文化价值、艺术观赏价值、科学考察价值；"三大效益"指旅游资源开发之后的经济效益、社会效益、环境效益；"六大开发条件"指旅游资源所在地的地理位置和交通条件、景象地域组合条件、旅游环境容量、旅游客源市场、投资能力、施工难易程度等六个方面。

综合评价法——"六个标准"。中国社会科学院魏小安(1984)提出一个旅游资源评价体系，运用综合的观点分别提出以下六个标准：游览地的资源构成要素种类的多少、要素的单项评价问题、要素的组合情况、可能容纳的游客量、人文资源的比较、开发的难易程度。

等级评价法。王兴斌(2000)从资源的科学文化价值、美学观赏价值、康体休闲价值及其开发的社会条件和自然环境加以分析，大致分为下列四个等级：世界级，资源的科学文化价值、美学观赏价值和康体休闲价值在世界上独有或罕见，可开发成面向国际和全国客源市场的旅游产品；国家级，资源的上述三大价值在国内独有或稀有，可开发成面向全国客源市场的产品；省级，资源的上述三大价值在省内或邻省地区有代表性、典型性，可开发成面向省内和邻省周边客源市场的旅游产品；地方级，资源的上述三大价值在本市县及周边邻近地区有代表性，可开发成面向本地及邻近地区客源市场的旅游产品。

美感质量评价。美感质量评价是一种专业性的旅游资源美学价值的评价，一般是在旅游者或旅游专家体验性评价基础上进行的深入分析，其评价结果具有可比性的定性尺度。其中有关自然风景视觉质量评价较为成熟，已发展成为四个公认的学派即专家学派、心理物理学派、认知学派和经验学派。其中专家学派认为凡是符合形式美原则的风景就具有较高的风景质量，所有评价工作由少数训练有素的专业人员来完成。当前，专家学派的研究方法一直处于统治地位并被许多官方机构所采用(鄢志武，2003)。

(二)定量评价

针对游憩资源的定量评价方式的种类较多，其视角多样，理论依托也较为复杂，包括算术法、分类法(解析法、归纳法)、视觉分析法、气候分析法、综合法等，以下选取一部分具有代表性的加以介绍。

1. 算术法

最简单的资源评价方法就是，首先定义认为重要的资源，然后对这些资源进行统计。

我们既可以用简单的点数法，也可以在数学上建立相对复杂的“系统”模型，综合考虑各描述性变量，进行资源评价。美国户外游憩资源考察委员会所做的海岸游憩资源评价（R D Campbell，1961）是许多简单资源评价中的一个典型例子。坎培尔在大湖地区沿岸、大西洋沿岸、墨西哥湾沿岸和太平洋沿岸等地区，计算了岸线总长度、岩岸、泥岸和沙岸的长度，规划的公共游憩地区的数量和规模，以及限制使用的地区的数量和范围等数据。然后，按州把这些数据列表、制图以作为评价成果。基利昂（G. L. Killion，1969）提出了一个稍微复杂些的游憩资源评价方法。他研究了澳大利亚北部海岸地区，将该区域划分为四个并不严格的地理区：Ⅰ海岸带、Ⅱ河口带、Ⅲ河谷带、Ⅳ内陆带，然后再把每个地带按潜在用途，分为五个“主题”：①一般游憩；②自然景观欣赏；③独特自然区旅游；④原始环境区旅游；⑤历史、文化欣赏。每一特定场地都由一个地带码和一个主题码共同构成一个描述指数。费希尔—泰勒方法主要应用于像宿营这样的集体户外游憩研究。他们确定了五项场地指标，概括作为这些活动的基础的各种资源。这五项指标是：①具有场地吸引力；②一定的植被覆盖率；③适合的坡度；④足够的规模；⑤良好的饮用水源。通过实地调查，对上述各项指标的有无、优劣进行评价。五项指标俱全的场地为高适点；具有场地吸引力，但缺乏其中某一指标的场地，为良好合适点；缺乏两种质量指标的场地，为一般性场地；而缺乏三种或更多指标的场地，为不适于开发的场地。这些确定、评价工作皆由有经验的规划师来完成。该方法稍加修改，即可用于冬季运动区、游客分散型游憩区或其他类型的游憩区的描述。

2. 分类解析法

分类解析法就是把某一个地区或某一组资源，逐级将其划分为亚类的过程。当研究人员对某个一般类型已有很好的了解，并希望通过将其总体区分为次级单元，来增加对该类型的进一步了解，解析法就显得非常有用。运用解析法，需要以某一理论结构或某套法则为基础，以保证某一现象可以多次划分成互相独立的类型。该法则确定了特定层次内和不同层次间的各类型的相关关系，并指出划分至什么程度为止。分类解析包括形式和结构两个方面。结构是指整个分类体系中不同层次的理论关系，而形式是指实际工作中该分类体系的表达。

菲利普维奇（Filippovich L S. ，1979）针对莫斯科州游憩资源的开发进行了分类解析。在编制地图时，区分了以下游憩使用群体：①疗养院和寄宿公寓；②儿童营地；③夏季露营地；④避暑别墅业主；⑤花园合作社；⑥避暑别墅或租赁农舍。为了确定娱乐使用的区域差异，还构建了一个图表，将莫斯科周围的地区划分为四个区域。在每个扇区内，按距离波段计算了游憩用户的密度。通过对特定游憩用户群体分布的分析，指出了构成莫斯科城市群游憩发展概况的各种因素。

史密斯和斯梅尔（S. L. J. Smith & B. J. A. Smale，1980）曾为加拿大国家公园系统提出过一个公园游客和设施的解析分类体系。在最高层次（A 层次），所有进入国家公园的人被分成:①游客;②过境者;③其他类型进入者,如园内居民及当地商业性交通。然后,再按游客怎样进入公园(B层次)、从什么地方来(C层次)、在园内做些什么活动(D层次),以及在什么地方做上述活动(E层次)等项,将游客分成不同的层次。

针对旅游资源的评价,我国在2003年和2017年分别出版了相应的国家标准,以GB/T18972—2017为例,其主要方式与分类解析相似。参照该标准,首先依据旅游资源的天然属性将其进行分类,在此基础上依据共同拥有的因子对旅游资源的单体进行价值和程度评价(表)。将所得分数汇总后,依据得分区间,将旅游资源分为5个价值等级。并分别命名为"优良级旅游资源"和"普通级旅游资源"两个类别,其中五级旅游资源还被命名为"特品级旅游资源"以示不同。

3. 归纳法

归纳法采用的基本方式是逐级把资源组合成更为一般的类型。归纳法要求研究人员对作为最终结论的"总体"描述,需有一定程度理论上的理解,除此之外,运用归纳法的要求,与运用解析法的要求,几乎是一样的。但上述理论解释,在实践中并不容易做到。R. S. 多尼(Dorney,1976)曾做过游憩规划中城市土地分类研究。该方法从游憩范畴出发,归纳不同内容的地图(比例尺从1∶5000到1∶15000),对城市景观做出一般性描述。根据第二手资料和野外考察,确定出陵地、史前壁画、村址和其他一些与前高加索拓殖时期有关的特征,得到第一幅地图。然后把现有的公园、教堂、图书馆、剧院以及其他现代文化和游憩景观,分别填绘在另外两张图上。其中一幅表明主要文化分布,另一幅表明少数民族集团的分布。这三幅地图复合起来,形成了一幅历史—文化土地利用模式图。对描述非生物资源变化的变量,如河谷、土壤坡度等等,亦加以定义、定位并制图。多尼将其分为五类:大气系统变量、地表下地质变量、地表地质和土壤变量、水文变量以及噪声水平。这些变量结合起来,构成一幅非生物景观图。其次,将一系列生物变量,分为水生集团和陆生集团两类。将各变量亦加以定位并制图,每幅图配以各类资源支持游憩活动的产生力,以及各类资源的价值及存在问题的注解。水生生物地图与陆生生物地图一起,构成一幅表明城市生物群落的综合图。最后,将上述三类地图——历史—文化图、非生物图和生物图——复合,形成一幅综合模式图,以反映现有游憩特征的区位、具有发展潜力的地区以及那些有发展障碍的地区。

4. 气候分析法

对户外游憩和旅游来说,气候是最具重要意义的资源。克洛维、麦凯和贝克尔等(R. B. Crowe,G. A. Mekay & W. M. Baker,1977)曾在加拿大安大略游憩气候的研究中,对气候与游憩的关系作了很好的描述研究。他们的目的是,从气候对特定户外活动的影响角度,对安大略冬夏两季的气候条件,做出标准的、定量的概括。他们所选的活动包括:汽车旅行、随队游憩、陆上运动与狩猎、海滩活动、游泳和水上运动、滑雪、雪上运动等。各个变量按冬、夏两季分别加以评价。针对天气及其对游憩的影响的研究,达尼洛娃(S. T. Danilova,1973)提出了一种不同方法。她直接把工作的重点放在天气条件的生理影响方面,而不是一般的气候类型方面。相对于一个18—40岁,从事轻体力劳动的健康常人,达尼洛娃定义了最佳的气候条件。她从气候条件对人的体表温度、排汗量以及加之于人体热调节系统的负荷的影响的角度,测定天气条件的优劣。她确定了气候和这些变量的关系,并绘制了波罗的海地区的相关变量的分布图,用等值线表示某一时段内,产生最佳游憩条件的天气条件的天数。

我国学者近年来对于气候与游憩的关系也进行了诸多富有成效的研究。陈睿智、董靓等(2015)结合杜甫草堂景区对湿热地区夏季的游憩舒适度进行了研究,并认为当30℃≤WBGT值<31℃时,微气候不舒适,对游憩行为有负面影响;当WBGT值>31℃,微气候很不舒适,游客不再有游憩行为等。保继刚等(2018)提出气候类型的地域分布影响度假地型第二居所的需求;国内避寒型第二居所的发展潜力大于避暑型。

5. 视觉分析法

法因斯法。该方法是一种基于美学的风景评价方法,具体是对某个特定的风景,给定一定的分数,以代表它对某个特定的集团或社群所具有的相对美感。该方法源于K. D. 法因斯(Fines,1968)对东萨塞克斯县的景观的分析。法因斯把一系列景观照片发给一组对设计工作内行的人,要求他们把这些照片与一张指定的、与上述照片无关的、其评价值定为1.0的参考照片加以对比,标定每一幅照片的分数值。他给了被试人一个几何尺度的参考分数表:16.0—32.0叹为观止;8.0—15.9景致卓出;4.0—7.9别具一格;2.0—3.9风景宜人;1.0—1.9平凡无奇;0.0—0.9无足轻重。调查结果表明,多数景观的分数都不高于“别具一格”。英国最有名的风景,如从科鲁什克湖(Loch Coruisk)看对岸的库林山的景色,分数达18分。从喜马拉雅山麓观看其峰峦景色,可达24分。当被试人对照片已熟稔于心后,就可请他们运用这些照片以及已交给他们的较为一致的分数值作为衡量尺度,对东萨塞克斯县周围的景观进行实地观察和评分。被试者走遍全县每一个角落,从各个视点对尽可能多的景色作出评价,并把他们的打分填在地图上。把许多张地图综合在一起,就形成一幅东萨塞克斯的风景评价图,用它来规划在何处建立输电线路、在何处延伸景区道路。

河谷独特性指数。L. B. 利奥波得(Leopold,1969)提出了河谷独特性指数的概念。对他来说,独特性是一个相对概念,他认为,河流的独特性可以引起社会更大的关注,除此之外,独特性并无特殊意义。社会对河流的关注,可以是正面的,也可以是反面的。换句话说,山清水秀的河流与臭气熏天的河流都会引起社会的特别关注,使社会关心它们的保护或整治。利奥波德在调查评价各河流的自然、生物、水质和人类利用等方面总计46个变量的基础上,提出了他的评价方法。每一变量按五分制评分。某河流的某一特定变量评分值的大小,取决于拥有相同质量的其他河流的数量。例如,河流宽度可分为下列几个等级:①0—0.6米;②0.7—3米;③3.1—10米;④10.1—33米;⑤33米以上。每一河流的宽度的独特性比值，以及其他变量的独特性比值，都等于1除以属于某一类河流的数量。就是说，如果十条河流中，只有一条宽度在33米以上，本变量的独特性值就是1:1=1.0；如果有五条河流宽度在3.1—10米之间，其独特性值即为1:5=0.2。这里，河流的实际宽度并不重要，而宽度大致相同的河流的数量，才是重要的。将46个变量的独特性值相加，就可得到一个总独特性值。该值越高，河流的独特性越强。

6. 游憩资源AVC(Attraction，Vitality，Capacity)评价

AVC三力理论是一个综合性的规划理论，其不仅作用于规划阶段，也是规划的重要依据和评判体系。AVC的核心内容是三力，分别指吸引力(Attraction)、生命力(Vitality)、承载力(Capacity)。AVC理论于2002年由刘滨谊在《厦门鼓浪屿发展概念规划国际咨询》项目实践中首次提出，其实践意义在于增加客源与资金注入；增强发展的及时性与可持续性；以景区生态环境保护为前提的各种容量扩大。AVC理论主张景观与旅游规划应包括旅游、景观、生态三元规划，并以此为核心。

AVC理论进一步可以细化为三个量化模型：

① 承载力量化模型，主要以景区承载力各项评价因子为变量

$$Capacity = Min(X_1 * EBC, X_2 * RSC, X_3 * PC, X_4 * DEBC) \tag{1}$$

其中，EBC为环境生态承载量，RSC为资源空间承载量，PC为心理承载量，$DEBC$为经济承载量。

② 吸引力量化模型，借鉴威尔逊(Wilson，1967)最大熵原理推出的地域空间引力模型

$$F_{ii} = P_i A_i \exp(-\beta r_{ii}) \tag{2}$$

其中r_{ii}表示两个区域的广义距离；F_{ii}表示区域空间的引力强度，$P_i A_i$分别赋予需求和供应的意义；β为阻尼因子，决定了区域空间引力强度衰减速度的快慢。

③ 生命力量化模型，以旅游区生命力各项评价因子为变量

$$Vitality = \sum(X_1 * TM, X_2 * TP, X_3 * TD, X_4 * TE, X_5 * DM) \tag{3}$$

其中TM(tourism marketing)，TP(tourism products)、TD(tourism demands)、TE(tourism environments)、DM(decision making)分别对应旅游市场、旅游产品、旅游需求、旅游环境因素、经营者决策等各个单项评价因子。

近年来，AVC理论在景观评价领域中已从最初的风景旅游地拓展至乡村景观、城市景观等多个领域中，广度和深度上已经形成了比较完善的组织方法和评价体系。如李华、蔡永立(2009)将AVC理论运用于湿地公园旅游规划中，对5处湿地公园进行评价分析比较，提出了湿地公园游览价值及其在旅游发展过程中的重要影响因素；谢志晶、卞新民(2011)将AVC理论运用于江苏省沐阳现代农业产业园核心区中，在评价指标中，选取了更多能体现研究案例特征的农业方面指标，对其进行三力分析并提出改善措施，为该

类景观今后的发展规划提供了指导依据；宁友华(2013)将 AVC 理论运用于工业遗址景观中，构建 AVC 工业遗址景观综合评价体系，归纳总结出工业景观的重要影响因素，并推导出其规划设计原则与理念等。

7. 游憩适宜性评价

游憩适宜性指游憩地的客观条件能够支持游憩行为发生的力度，通常包括环境与活动两部分。其中，环境适宜性指各类环境因子对游憩地内所发生的游憩行为的影响程度，即通过分析游憩环境的构成要素与功能特征，对各环境因子相对于游憩行为发生的影响程度进行分析与评估，从而综合确定游憩行为是否适宜在该环境下开展，开展的时间段、范围以及程度如何。而活动适宜性是游憩地规划与设计的前提，指根据游憩地空间内部的特定环境场所，确定能够使环境效益得以最大程度发挥的游憩活动广度与深度，使游客能够满足自身的主观偏好、美学感受等，却又不会破坏宜游空间或资源。

游憩适宜性评价是指在保护的前提下，基于功能分区的框架，对游憩地内部的游憩资源环境、设施、服务等进行科学评估，以评估该游憩地是否适宜开展游憩活动、适宜程度及对人们的游憩需求的满足程度，从而为游憩地因地制宜进行游憩功能的利用提供依据。适宜性评价通常分为理论分析(明确评价目标、分析游憩适宜性影响因素)、评价指标体系构建、定量实证评价(收集数据、确定指标权重、计算综合评价等级)及结果分析与应用(游憩利用类型区划)等 4 个步骤。

游憩适宜性评价是旅游开发中重要的、不可或缺的内容之一，在面向以生态环境为主的荒野游憩地时尤其重要。当前，游憩适宜性评价方法正在国内外学术界的共同努力下实现不断革新，从最初的定性描述逐渐演变为定量研究，或定性与定量相结合进行综合分析，一些定量研究方法如数理统计法、因子组合法、因子分析法等得以广泛运用。20 世纪 90 年代以来，全新的理论与技术方法开始涌现，诸如景观生态学、空间分析技术等为游憩适宜性评价的科学性与严谨性做出了诸多贡献。而生态学、旅游学与地理信息系统(GIS)的不断耦合，使得一系列关于旅游景观的评价方法、指标体系得以建立，形成了对旅游景观格局时空动态的有效分析，进一步充实和完善了游憩适宜性评价的技术手段与评价内容。

进入 21 世纪，游憩适宜性评价开始愈发注重机制、规律的探索，并试图将评价结果与不同的旅游规划目标相结合。米萨斯(Msars，2010)将基础设施和周边环境作为阿尔卑斯山游憩适宜性评价的标准，力图通过评价达到降低环境敏感度和生态足迹、促进游憩活动发展的目的。布拉泽尔(G Barzekar，2010)等人在监测伊朗北部森林游憩可持续性的过程中，以自然资源和生物多样性、水土保持能力、景观自然特征保持能力、生态意识教育、游客和当地人满意度、旅游卫生与安全维持能力等六个方面作为其游憩适宜性的评价标准。古默里(Kumaris，2010)等人则以野生动物分布指数(WDI)、生态价值指数(EVI)、生态旅游吸引力指数(EAI)、环境恢复指数(ERI)和生态多样性指数(EDI)为评价标准来考察印度锡金州西部地区的游憩适宜性程度。

在国内,薛兴华(2011)从游憩资源、游憩承载力、游憩区位条件;朱桃杏等(2014)从资源特征、形态特征、功能特征、文化特征和公共特性;崔俊涛(2014)从廊道资源条件、廊道生境条件、旅游保障条件、区域社会条件;范雯(2015)从游憩资源、游憩服务设施、游憩区位;张成秀、汤晓敏(2017)从环境条件与管理状况、配套设施供给、游憩活动丰度与开放度、植被亲水度、微环境健康程度、导览服务、场地空间、交通可达性、文化艺术,分别确定了各自案例地的游憩适宜性评价标准。张凯旋等(2019)采用德尔菲法和层次分析法的结合建立了由游憩资源、设施、区位等 3 个方面 10 个指标构成的游憩适宜性评价体系,并对上海 64 个郊野森林进行了由不同年份游憩适宜性评价构成的动态研究。同样采用层次分析法,张飞等(2020)建立起 4 个准则层、10 个因子层、22 个指标层构成的评价指标体系,对大运河 27 段遗产河道的游憩适宜性进行了评价,明确了适宜度较高的河段和环境特征。张子灿等(2021)采用 GIS 平台方法筛选出适用于山地条件的开发适建度、生态敏感度、游憩需求度、景观美感度和文化潜力度等五类影响因子,基于德尔菲法和层次分析法进行权重叠加,选取控制适建区域。

以下是塞廷等(Mehmet Cetin et al. ,2015)对土耳其伊尔加兹山国家公园进行的游憩适宜性评价,其过程和内容可以概括为以下两个部分:

① 调查工作和环境。首先采用视觉分析进行游憩地景观价值、气候价值、可达性、娱乐设施和其他特征等内容的评价。

② 在此基础上,采用了一个简单的数学公式对这些游憩潜力进行统计:

$$RP=L+C+A+RF+NF$$

其中,RP(%)表示游憩潜力,L 指景观价值,指一个地区的景观潜力(Cetin,2015c)。景观价值最多为占总娱乐潜力值的 35%;C 是气候价值[气候对游憩活动的影响非常大,最多可占该地区游憩潜力的 25%(Kaya et al. ,2009;Topay,2013;Cetin,2015d)。气候因素包含"温度""下雨""太阳"和"风"(Gulez,1990)。气候价值按如下方式统计:气候值(25%)=温度(10%)+降水量(8%)+太阳(5%)+风力(2%)];A 指无障碍因素(无障碍实质上是对涉及游憩的潜力区域可达性程度的分析。因此,评估方法将该因子分配为最大值 20%);RF 是娱乐设施[设施是游憩潜力的保障,可以通过增加、完善游憩设施提升游憩潜力,产生积极影响。娱乐设施最多可占最终得分的 20%(Chhetri & Arrowsmith,2008;Kaya & Aytekin,2009;Topay & Memluk,2011)];NF 负面因素[负面因素(NF)应考虑必须考虑区域现有的负面影响,负因子被给予负分数(—),从而降低总分]。最终的结果可参照以下标准进行总结:游憩潜力(RP)的最终得分低于 30%为非常低,30%—45%表示游憩潜力低,46%—60%游憩潜力为中等,61%—75%为高游憩潜力,高于 75%表示具有极高的游憩潜力。最终伊尔加兹山国家公园获得了 72%的评分,其游憩潜力属于"高"级别。

第二节　游憩市场的分析和预测

一、概念

游憩市场就是游憩需求，由于狭义的游憩活动具有明显的公共福利性质，更倾向于公共政策导向，因此，本章后续的介绍与分析中弱化了其作为经济概念的属性，但这并不代表在游憩及其设施的研究中漠视市场规律。反之，由于长期对游憩中的市场规律缺乏重视，在游憩设施和游憩组织上过度依赖公共机构，弱化游憩收益，导致游憩组织和管理上活力不足，在对于游憩需求的研究中适当引入市场的概念，从本质上是有益的。

《证券投资大辞典》中对市场的解释有三种含义：①商品交换的场所，也就是人们进行买卖活动的地方。②商品交换的总和，或者说是一切商品买卖活动的总称。③商品销路，即指商品能否销售出去和销售多少。从这个意义上说，市场就是在一定的购买力水平下，在各种影响需求因素的作用下，所形成的对各种商品的需求量。总之，市场是商品经济的范畴。《现代汉语词典》中对市场的解释有两种：①商品交易的场所；②商品行销的区域。

与旅游不同，游憩的商品属性无论是空间还是活动角度，都不是必要条件。因此，所谓游憩市场是指针对游憩范畴内与商品经济相关联的部分，且更偏向于供需关系和游憩产品的适用性，总的来看，“商品销路或商品行销的区域”的释义更接近游憩中对于市场的理解。

二、类型

游憩市场取决于游憩客源的特征。游憩客源可以分为本地居民和外来旅游者。据此，可以将目的地居民所组成的游憩者称为一级客源，外地游憩者称为二级客源。同时，根据他们的需求或参与游憩活动的不同来细分客源市场，且可根据游憩市场上旅游者的需求特征、购买动机、消费习惯和方式等进行市场细分。最常见的一类客源地研究是对某一客源地的居民的已发生和倾向于发生的游憩行为方式的描述。

人口统计因素是最常用的消费者细分基础，通常包括：

年龄，如儿童、青年、中年和老年。不同年龄段的游憩活动需求存在差异，如儿童类偏向轻松活泼，青年市场更向往带有刺激、参与性强的活动，老年市场倾向于悠闲、健康的游憩活动等。例如针对以外地游憩者为主的旅游市场，有不少从业者认为年轻人比年老者更趋向于参加旅游活动。有资料显示，青年旅游者在全体旅游者的比例，美洲为42.9％，欧洲为49.0％，非洲为34.0％，亚洲为38.7％，大洋洲为34.0％。而对于中国8个样本城市的环城游憩活动的调查统计则反映，城市居民平均每月出游次数随年龄的增加呈上升趋势。出现这种现象的原因，主要与出游距离较近、闲暇时间较多等原因有关。

性别，许多游憩产品是专门针对女性或男性而开发的，这是游憩市场中一个非常重要的变量。研究者普遍发现女性的休闲时间少于男性。格朗纳(Gronau，1977)的研究发现，结婚者的休闲时间少于未婚者，且男女在休闲时间方面差距巨大。肖(Shaw，1985)在研究中发现，女性的休闲时间少于男性，这种性别差异在周末活动中表现得特别明显。在内容上，有研究表明显示女性和男性管理者都会运用休闲来应对压力。但是，尽管他们共享一些休闲主题，仍有一些主题是女性管理者所独有的(比如休闲的预防疾病作用，锻炼)，还有一些是男性所独有的(比如在休闲中玩得很尽兴)(Iwasaki，Mackay& Mactavish，2005)。

家庭生命周期，如无巢期(未组建家庭或离异，但经济独立且无子女)、筑巢期(已组建家庭，无子女)、满巢 I 期(已组建家庭，包括无收入子女)、满巢 II 期(已组建家庭，包括有收入子女)、空巢 I 期(夫妻均有在职收入，子女经济独立)、空巢 II 期(夫妻至少一方退休，子女经济已独立)、离巢期(离异或丧偶，但经济独立，有子女)，每一时期家庭结构的不同，其游憩需求和消费支出也不同。(图 5－1 某旅行社对青岛二日游预期支出的调查结果)

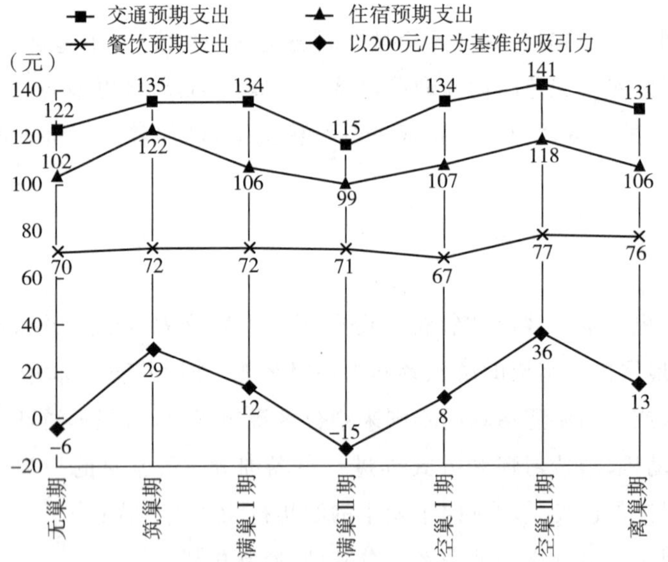

图 5－1　某旅行社对青岛二日游预期支出的调查结果

资料来源：王桂强，2008

职业，按职业细分会出现商务游憩、农民游憩、学生团体游憩、教师团体游憩等专类市场。白领阶层往往对游憩时间和游憩类型有较为完整或周期性的计划，并会主动追求高端的游憩活动，如高尔夫、网球、温泉等；教师一般会选择能够丰富自己知识，拓展眼界的活动，如去博物馆或风景胜地的旅游等。汪德根等(2008)通过调查发现苏州市民的乡村旅游需求因职业差别而呈现出不同的特征，但差异程度有所不同。例如在动机方面，在“带小孩增长知识和阅历”“回归自然，领略乡村田园风光”和“休闲和娱乐、放松身心”三项推力因素以及“乡村生态环境”“乡村自然风光”和“乡村居民对待游客的态度”三项引力因素上，职业差异不明显，绝大多数职业群体表现出明显的一致性；而在“结识新朋友”“怀旧情结”和“公务与商务”三项推力因素以及“乡村现代接待设施(农业科技园等)”和“乡村产业形态”两项引力因素上，职业差异很明显。

收入，收入较高的游客会更注重服务质量和环境氛围，而收入较低的游客往往追求更实惠的产品。因此较高收入者对游憩的贡献比低收入者来得大，但同时不能忽视低收入者的需求。而随着收入水平的提高，各类户外游憩活动的参与率普遍提高，但收入增加到一定程度以后，由于最高收入层往往是事务十分繁忙的人物，他们反而没有时间参加更多的户外游憩，因而其参与率又出现一定程度的下降。家庭年均收入在 0.5 万～3.5 万美元，收入越高，游憩参与率越高；年均收入在 0.5 万美元以下以及在 3.5 万～4.0 万美元，参与率与收入增长没有什么关系；而年均收入在 4.0 万美元以上时，随着收入的增加，参与率反而降低(Walsh，1986)。

地理细分，主要是按照消费者所处的地理位置、自然环境来细分市场。常规条件下，主要集中在按地区、国家、气候、人口密度、空间距离等几个方面：①区域细分法，为便于研究促销地和旅行社定点，可以分为国外市场和国内市场；②距离细分法，为便于研究时间、费用的支付能力可以分为近时距市场、中时距市场和远时距市场；③气候、人口密度细分法，为便于研究季节人流特征，可以分为避暑、避寒、冬季滑雪、游泳市场等。

心理细分，按照心理需求可分为：安逸者市场，这类游客喜欢常规活动和放松休闲的游憩，不喜欢冒险；冒险者市场，这类游客追求刺激、新奇的活动如蹦极、攀岩、漂流等；廉价购物者市场，这类游客喜欢购买物美价廉的产品。按照生活方式可分为基本需求者、自我完善者和开拓扩张者。

购买行为，多针对旅游活动，可以根据购买者对产品的了解程度、态度、使用情况、反应等行为特征进行旅游市场细分：①根据购买目的，分为度假旅游市场、观光旅游市场、商务旅游市场、奖励性旅游市场、探亲访友旅游市场等；②根据购买形式可分为团体市场和散客市场；③根据购买时机可分为旺季市场、淡季市场、平季市场、寒暑假市场和春节、国庆节、双休日等节假日市场；④根据购买数量特征可分为少量购买者和大量购买者；⑤根据购买时间长短可细分为常住客和临时客人；⑥根据使用数量可分为经常、不经常和偶尔等。

三、分析与预测

(一)市场供需调查

1. 市场需求调查

市场需求调查主要包括以下几方面：

① 游憩人群规模以及构成调查。包括游憩地的经济发展水平与人口特征(涉及外来旅游者时还应包括旅游者的国籍、民族、年龄、性别、职业、入境方式以及地区分布等),闲暇游憩者的数量,游憩者的消费(吃、住、行、游、购、娱)水平及构成,游憩者在相应场所的滞留时间与特征,以及游憩者对游憩产品质量、价格、服务等方面的要求和意见等。

② 游憩动机调查。不同类型的游憩动机差别很大,日常游憩的动机较为简单,而复杂的旅游活动的动机相对多样。不同的游憩者和游憩地形成了相互关联的游憩组合,并表现出与之对应的游憩动机。对其调查需结合游憩地的主要目标,分辨首要服务对象,在此基础上对其游憩动机进行明确。

③ 游憩行为调查。游憩行为是指游憩者的游憩动机在游憩过程中的实际体现。游憩行为调查既可以明确游憩者的时空分布特征,也可以对游憩活动所带来的影响进行客观评价,并对游憩组织提供基础资料与信息。

2. 市场供给调查

游憩供给是指一定时期内为游憩市场提供的游憩产品和服务的总量。对游憩市场供给的调查通常包括以下几个方面:

① 游憩吸引物调查。凡是能够吸引游憩者到来并且能够引发游客情趣的事物、事件或者现象,都属于吸引物范畴。游憩吸引物的数量和质量决定着游憩者对游憩目的地的选择。

② 游憩定价调查。基于公益性的游憩活动没有定价的需求,但仍有游憩成本上的分析,其中包含游憩的时间、距离、可达性等。侧重于旅游的游憩活动则对价格高低非常敏感,需要对市场的价格波动及时掌握,并给出对应的价格对策。对此所进行的调查包括定价是否合理、游憩者价格心理状态、产品价格的供给弹性与需求弹性、新产品的定价以及与同类产品的价格比较等。

③ 游憩地可进入性调查。可进入性是指游憩者进入游憩目的地的难易程度,表现为进入游览点、服务设施和参与活动所付出的时间和费用。如果是针对旅游为主的目的地则还应包括交通工具和旅游目的地的交通基础设施条件、地方政府政策及旅游经营因素、签证手续的繁简、出入境验关程序、服务效率、旅游线路的编排与组织等。

④ 游憩容量调查。游憩容量也称游憩承载力,是一个用于评估游憩活动的环境影响以及游憩活动效果的重要概念,在第七章第四节中将具体介绍。目前较为常见的表述是旅游容量,它是旅游地规划和管理的一个重要指标,旅游容量的制定与实施对保护环境免遭退化或破坏,维持旅游景点的质量,保证旅游者在旅游地的体验质量具有重要作用。调查的内容主要包括旅游基本空间标准、旅游资源容量、旅游感知容量、生态容量、经济发展容量和旅游地容量等。

(二)客源地与目的地调查

1. 游憩客源地市场调查

游憩客源地调查是指对游憩地所服务的市场区域内的消费特征和游憩者特征进行

调查，以获取相关信息和资料。虽然这种调查只在已经形成的消费者群体中进行，获取的信息是已完成的行为特征，不能代表未来的游憩消费，但消费市场的连续性使得客源地调查对游憩地的经营管理仍然具有指导意义。调查对象包括本地游憩者和外来旅游者，其中对于外来旅游者的调查主要包括以下内容：

① 来源地：调查游客的来源地，将游客划分为入境旅游和国内旅游两大部分，并依据地理空间将客源地市场区域进行划分，通过比较客源地游客的特征，确定游憩地客源主要来自哪几个地区，并将这些地区作为经营促销的核心市场区，而把其他市场区域视为机会市场区域或未来扩展的市场区。

② 准备工作：对游客实现旅游行为之前的准备情况进行调查，包括选择动机、原因、信息来源和方式、行为决策的过程和依据等。

③ 旅游方式：对游客旅行的组织机构、组织形式、交通方式、交通便捷程度、交通中转和交通费用等进行调查，并了解游客和谁一起旅行。

④ 消费特征：对旅游者在游憩过程中的消费特征进行调查。包括评价游憩中的活动和项目，了解旅游者消费水平，以及掌握旅游者的消费偏好和未来消费意愿。

2. 游憩目的地市场调查

游憩目的地调查是指针对游憩者的目的地选择行为进行系统性调查，包括对到哪里去、怎样去、对哪些感兴趣以及准备干些什么等方面进行调查，并获取相关的市场消费信息。该调查是游憩经营管理的直接依据，也是掌握市场未来一个时段具有代表性的消费趋势的重要途径。

与客源地调查不同的是，游憩目的地调查是立足于将来，对游憩者即将产生的消费目的地选择、消费意愿和倾向进行的调查。调查的对象包括本地居民和外来旅游者，主要针对外来游客。

在对外来游客进行调查时，调查内容主要包括以下方面：

① 到哪里去：根据客源地调查获取游客的特征，对潜在市场群体进行差异化细分，并分析目的地旅游市场的供给情况，形成一个有多种细分特征的潜在市场群体。然后，对不同类型的游憩目的地进行分类与分析，区分出替代型目的地和互补型目的地。最后，对细分市场的游憩意向进行调查，获取游客到哪里去的市场基本信息。

② 怎样去：在确定到哪里去的基础上，进一步调查潜在游客何时可能去以及如何去等组织形式和交通方式。

③ 对哪些感兴趣：对旅游活动、项目以及游憩方式和产品等方面进行调查，了解游客对哪些项目和活动更感兴趣，对哪些项目和活动的兴趣比较低，并得到游客对不同产品的需求和期望，为旅游经营提供市场消费趋势，从而调整游憩产品结构。

④ 准备干些什么：对旅游者在旅游过程中可能形成的消费特征进行调查。包括对旅游中活动和项目进行评价，对旅游者消费水平、消费偏好及未来消费愿景进行调查，以便

更好地掌握旅游者的喜好和消费信息。

（三）市场消费倾向与客源地结构预测

1. 游憩市场消费倾向

游憩市场消费倾向是指在游憩经营管理中，通过游憩客源地调查和游憩目的地调查相结合的研究，确定地方性、区域市场消费特征和未来消费趋势的过程。对市场消费倾向的预测和研究主要包括以下三个方面：

① 边际消费倾向（Marginal Propensity to Consume，MPC）：随着收入的增加，人们用于游憩消费的支出也会增加。这一特征是决定市场消费特征的重要指标。通过调查和分析边际消费倾向，可以预测未来市场的消费规模、消费结构和消费水平等，并为游憩发展提供指导。

② 游憩消费模式的转变：游憩发展涵盖了很多消费方式，如传统的农家乐、农业旅游模式，以及乡村文化体验、遗产旅游、民宿度假、意境感受的消费模式。随着社会和经济的发展，游憩消费模式也在不断变化和更新。游憩经营管理者需要对历史、文化和自然资源进行科学规划和利用，以适应消费模式的转变，从而满足游客的多元化需求。游憩产品的更新和发展也需要依据不同的消费模式来确定。

③ 游憩活动类型变化趋势：随着生活水平的不断提高，游客的消费兴趣也在不断发生变化，这种消费结构的变化特征是规划和设计游憩活动与产品组合的重要依据。游憩经营管理者需要不断跟进游憩活动类型的变化趋势，改进和创新游憩产品，提高游客的满意度和忠诚度。

2. 游憩客源地及其结构预测

预测游憩客源地及其结构是游憩经营管理中非常重要的一项任务。它的实现与以下几个方面密切相关：

① 游憩客源地及其结构调查：通过对游憩现实的客源地市场及其地域结构特征进行调查，可以获得客源地的现实结构特征，反映这些地区的消费选择和消费倾向。尽管现实的市场结构不能代表未来的客源地结构特征，但客源地的现实结构特征会作为未来市场基础发挥重要影响。

② 机会市场的发现：在现有的客源地市场体系中，一些地区虽然不是主要的客源地，但对游憩具有较大的市场需求，这些地区可能具有发展成为游憩主要客源地的机会。通过实施游憩促销活动来拓展机会市场，可以扩大自己的客源地空间，发掘新的发展机遇。

③ 重大经济事件的影响：重大的经济事件会对游憩区的经济结构和周边地区的联系特征产生影响，从而改变客源地市场的结构和分布。这些改变可能导致一些客源地市场失去，但同时也会出现一些新的客源地市场。游憩经营管理者需要密切关注经济形势和市场变化，及时调整策略和投资方向。

3. 游憩市场规模预测

游憩市场规模通常指游憩目的地在一个经营年度内所接待的游客人数或经济消费

总额。根据旅游业发展规律和产业规模增长过程，游憩市场规模的预测具有以下几个特征：

① 概率事件的预测：市场规模的预测是在考虑多个市场影响因素的条件下，对各种预测因素的作用和规律进行研究的基础上进行的。因此，市场规模预测不是一个独立的事件，而是一个与其他因素密切相关的联系。在市场作用过程中，需要区分独立事件概率和联系事件概率，提高预测的可行性。

② 系统动态学过程特征：游憩市场是一个由多个增长子系统通过正反馈和负反馈循环共同耦合作用而形成的系统增长过程。市场增长的轨迹总是在过去、现在和未来三个时间尺度上进行，并有不同的增长规律，但却有共同的作用机理。系统结构和数量的变化是影响系统增长效应的主要原因。

③ 系统复杂性特征：游憩市场预测复杂、难以预测，因为其内部结构不清、作用机理不明、旅游消费意愿多变、增长环境不可控，成为一个“黑箱”预测问题。游憩市场预测的复杂性超越一般的经济系统，需要综合考虑多种制约因素，以提高预测精度。

通过游憩市场规模预测出的类型主要包括：连续稳定的市场增长、跳跃式的市场增长、快速衰退型市场。

第三节　游憩产品及价值评估

一、游憩产品及类型

市场学将产品定义为能够提供给市场并引起人们的注意，获取、使用或消费以满足某种欲望或需要的任何东西，包括各种有形物品、服务、地点、组织和想法(Kotler，2006)。游憩产品是借助城市公园、风景区、文化设施、娱乐设施、购物中心、餐饮服务以及其他公共或私人的休闲空间等游憩设施形成的具有公共福祉的一种公共产品或准公共产品(吴必虎，2022)。属于全民所有而非某个特殊利益团体所有，并为国民所使用，以提升国民生活质量和教育素质，同时也是保护自然资源的载体。作为准公共产品，由政府来安排供给可以更公平地配置资源、更高效地从中获得经济收益以支持公共福利(Mankiw，2015)。

公共游憩产品的使用者主要包括当地居民、国内游客、国际游客以及特殊群体[①]等。由于游憩服务与设施具有突出的公共性倾向，仅从市场学角度去理解其产品属性存在一定的局限。但多年以来，对游憩产品的理解其实走向了另一个极端，人们普遍认为

① 保证低收入人群、儿童、老人、残疾人等的可达性是公共游憩产品最重要的一个特点。——吴必虎，黄珊蕙，王梦婷，谢冶凤等．旅游与游憩规划[M]．北京大学出版社，2022。

游憩价值是“无价的”、游憩是“精神层面的审美”，并与商业化无关，这使得游憩设施的投入和闲暇时间的消费行为缺少了理性的规范引导。而实际上，只有当我们知道了(市场)需求的强度，才能科学地去满足它们，并对游憩活动的公共支出进行效益分析。因此，尽管“游憩产品”这个概念尚不完善，但本书仍尝试从市场或经济学的角度对其进行解释，即一方面认为游憩的价值是公益性的，对其价值的认定不在于消费者每年在游憩硬件上花费多少钱，而是游憩为国家的实际收入或福利增加了多少；另一方面，将游憩价值理解为某种价格限制；即个人和集体在为获得某种游憩体验或保护某种风景资源而牺牲的财富上限。而这种限制也可以由在游憩支出中产生的社会收益和替代方案所定义。

以风景名胜区为例，风景名胜区的建设并非产业目的，其审美、文化、科学价值也不是产品。风景名胜区内的自然和人文景物的存在可以为我们提供丰富的精神食粮而无需我们付出任何代价与之交换。我们必须做的只是保护这些自然和人文景物不受破坏，不改变它们的形象，从而永远保存它们的固有价值。

(一)游憩产品的常见分类

游憩产品是一个复合概念，它在理论上是指游憩者活动中所获得的整个经历与体验。广义的游憩产品及其核心利益是“愉悦”，提供愉悦的载体称为基础产品，而在获得核心利益的同时又获得增加服务称为附加产品。狭义的游憩产品是能够给游客带来游憩活动和体验的，由景观、设施和服务三类要素所构成的综合体，也是游憩资源经过合理开发，能够满足游憩需求的吸引物。在实践中，游憩产品仍与旅游产品有较大的区别(表 5－1)。

表 5－1 旅游产品和游憩产品的比较

比较事项	旅游产品	游憩产品
设施	由私人部门所开发、商业可行性重要	通常由公共部门投资和参与
目的地选择	目的地选择多样、国际竞争激烈	受时间距离限制、选择余地不大
环境质量	具有独特的风格，目的地形象至关重要	在城郊和乡村地区，环境质量很重要
组织者	中介(旅行社、代理商)具有重要作用	俱乐部、社团、协会可能介入
游客数量	受目的地接待容量限制	腹地人口、可达性和设施容量决定
资源需求	四季不间断使用、对过量需求敏感	周末和公共节假日高度集中、对拥挤不敏感
经济效益	资金、就业、旅游消费流动性大	就业(主要是临时工)和消费有限

资料来源：吴必虎，2022

莫德里科(Medlik，1991)提出，所有游憩产品都有一些共同的特质，但他们之间也存在各种不同的特点并以此相互区别。游憩产品具有实物和象征两种形态，由于游憩活动具有复杂性，作为服务产品的一种，游憩产品与其他产业产品有许多明显的区别。

① 根据游憩活动和场地项目的对应关系，游憩产品可分为硬质产品、软性产品。在游憩项目之中，有的活动项目有较严格的场地要求，活动和场地是一一对应的关系，把这类项目设施称为硬质产品；相反有的活动项目可以随意安排组织，没有特定的场所，活动和场地是一对多的关系，这些活动称之为软性产品。

② 根据游憩产品的层次性可分为集合产品、元素产品和单元产品。一般一个产品都具有一定的综合性，可看作一个集合，称之为集合产品，它由多个元素构成，例如游乐园是集合产品，它由许多饮食、游乐、交通甚至住宿等元素构成。将游憩活动产品的最小单位定义为元素产品；把可以独立经营的产品称为单元产品，它可能是集合产品，也可以是元素产品。通常，经营者往往从游客需要开发，经营多个元素为一个单元产品。

③ 按消费特征可分为商贸休闲、娱乐休闲、康体休闲和文化休闲等不同类型的产品。

④ 按游憩产品空间聚合程度可分为辅助附件型、专门型、组合型、主题综合型等。

⑤ 根据游憩吸引力分为强吸引产品和弱吸引产品：游憩产品的强吸引力会主导游憩的时间、影响人们对路程距离的接受程度，带来长时间的停留，如长途度假旅游；弱吸引力可能只会吸引时间预算不多、路程近的周边城市游憩，如短途周边游。

(二)根据资源属性的游憩产品分类

由资源属性确立的游憩产品通常分为自然和文化两类，总体上更偏重于观光游憩的活动类型，其产品属性相对较弱，只是在具体的活动场景及服务配套上可以进行适当拓展丰富。

自然资源：地质地貌观光(国家公园旅游)、森林观光(森林公园旅游)、草原观光、沙漠观光、自然保护区(生态旅游)、湿地观光、河湖观光、瀑布观光、泉水观光、海洋旅游、冰川旅游、植物园旅游、动物园旅游(野生动物园旅游)、水族馆旅游、天象气象观光等。

文化资源：文物古迹观光、遗产旅游(文化遗产旅游)、古民居古建筑观光、遗址观光、革命纪念地观光、民俗旅游、民族风情观光、宗教旅游、园林观光、城市观光、电影旅游(文学影视旅游)、博物馆旅游、美术馆旅游、工业观光、农业观光等。

二、产品的生命周期

(一)产品生命周期的基本概念

产品生命周期(Product Life Cycle，PLC)是指产品从进入市场开始到被市场淘汰所经历的整个过程。

1950 年，乔尔·迪安(Dean J)在《新产品定价策略》一文中首先提出产品生命周期的概念，认为可以按照产品在市场中的演化过程，分为推广、成长、成熟和衰亡阶段，产品在不同的阶段应该有不同的定位。其后，美国经济学家西奥多·李维特(Theodoer Levitt)

在他的论文中进一步探索这一概念,并将其用于产品的市场战略研究。1966 年,哈佛大学教授雷蒙德·弗农(Raymond Vemon)提出了当国内市场扩展到国际市场时,同一产品的生命周期各阶段在不同国家市场上出现的时间是不一致的。这种由于各国技术、经济水平等方面的差别造成的同一产品在各国开发、生产、销售上的时间差异称为国际领域产品生命周期。经过多年的发展,产品生命周期的概念和内涵也在不断发展变化。

(二)游憩地的生命周期

相比游憩,旅游活动的经济属性更为鲜明,因此,关于生命周期理论的解释从旅游地的建设发展过程开始:

1. 旅游地生命周期理论

(1)旅游地生命周期理论概念

旅游地作为空间概念是指区域系统内一个旅游业组织的基本地域单元,包含多种旅游资源和旅游产品,是旅游产品的空间载体,也可以说是一种综合的旅游产品。实际上,自旅游地生命周期理论出现,关于将该理论表述为“旅游地生命周期”还是“旅游产品生命周期”存在着长期的争议。本文的观点接近第三类,即不对这两个表述进行严格区分。

旅游地生命周期(Tourism Area Life Cycle,TALC)理论是描述旅游地演进过程的重要理论,是地理学对旅游研究的主要贡献之一。关于旅游地生命周期理论的起源,一般认为是 1963 年由克里斯(W. Christaller)在研究欧洲的旅游发展时提出的。1973 年,帕洛格(Plog)也提出了另一种获得普遍认可的生命周期模式。1978 年斯坦斯菲尔德(Stansfield)通过对美国大西洋城盛衰变迁的研究,也提出了类似的模式,他认为大西洋城的客源市场部分由精英向大众旅游者的转换伴随着它的衰落。

加拿大地理学家巴特勒(R W. Butler,1980)把 PLC 理论应用于旅游地研究,提出了著名的目的地生命周期理论(Destination Life Cycle,DLC)。1986 年,海伍德(K M. Haywood)根据不同的细分市场,将生命周期划分为若干个组分,即生命周期曲线实际上是由若干不同的细分市场组成的,将这些细分市场对生命周期的贡献大小区别出来,可以确定市场在不同时期的变化。针对旅游地生命周期不同阶段的特点,海伍德还指出,需要从多个方面考虑旅游产品生命周期的控制问题。

(2)旅游地生命周期理论发展

到目前为止,在旅游地生命周期理论中,被国内外学者公认并广泛应用的是巴特勒(Butler)于 1980 年提出的 S 形曲线和六阶段模型。Butler 在《旅游地生命周期概述》一文中,借用产品生命周期模式来描述旅游地的演进过程,提出旅游地生命周期理论,具体描述了旅游地从开始、发展、成熟到衰退阶段的生物界普遍规律。他认为一个地方的旅游开发不可能永远处于同一水平,而是随着时间变化不断演变——一条近似 S 形的曲线变化。这条曲线变化可以把旅游地的发展分为 6 个阶段:探索阶段(Exploration)、参与阶段(Involvement)、发展阶段(Development)、巩固阶段(Consolidation)、停滞阶段(Stagnation)、衰落或复兴阶段(Decline or Rejuvenation),六阶段模型(图 5－2)是分析旅游地演进过程的最重要的模型。通过运用该理论,可以了解旅游地的发展阶段,明确其发展的限制因素,了解旅游地发展六个阶段以及每一阶段所具有的指示性特征和事件,并通过人为调整延长旅游地的生命周期。巴特勒曲线是对旅游地发展周期的高度抽象和理论提炼。在实际情况中,DLC 的 6 个阶段经常表现为"冷一热一冷"的变化过程,而且其变化曲线有各种变形。

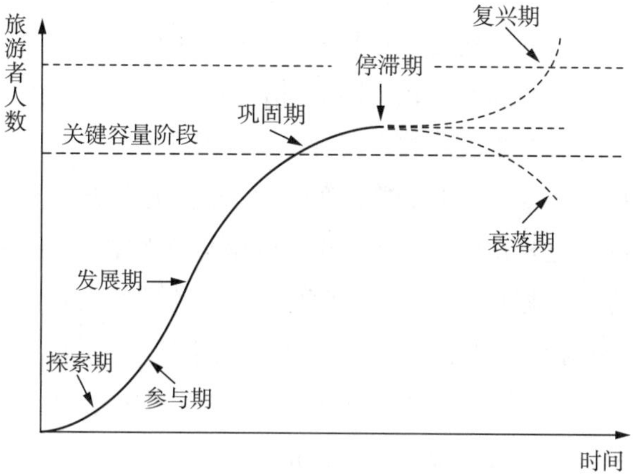

图 5－2　旅游地生命周期 S 形曲线

资料来源:Butler,1980

(3)旅游地生命周期理论各个阶段状况描述

探索阶段(Exploration):是旅游地发展的初期阶段,其特点是零星的旅游者作无规律的旅行游览,没有季节性旅行模式,旅游地也没有特别的设施为旅游者服务,旅游地的自然和社会环境未因旅游而发生变化。

参与阶段(Involvement):随着游客的增多,旅游变得有规律,当地居民开始参与给游客提供一些设施和服务,旅游者开始通过旅行社和设施的经营者安排旅游活动。

发展阶段(Development):有固定的客源市场,外来投资剧增,本地居民简陋的膳宿设施逐渐被规模化、现代化的设施所取代,通过大量的广告宣传以吸引人们到此旅游,旅游地的自然面貌发生了显著改变。

巩固阶段(Consolidation):旅游业的经营和系列设施都已确定下来,当地经济严重依赖旅游业,本地居民被排出主要吸引地之外,游客增长率相对下降,旅游地有了界限分明的娱乐、商业区。

停滞阶段(Stagnation):游客基本上没有什么增长,游客量达到最大,旅游环境容量已达到饱和或超饱和,并伴随有环境、经济和社会文化问题,旅游地在游客中已建立起深刻的印象。

衰落或复兴阶段(Decline or Rejuvenation):如果管理混乱,没有新的项目和新的设施,旅游者逐渐减少,旅游地难以同新的旅游地竞争,那么它便处于衰落阶段。如果旅游地加强管理,增加了新的具有吸引力的旅游资源或项目,也可能再次使游客量增加,旅游地进入复苏阶段。进入复苏阶段的旅游地又开始新的循环,重复上述几个阶段。

(4)影响旅游地生命周期的主要因素

徐致云和陆林(2006)归纳了国外学者在对旅游地生命周期研究中生命周期的主导影响因素,这些影响因素主要包括以下15种:①环境质量与容量;②过度商业化;③良好的区位;④交通条件;⑤基础设施;⑥旅游资源的丰度;⑦居民的支持度;⑧旅游形象;⑨旅游地的竞争力;⑩旅游发展速度;⑪外部投资;⑫政府与旅游经营者的作用;⑬外部竞争环境的变化;⑭客源市场的改变;⑮外部政治环境。

(5)旅游地生命周期各个阶段的判定与评估

判断旅游目的地处于生命周期的哪个阶段,综合相关研究,应对下列因素进行调查和综合评估:①旅游目的地开发时长;②旅游目的地旅游结构、功能;③旅游目的地旅游产品类型;④旅游目的地旅游业态;⑤旅游目的地接待的游客人数状况,每年接待的游客人数在总量上的变化;⑥旅游目的地游客人数年增长率;⑦外来投资者投资规模的变化;⑧旅游地社区居民就业状况的变化;⑨社区居民对投资者和游客态度的变化;⑩旅游地社区环境受损状况;⑪旅游接待设施供求关系的变化。

通过对以上因素的系统调查和分析,再对照旅游地生命周期曲线图和每个阶段所呈现出来特征的描述,进行判断,发现问题、解决问题。

2. 游憩产品与游憩地的生命周期影响

与旅游地生命周期相比,游憩产品或游憩地的生命周期的研究受到的关注较为零散,但部分市场化程度较高的游憩产品及其开发仍对这种周期性变化极为敏感。因此,旅游地生命周期理论对游憩产品开发具有重要参考价值和指导意义。一个游憩产品或游憩地如果处于巩固阶段及以前的发展时期,其重点应放在游憩资源开发、设施建设和宣传促销等方面;如果处在停滞阶段及以后的发展时期,其重点应放在开发新的游憩资源,增加新的具有吸引力的项目,做好广告宣传,促使游憩地复苏。与旅游地产品生命周期不同的是,部分游憩产品的生命周期短暂得多,变化较快,在实际开发中的应用较为困难。

三、游憩产品的价值评估

(一)游憩价值与评估

游憩价值是指由游憩的资源与环境所提供的,集社会、生态和经济效益为一体的综合效益,可以分为使用价值和非使用价值两部分。其中使用价值是指游憩资源为游憩者提供的现实利用价值,即人们愿意支付一定的费用获取服务以满足其游憩需求;非使用价值指人们愿意为尚未利用、但可供未来或子孙后代持续利用的游憩资源支付一定的费用而产生的价值，也即存在价值。游憩价值是采用经济化的表现形式对游憩资源或环境的一种评价方式。对游憩资源的价值进行评估就是从经济学的角度对其综合效益进行货币化的评价与核算。游憩价值评估方法在旅游活动中也有着重要的作用，其成果被广泛应用于景区的管理决策。针对游憩资源进行价值评估可以在某个区域的多个资源点中，选择那些最为适合近期开发的重点场地(Gearing & Var，1977)；或者在总体评价的基础上，选择出最合适某种形式或几种形式的成片开发区域(Piperoglou，1967；Vedenin & Miroshnichenko，1970；Gunn，1979)。由于许多资源能够直接转化为产品，因此，针对游憩资源的评价往往兼具产品价值评估的性质。

(二)定性分析

通常，游憩的价值评估可以分为定性和定量两类方式。其中，ASEB 栅格分析法是常用的定性评估方式之一。ASEB 即活动(Activity)、环境(Setting)、体验(Experience)和利益(Benefit)。可以分为四个层次：第一层次是对某种特定活动的需求；第二层次是消费者在特定环境中对某种活动的需求；第三层次是从这些活动中获得的体验的需求；第四层次是体验后最终得到满足的需求。ASEB 是以消费者为导向的管理手段，有利于开发获得高满意度的产品。在分析过程中 ASEB 可以表达为一个概念矩阵，并与传统的 SWOT 分析相结合，并按顺序从 SA(对活动的优势评估)到 TB(对利益的威胁评估)所组成的 16 个单元逐次进行研究(表 5-2)。

表 5-2 ASEB 栅格分析矩阵图

	活动(Activity)	环境(Setting)	体验(Experience)	利益(Benefit)
优势(Strengths)	SA	SS	SE	SB
劣势(Weaknesses)	WA	WS	WE	WB
机遇(Opportunities)	OA	OS	OE	OB
威胁(Threats)	TA	TS	TE	TB

资料来源：朱立新，2009

为了进行环境经济部分或全体的价值评估，经济学家还采用了其他方式进行框架构建，如 TEV(Total Economic Value)的概念提供了一个环境资源(Environment Resources)评估的框架(图 5-3)。皮尔斯(Pearce)等还提出总经济价值指某种环境资源被转作它用或严重毁损时所损失的价值，可通过使用价值和非使用价值相加，或二者直接作为整体度量得到。通过这个框架可清晰认识资源环境提供给人类的福利，从而度量其价值。

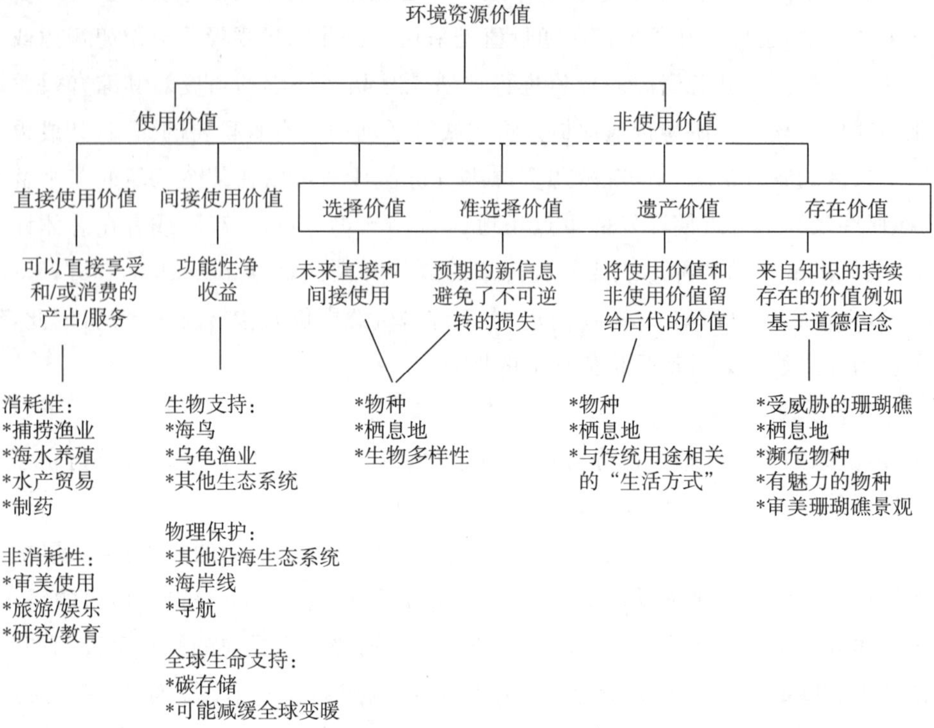

图 5－3　环境资源价值评估

资料来源：Subade R F.，2007

（三）定量分析

1960 年以前，旅游资源的价值评估理论作为环境价值评价理论的一个部分，主要采用的是成本—效益分析方法，它最早由经济学家威廉·配第（William Petty）提出，配第起初是把该方法作为公共事业部门投资和环境影响的经济评价。20 世纪 70 年代以后，游憩与旅游资源的货币价值评价逐步形成理论体系。费用支出法（Expenditure Method，EM）、市场价值法（Market Valuation Method，MVM）、旅行费用法（Travel Cost Approach，TCA）、享乐定价法（Hedonic Price Method，HPM）等方法得到广泛应用（Wilman，1980；Smith et al.，1983；Peters，1989）。20 世纪 90 年代以来，条件价值法（Contingent Valuation Method，CVM）在旅游资源货币价值评价中处于主导地位（Loomis et al.，1997；Carson，1998），并出现了将 CVM 与 TCM 结合应用的研究案例，至今，条件价值法（CVM）和旅行费用法（TCM）仍然是广为流行的两种方法。在国内的研究成果中，目前主要有旅行费用法、条件价值法、资本收益法等。

1. 费用支出法（Expenditure Method，EM）

游憩产品各环节实际统计收入总量在操作上相当困难，通常采用的方法是调查游客的消费总量，因为理论上二者应该是相等的。费用支出法是一种实用、基础和方便的游憩价值评估方法，主要以游客为游憩而实际支出的有关费用的总和(包括往返交通费、餐饮费用、住宿费、门票费、设施使用费、摄影费用、购买纪念品和土特产的费用、购买或租借设备的费用、停车费以及电话费等一切支出的费用)作为相关资源的游憩价值。

费用支出法通常有三种形式：

① 游客费用总支出法，以游客为游憩活动而付出的费用总支出作为游憩价值，包括交通费、膳宿费、门票费、购物费、时间成本等；

② 区内费用法，即以游客在游憩区内支出的费用作为游憩价值，如游客付费参与娱乐活动、付费拍照等；

③ 部分费用法，即以游客支出的部分费用，一般以交通费、门票费和餐饮住宿费三项作为游憩价值。

费用支出法在实际应用中也有一定的不足，主要表现在：

① 能反映游憩区的收益情况，但不能体现出游憩资源的社会价值；

② 无法知道消费者的支付意愿，不能真实地反映实际游憩价值；

③ 费用支出法中许多费用并不是为享受游憩资源而支出的，如付费公厕、购买纪念品等；

④ 仅能评价某项游憩资源的使用价值，不能核算游憩资源的选择价值和存在价值等非使用价值。

2. 条件价值法(Contingent Valuation Method，CVM)

条件价值法又称意愿调查法，以游客对游憩商品的支付意愿(Willingness to Pay，WTP)作为游憩区的经济价值。例如森林及林中小河可以狩猎、野营、漫步、观赏、游泳、划船和钓鱼等，而游客愿意支付一定的费用，如门票费、停车费、税收和旅行费等，以获得这种服务。CVM 是一种通过构建假想市场并以调查问卷为工具评价应答者对缺乏市场的物品或服务赋予价值的方法，依靠询问人们的支付意愿(WTP)或受偿意愿(Willingness to Accept，WTA)来具体实现。CVM 最早由西里阿希·旺特卢普(Ciriacy-Wantrup)在 1947 年提出，并由戴维斯(Davis)于 1963 年首次运用于缅因州林地宿营和猎鹅娱乐活动项目的收益评估上；尤其经由美国大气海洋局(NOAA)出台的关于埃克森石油泄漏污染事件的报告之后，CVM 的研究成果及研究领域都有广泛的增长，从起初对环境物品或服务休憩娱乐价值的评估扩展到环境改善效益的评估或者针对环境破坏所带来的经济损失的评估上。我国在 20 世纪 90 年代引入 CVM 方法，其应用领域主要集中于对自然环境的评估，而在人文环境游憩价值方面的评估研究较为有限。

CVM 方法是一种直接调查法，是用于评价没有市场价格和不可确定价格的环境服务(如森林游憩)最流行也是较为成功的方法。由于游憩资源的非使用价值通常不能在市场上交易且没有市场价格，所以不能通过市场需求来衡量之，只好通过假想市场的消费者偏好来量化之。应用 CVM 可对假想市场的物品进行价值测算，也被公认是目前所知衡量非使用价值的唯一途径。其优点在于：①可以评价各种效益；②是目前社会价值评价的唯一方法；③是政府决策的有效工具。

CVM 按调查方式的不同可分为 4 类：报价法，先假设“环境商品”存在并给出一定的供给水平，再要求消费者回答获得该公共商品的 WTP；取舍实验法，把被调查者分为几个子样本，向每一个样本提出同样的问题，但开价不同，然后要求消费者对开价做出取舍；交易法，给消费者两种不同的选择，一种是一定数量的钱，另一种是一种环境商品，然后要求消费者做出取舍；德尔菲法，把调查范围限定在有一定环境知识的专家内。

依据支付意愿原理可知，调查样本的平均支付意愿值与相关群体总人数的乘积可用来估算评估对象的非使用价值总量，计算公式如下：

$$E(WTP) = \sum_{i=0}^{k} P_i A_i$$

式中：$E(WTP)$ 表示被调查游客的平均支付意愿；P 表示在 k 个支付水平中选择第 i 水平支付意愿的人数的分布频率；A 表示第 i 水平的支付意愿数值；k 为可供选择的支付意愿数额数；总支付意愿即为平均支付意愿与年游客量的乘积，公式为：

$$WTP = E(WTP) \times N$$

式中，WTP 表示游客量的总支付意愿；N 为年游客量。

3. 旅行费用法(Travel Cost Method，TCM)

旅行费用法最早由美国经济学家霍特林(Hotelling)于 1947 年提出，后经克劳森和肯奇(Clawson & Knetsch)的拓展研究逐渐成为一种成熟的用于评估与核算那些没有直接市场价格的自然景点或环境资源的价值的方法，因此，有时 TCM 方法又称 Clawson 法。TCM 方法基于消费者行为理论，假设游憩资源的收益取决于特定意义下的需求函数，通过对游客进行调查，将游客到达旅游目的地的所有花费作为游客对旅游目的地的支付价格，建立旅游率和旅行费用的相关关系，以此为基础，得出游憩资源的需求曲线，从而明确消费者剩余，并最终计算游憩资源的使用价值。

在实际应用及发展过程中，TCM 逐渐形成区域旅游成本法(Zonal Travel Cost Method，ZTCM)、个人旅游成本法(Individual Travel Cost Method，ITCM)和旅行费用区间分析法(Travel Cost Interval Analysis，TCIA)三种基本模型，这几种模型的理论前提相同，操作方法不同。

ZTCM，克劳森和肯奇于 1966 年建立起的第一个 TCM 模型可以认为是 ZTCM 的起源。根据游客的客源地划分出游分区，通过各分区出游率与各客源地人口的联系来估计游憩需求；ZTCM 模型形式如下：

$$V_{ij}/N_i = f(TC_{ij}, SOC_i, SUB_i)$$

其中，V_{ij} 表示根据抽样调查结果推算出的一定时间内从 i 区域到 j 旅游地旅游的总人数；N_i 表示 i 区域的人口总数；TC_{ij} 表示 i 区域游客到旅游地 j 的平均旅行费用；SOC_i 表示向量，表征 i 区域旅游者的社会经济特点；SUB_i 表示向量，表征 i 区域旅游者旅游替代品的特点。

ITCM，将每个游客的到访次数作为旅行费用、时间和其他解释变量的函数，以 1991 年威利斯和加洛德（Willis & Garrod）的成果为代表，这一成果也标志着 *ITCM* 已成为 *TCM* 理论研究中的主流。其函数形式如下：

$$V_{ij} = f(TC_{ij}, SOC_i, SUB_i)$$

其中，V_{ij} 表示一定时间内个体 i 到旅游地 j 的旅游次数；TC_{ij} 表示个体 i 到旅游地 j 旅游一次的旅行费用；SOC_i 表示向量，表征 i 区域旅游者的社会经济特点；SUB_i 表示向量，表征 i 区域旅游者旅游替代品的特点。

TCIA，是对旅行费用法的改进，通过计算出的游客游憩费用来划分游客集合。李巍等(2003) 结合九寨沟的自然资源游憩价值评价对该方法进行了描述：假设有一个总样本数为 N 的游客样本集合，按旅行费用将游客分配在不同区间，$[C_0, C_1]$，$[C_1, C_2]$，…，$[C_i, C_{i+1}]$，$[C_{n, +\infty}]$，共 $n+1$ 个集合，每个集合的游客数分别为 $N_0, N_1, \cdots, N_i, \cdots, N_{n,N} = \sum N_i (0 \leqslant i \leqslant n)$。可以做如下假设，第 i 个集合的每个游客都愿意在旅行费用等于 C_i 时进行一次旅游；显然在旅行费用等于 C_i 时愿意进行本次旅游的游客数目不仅是 N_i，还包括那些愿意支付更高费用的游客，因此在旅行费用为 C_i 时样本游客的旅游需求为 $M_i = \sum N_j (i \leqslant j \leqslant n)$；取 $P_i = M_i / N$，为在价格 C_i 时这 C_i 个游客中愿意进行旅游的比例；假设这 C_i 个游客具有相同的旅游需求，于是可以认为在价格 C_i 下每一个游客进行一次旅游的概率等于 P_i；另 $Q_i = P_i$，定义 Q_i 是每个游客在价格为 C_i 时的意愿旅游需求。对 C_i 和 Q_i 进行回归拟合得到游客个人的意愿需求曲线。利用得到的需求曲线，可以进行所需的评估。

在此基础上，冯秀珍(2013) 结合归宗岩景区对特定景点的总游憩价值的计算进行了总结，其计算公式为：

$$RV = [(SCS + STC) / SN] \times TN$$

其中，*RV* 为总游憩价值(Recreation Value)，*SCS* 为计算游客样本集合的总消费者剩余(Sample Consumer Surplus)，STC 为样本游客的总旅行费用支出(Sample Travel Cost)，SN 为样本游客数(Sample Number)，TN(Tourist Number)为调查年份的游客总数。

4. 享乐定价法(Hedonic Price Method，HPM)

HPM 作为自然资源价值核算的方法之一，其进行价值评估的基础是享乐模型。享乐模型是基于“商品的价值取决于商品各方面的属性所能给予消费者的满足”这一效用论的观点而建立起来的价值评估模型。它在经济学的意义上指人们从其消费的商品或服务上获得的效用或满足程度。HPM 是从相关市场交易的成本和价格的角度来核算环境资源的经济价值。不同于 CVM,该方法核算基础是实际的交易价格、购买价格等。

HPM 在应用中也有一些问题和局限性。首先,该方法在应用时需有研究时限内的大量数据,而这些数据都是很难收集的;另外,HPM 在实践应用中还有诸如共线性、模型方程形式的选择以及可分离性等问题;而且 HPM 进行游憩价值评估是以其他居民区居民不在评估对象休闲为前提的。

享乐定价法是基于消费者满意度以及消费所带来的效用这一观点而建立的价值评估模型,在某种意义上来说,它体现了经济学上的效用满足。

在实践运用当中,享乐定价法是利用相关市场的价格与成本来进行核算的,此方法使用时,一般用于评估具有房产和财产的相关领域,例如在房产附近具有公园和森林等游憩空间时所进行的游憩价值评估等。

5. *效益转移法*(Benefit Transfer Method,BTM)

BTM 又称为价值转换方法。所谓价值转换(Benefit Transfer)就是利用统计和数量经济方法将从研究景区(Study Site)所得到的各类资源或旅游活动的经济价值转换到拟开发的旅游项目(Policy Site)中的价值评价。在这一过程中要尽量寻求研究景区与政策景区各种条件(包括人口、经济收入、自然状况、消费偏好以及文化习俗等等)的一致性,并对其存在的差异进行科学的调整,以最大限度地减少价值转换误差。在评估时,首先应该考虑成果的可转移性,即在研究时寻求旅游景区和待开发景区的一致性,其中包括时间、人口、风俗等。在此基础上,进行适当的差异修正,就可以得到待开发景区的评估价值。

第四节　游憩产品的转化开发

资源不能完全等同于产品,需要进行一定的开发后才有可能转化为产品,且有一些禁止开发成产品的资源需受到保护。游憩产品是针对特定使用者的产品,需要明确其具体的市场或服务差异。史密斯(Stephen L. J. Smith,1994)针对旅游产品的产生,对资源向产品的转化进行了总结,并提出:从市场营销角度看,人们对产品的一般性质感兴趣,特别是对服务的性质感兴趣。服务的结构通常被视为相对复杂的,涉及不同级别的服务,且消费者被认为经常与提供服务有某种联系。从供给侧看,旅游产品从根本上说是一种复杂的人类体验(而不是一种简单的、客观的商品),而旅游产品的开发必须是一个涉及信息服务、交通、住宿和景点的综合过程。在此基础上,他进一步提出旅游产品可由五个要素组成,如图 5-4 所示为一系列同心圆。而旅游产品是一个复杂的生产过程的结果。在这个生产过程的每个阶段都增加价值。增值是指在任何特定阶段的生产成本与消费者愿意支付的成本之间的差额。此外,消费者是生产过程中的一个组成部分。大多数非旅游产品的生产都是独立于消费者进行的，但是旅游产品在消费者进入生产阶段并积极参与到最后阶段之前，是不存在的。

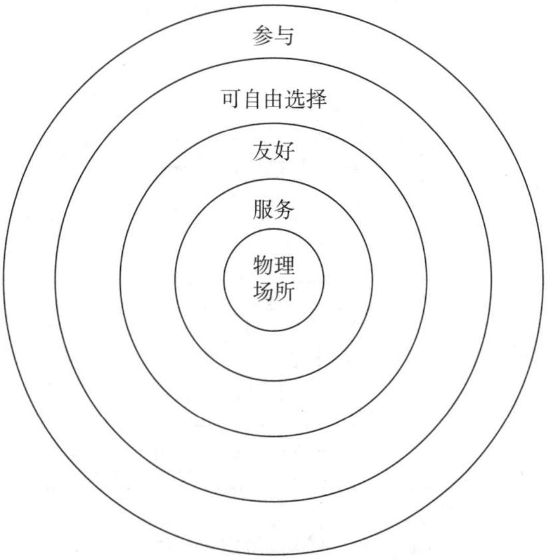

图 5－4　旅游产品五要素同心圆

资料来源：Smith，1994

针对新产品开发，厄本和霍瑟(Urban & Hauser，1980)提出了程序化步骤，其中包括机会确认、产品设计、产品试验、向市场推介等 4 个过程(图 5－5)。机会确认是指确认区域旅游产品中将来最有发展前途的开发项目。产品设计是指将一些好的想法转变为某种可以实现的形式，包括旅游产品特性的描述以及用以促销的开发战略。如果没有设计方案可行，可在更大的范围内对旅游产品进行试验，以确定它是否具有市场潜力，是否对旅游者具有吸引力。如果试验的结论也是积极性的，就可以将这种新产品向市场推介了。

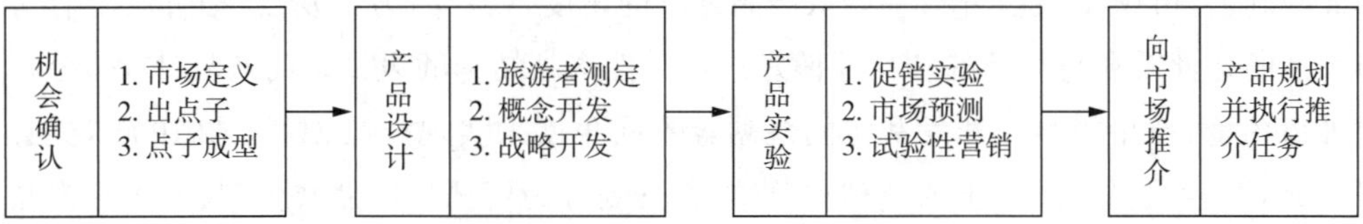

图 5－5　新产品开发的程序化步骤

资料来源：Urban & Hauser，1980

2001 年，吴必虎结合洛阳市旅游发展总体规划提出了 RMP(昂谱)分析方法，基于资源(Resource)—市场(Market)—产品(Product)的流程路线对区域旅游资源进行产品转化开发提出了理论框架(图 5－6)。该模式基于资源、市场、产品的系统分析，即以旅游产品为中心，分别进行 R 性即资源分析、M 性即市场分析，再以此为基础进行 P 性产品分析，并最终提出创新型旅游产品的理论框架。

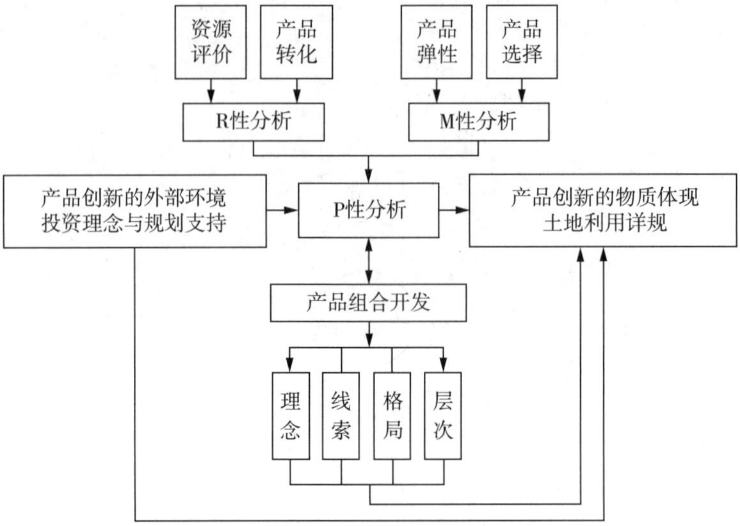

图 5－6　RMP(昂谱)分析方法

资料来源：吴必虎，2001

RMP 方法近些年在旅游和游憩研究中得到广泛的应用。基于资源(R 性)分析，初期的旅游市场依托具有国际影响的顶尖级旅游产品，资源本身就是产品，不需要更多的新产品开发，属于“资源产品共生型”。典型的如长城、故宫、桂林山水等，从资源转换到产品不需要很大投资，是低投入、高产出的产业结构。其工作重点是基础设施和接待设施的建设，而非产品或吸引物的建设。随着市场的转变，资源直接转换成产品的情况发生了变化。产业结构转变为“资源产品提升型”，即需要很大的投入才能将资源转换成产品，这一时期产业结构的特点是“高投入、高风险、高产出”，接待设施和基础设施已经不是制约发展的关键，产品本身是否有品位，需投入多少建设资金成为人们关注的重点。在此基础上，市场(M 性)分析主要从产品需求的角度，以产品为出发点，结合旅游者对旅游产品的弹性需求与产品的选择性偏好进行弹性产品结构的设计。而产品(P 性)分析则从外部环境、产品的组合开发和空间规划等不同角度来实现产品创新。2010 年，吴必虎等对 RMP 模式做出进一步的梳理与总结，将其划分为资源—产品共生型、资源—产品提升型和资源—产品伴生型等三种模式。其中共生模式即指资源品位较高、具有较强吸引力，不需经过大规模开发即可由资源转变为某种类型的产品。而提升模式是指资源品位较低，将资源开发为产品需要较大的资金投入的模式。伴生模式是指功能上属于其他类型的设施或场所，但同时具有一定的旅游功能的事物。

第六章　游憩产品开发

第一节　城市游憩产品与开发

一、城市游憩产品的特点

城市游憩产品是城市游憩空间的核心，其数量、质量及其组合情况的优劣在很大程度上可以决定城市游憩空间乃至城市空间品质的高低。

城市游憩产品就是指在城市地区由景观（吸引物）、设施和服务三类要素所构成的综合体，是城市游憩空间的核心与亮点，也是游憩者追寻与体验的目标。城市游憩产品具有以下的特点：①与乡村游憩产品相比，城市游憩产品具有活力、动感、速度等特性；②城市游憩产品是城市的一个重要组成部分，是城市形象的代表，它并不是固定不变的，而是随着城市的发展不断产生新的产品；③城市游憩产品具有协同开发的特点，例如与体育赛事有关的不仅仅是卖座位，还包括电视转播权、纪念品、接待业、赛事冠名权等。

二、城市游憩产品谱

城市游憩产品是一个开放系统，具有典型的时代特征。早期有四类旅游点（自然风光、人工胜迹、人工游乐景观、休闲度假点）的提法（陈传康，1996），随着产品的竞争和市场需求的不断变化，产品形式也在不断地增减改变。此外，各种产品之间的游憩功能具有一定的交叉重叠性。因此，要提出一个较稳定的产品分类系统是困难的。根据城市游憩产品的特点，并结合旅游产品的分类体系，可以把城市游憩产品分为传统型和现代型两大类。

（一）传统型城市游憩产品

观光型游憩产品。观光是一种最为常见的游憩产品，是人类为了满足其好奇心而产生的初级产品。正因为其初级性，越发体现出普遍性，是最为普及的游憩产品。包括城郊自然风光、城市风光、城市名胜古迹、城市缩微景点、城市广场、城市公园、主题公园、野生动物园、海洋馆等观光游憩产品。如深圳欢乐谷就是国内开发比较成功的城市主题公园之一，为人们提供了内涵丰富的观光型城市游憩产品。

文化型游憩产品。在某种程度上，游憩产品都具有一定的文化性，游憩产品的生产过程就是一种文化创造的过程;游憩产品的消费过程就是一种文化被感知和传播的过程。从这种意义上来讲,所有的游憩活动都可视为文化游憩活动,但这里更强调游憩经历的文化体验。因此文化型城市游憩产品主要包括传统历史文化街区、遗址故居、博物馆、陈列馆、美术馆、歌剧院、音乐厅、剧场、民风民俗、拜祖寻根、宗教、文学、电影摄制地等。

游乐型游憩产品。前文介绍的以巴肯公园为代表的游乐园是典型的游乐型游憩产品,尽管其早在400多年前就已建成,但其中主要的游乐模式和空间特征直至今天也仍不失其产品特点,受到来自世界各地游客的喜爱。这种游乐园模式不仅自成一体,还是很多其他游憩模式的原型,在游憩产品开发方法上具有重要地位。该类产品还包括:户外活动(城市公共空间内),室内活动,社交性活动,影视和演艺娱乐等。

度假型游憩产品。度假是指利用假期在一地相对较少流动所进行的休养娱乐方式。其特点是:目的地相对固定,更强调休息,在一地停留的时间相对较长,回头率较高,无需导游陪同,对娱乐设施要求较高。度假型游憩产品主要包括城市周边的海滨度假、温泉度假、湖泊度假、山地森林度假、滑雪度假以及城郊乡村、野营度假等。

餐饮型游憩产品。城市中的许多餐饮场所既有单纯的满足日常吃饭的类型,也有一些以社交、休闲的功能为主的形式,是城市游憩生活重要的聚集地。近年来,餐饮场所的形式也日趋多样,结合游憩行为,如观赏风景、文化体验、休闲娱乐、生态绿色等等,相应的产品特色亮点层出不穷。常见的餐饮型游憩产品如酒吧、餐吧、音乐餐厅、景观餐厅、休闲餐厅等。

购物、商业型游憩产品。城市是最主要的商业活动聚集地,也是购物型游憩活动的主要发生地。从传统的集市、商业街到现代化的商业综合体,或是伴随着游憩活动的周期性变化产生的RBD,城市购物型游憩产品的形式呈现出多样性、复合型和游憩型的变化趋势。近年来,随着互联网时代对实体商业空间的冲击日趋激烈,商业与游憩的结合,以及购物环境的人性化、主题化、体验化、游憩化的营造策略已成为购物空间焕发活力的共识。

(二)现代型城市游憩产品

商务型游憩产品。商务游憩是因为从事现代商务活动而衍生进行的游憩,它是游憩活动谱中仅有的与谋生手段(或获取经济利益)有紧密联系的产品形式,其特点是消费水平高,历时较短但频次较多,游憩活动具有一定的商业目的,但总体氛围控制仍以休闲形式为主。如商务型聚餐、高尔夫、高端酒会、义卖会、帆船会等,也包括一些非正式的会议、会展、节事、企业年会等活动。

康体型游憩产品。随着社会经济的发展和人们生活水平的提高,人们越来越要求在获得游憩体验的同时,还能够让身体素质和身体状况得到不同程度的改善。于是康体游憩产品便应运而生,主要包括一般体育项目(如游泳、网球、保龄球、健身房等)、高尔夫运动、体育观战、医疗保健等。

刺激型游憩产品。所谓刺激型游憩产品，就是指通过制造适当的冒险经历使游憩者体验到胆战心惊的场面或官能感受，刺激各种神经系统使其感受紧张、惊奇、眩晕、幻象等独特信息的游憩产品，这类产品在传统游憩类的人工游乐设施中也有较多体现，而主要包括探险、赛车、蹦极、斗兽、狩猎、穿越等，近年来，一些虚拟现实、桌游（以狼人杀、剧本杀等为代表）、密室逃脱等形式的文化刺激型游憩项目也得到了极大的发展，成为市场热点。

三、城市游憩产品的开发思路

（一）注重产品的体验性、参与性

游憩产品是一种享受型的产品，应重视对游憩者的精神和心理满足，体会游憩者的要求与感受。迪士尼乐园可以说是最早的体验性、参与性的游憩产品的经典之作，其成功之处在于依据目标顾客的欲望将其规划得富有想象力。为了使消费者在迪士尼乐园有快乐的体验，乐园在产品创新上做足文章，为世人创造一个童话般的世界，让人们体验惊险与快乐。

（二）重视游憩者的个性化与情感需求

在体验经济、休闲经济消费时代，为了使游憩产品差异化、多样化及个性化，必须根据游憩者的心理特征、生活方式、生活态度和行为规律去设计、创造出满足人们精神需求的游憩产品，使其能引起游憩者的遐想与共鸣。

（三）强调产品的主题化设计

主题是游憩产品的灵魂。有吸引力的主题可以调整游憩者对游憩产品的现实感受，可以充分调动游憩者的感觉器官，使之留下难忘的经历。这就要求以一条明确的主线来进行游憩空间规划设计，并与游憩形象融为一体，以带给游憩者整体感，产生联想效应。

（四）增强游憩产品的多样性及其组织优化

由于游憩需求的多元化和多层次特点，因此要防止游憩产品的单一化，提倡产品内容的多样化和开发方式的集约化，做到产品结构合理，时空分布最佳。一是对游憩产品进行深度开发，实施品牌战略，推出精品；二是实行游憩产品的联合开发，实现"资源共享"和"市场共享"；三是注意游憩产品的时空分布合理性，将点连成线，线延伸成面，使游憩者在不同地点、不同时段都能得到新的享受。

（五）注重游憩产品的文化表达和包装

城市游憩空间要能开发成功，并可持续发展的一个关键因素，就是必须将游憩与文化紧密地糅合在一起，以赋予产品丰富的文化内涵，从而创造出具有鲜明特色的游憩文化。这就需要对游憩产品的文化进行表达和包装。

四、城市游憩产业

（一）城市游憩产业构成

城市游憩系统因其公众服务性和经济产业化特征，在国民经济和社会发展建设中扮演着日趋重要的角色。其产业构成主要包括产品、行销辅助、产业支持三大子系统。其中,产品子系统依托于一定的游憩资源开发,包含基础游憩设施、服务和产品保障三种组成部分;行销辅助子系统则通过传播媒体和城市运输体系完成对产品的市场促销,包括客源输送、媒体促销、内部行销三类产业单元;产业支持子系统提供产品开发设计的技术支持以及相应游憩设施的设备支持,进一步可以区分为产品设计和器材支持两大产业。由于区域经济发展的较大差异,游憩产品开发有着很大的地域和时间差别。发展趋势却是一致的:日常型游憩需求向提高、专门层次过渡;周末型游憩活动半径扩大,追求形式多样化,要求相应产品具备空间辐合特征,功能具有较好的综合性和舒适感。

(二)城市游憩产业演进特征

地域经济发展的不平衡,使城市游憩产业表现出在系统完整性、功能层次、产业聚集和空间组织上的演进特征,并且在沿海—内陆、沿海大城市—内陆省会城市—中小城市—乡镇、中心城区—近郊区—卫星镇三个不同的等级层次空间上分别有所反映。其一致的趋势是:产业结构由复杂趋向简单;功能等级组合水平下降;功能层次以满足基本需求为主;产品形态单一粗放;空间吸引范围缩小。陈传康曾将国内游憩产业发展归纳为前创期、初步开发、专项发展、综合发展四个阶段,可以认为从中心城区—近郊—远郊(卫星镇)—乡村分处于不同的阶段。游憩产品按消费特征区分为商贸休闲、娱乐休闲、康体休闲、文化休闲四种类型;按照游憩产品空间聚合程度区分为辅助附件型、专门型、组合型、主题综合型四型。假定有一个理想态农村城市化区域,那么,随该区域经济水平不断提高,城市化范围不断扩大,该区域内各类产品有按商贸休闲→娱乐休闲→康体休闲→文化休闲,辅助附件型→专门型→组合型→主题综合型,街区水平→社区水平→亚城区水平→城市水平三个序列各自依序出现的演进特征。同时,出现时序较晚的产品,其合理赋存数量相对减少,产品更接近于功能综合和舒适性。各较低层次序列游憩产品可以在较大的投资强度推动下,更好的组合基础设施—服务环境—产品保障,从而实现在空间水平上扩展,在功能上复合。

第二节 乡村游憩开发

一、乡村游憩产品的特点

(一)环境独特

乡村独特的景观类型和活动项目既满足了城市居民放松身心、亲近自然的需求,同时也是人们返璞归真、寻求生活真谛的方式。乡村意象是乡村在长期历史发展过程中在人们头脑里所形成的“共同的心理图像”,具有极为丰富的内涵,它主要表现为乡村景观意象和乡村文化意象,具有“可印象性”和“可识别性”特点,并能够得到大多数人的普遍认可。乡村意象本身就是一幅极为优美的图画，它渗透出乡村秀丽的田园风光，纯朴的浓浓乡情。它能够激发城市游客前往乡村并寻找回归原始的梦，满足其"归属感"。由此可见，乡村意象对于城市游客具有极大的吸引力，是吸引他们去乡村进行旅游的强大动力。

（二）参与性和体验性较强

乡村游憩产品以农业生产类为主，还包括文化艺术类、科普教育类、酒店度假类和公园休闲类等多种形态。通常，乡村游憩活动的开展以依托乡村三生环境为主，不需要过多引入或新建游憩设施，保留了较多的乡土气息，商业化较弱，游憩项目的设定多因地制宜，如采摘、耕作、节庆等，游憩服务与从业人员也多为本地自发或经组织就业。由于直接接触农业生产环境，融入农业生产活动，乡村游憩产品普遍具有参与性和体验感较强的特点，如北京的环城市乡村农业旅游兴起于 20 世纪 90 年代中期，最初以"吃农家饭、住农家屋、干农家活、享农家乐"为主。经过十多年的发展，乡村农业旅游的内涵更为丰富，形式更加多样，结合了观光、休闲、度假、会展等多种方式，从自发式的发展形成了标准化的经营。

（三）具有强大的文化支持

乡土文化的神秘性和入境旅游者对乡土文化的好奇心必将吸引更多的国际客源流向乡村。我国乡村除了丰富的自然旅游资源外，更多地和最能吸引旅游者的则是淳朴、神秘的人文旅游资源。它们包括乡村民俗文化、乡村文化遗迹以及乡村各行各业的行业文化。明确文化性的发展方向并使之规范化是健康和高速发展的根本保证。文化因素本来就是乡村旅游得以兴起的根基。中国传统的"天人合一"的哲学思想揭示一个深刻的道理，即只有贴近自然的才是永久属于人类的。文化旅游正是这一传统哲学思想在旅游业发展方向上的体现。反过来说，乡村旅游也是保护原始生态环境和传统文化的最佳方式。

二、乡村游憩产品的开发

（一）开发模式

随着我国乡村经济的进一步发展和乡村人居环境的日益改善，乡村游憩的开发模式逐步体现出以下变化：①农旅结合的开发模式；②自然景观与民俗文化相结合；③企业庄园和现代商务度假的模式；④农业产业化模式；⑤乡村现代化模式。

目前，我国乡村旅游开发主要以观光旅游和休闲农业为主，正向以观光、考察、学习、参与、康体、休闲、度假、娱乐等为一体的综合型方向发展，此外还有探险旅游、商务旅游、会议旅游、探亲访友旅游等各种存在形式。其中，国内游客参与率和回游率比较高的乡村旅游项目是民俗风情旅游和以收获各种农产品为主要内容的务农采摘旅游①。

① 这里仍保留了大量"乡村旅游"的表述，其原因参见第三章第四节。

（二）乡村游憩产品谱

乡村游憩的产品谱包括农业产业园、乡村中心、田园综合体、乡村游憩中心（俱乐部、企业园）、文化设施、度假区、古村落或传统村落、田园公园或郊野公园、乡村营地等形式，其中田园综合体是在城乡一体格局下，顺应农村供给侧结构性改革、新型产业发展，结合农村产权制度改革，实现中国乡村现代化、新型城镇化、社会经济全面发展的一种可持续性模式。就产品组合来看，包括生活体验系列、游览观光系列、休闲度假系列、康体保健系列、修学度假系列、体育冒险系列、专题旅游系列。

就游憩服务和供给上看，乡村环境的供给能力不均衡，部分产品如蔬菜、粮食的供给便捷，补充多样，但与城市关系密切的产品供给上则有较高难度。根据游憩者的不同需求，在乡村空间环境中，对所在的游憩吸引物、服务或基础设施和游憩服务等可以进行有明确乡土或本地倾向性的开发设计、组合，完善相应的服务。

乡村游憩产品的形态以农业生产类为主，还包括农业公园休闲类、科普教育类、文化艺术类、酒店度假类等，不同的产品形态，开发的侧重点也有差异：

① 农业生产类产品重点围绕都市假日的体验经济，即面向都市人“去城市化”的体验心理，衍生出“农趣乐园、假日牧场”等创意形态；并进行互联网思维引导，实现农业生产与都市生活的有效嫁接。此类产品易形成都市人群常态化的黏性消费，促成周末体验＋日常持续消费需求的特定产品。

② 农业公园休闲类重点加强休闲农业功能整合，产业生产空间集约化，高效农业、景观农业、有机农业等产业门类再造；并侧重旅游体验的精致化休闲项目群，产品层次丰富，类型多样；以科普、亲子、家庭假日休闲等专项市场为服务对象。可申报农业部“国家农业公园”①，获得专项扶持资金。

③ 科普教育类重点将农业生产和科学教育相互结合，主要开发内容包括农园中栽种的作物、饲养的动物、配备的农具设备及所采用的生产工艺和耕作技术等；并可设置简单的博物馆，陈列反映当地种植、养殖业生产历史和现状的农畜产品或图片、农具、介绍生产工艺的资料等，也在园内设置演示区，情景化再现农业生产的过程。

④ 文化艺术类产品需要关注本地乡村非物质文化遗产的保护与传承，以博物馆的形式典藏，选定古街区，古民居，古村落进行整体保护；同时引入文创产业，更新业态，形成旅游餐饮、购物、居住休闲体验空间，以实现文化活态展示。村落社区改造可重点发展民宿等业态。

⑤ 酒店度假类产品与城市酒店产品有较大差异，乡村环境中，本质上是庄园形式的

---

① 国家农业公园是农业旅游的高端形态，其必须以原住民生活区域为核心，涵盖园林化的乡村景观、生态化的郊野田园、景观化的农耕文化、产业化的组织形式、现代化的农业生产，是一个更能体现和谐发展模式、浪漫主义色彩、简约生活理念、返璞归真追求的现代农业园林景观与休闲、度假、游憩、学习的规模化乡村旅游综合体。——《国家农业公园申报评价体系》(2014)。

度假酒店，可采用标准化管理经营模式，强化本地特色文化元素；并适当完善其酒店外围环境，如庄园环境，庄园农业经济，形成“种养加”“产供销”“工农贸”紧密结合的整体产业化模式，农民可受雇于庄园主，借助庄园品牌发展外围互补型产业或提供配套服务。

(三)乡村游憩的土地利用

针对游憩活动的土地基本类型可分为三种：游憩专属用地、基础设施用地、其他相关用地等。其中其他相关用地的体量最大，兼容性最强。在乡村环境中引入游憩的使用，不是否定原有的生产、生活内容，而是在强化农业生产生活方式的基础上，加强资源的利用效率，充分发挥既有乡村产业和资源的价值，保护生态环境。

鉴于乡村生产生活活动对土地资源的特殊性依赖，在具体工作中还应遵守以下原则：①坚守底线原则，必须坚决守住土地所有制性质不改变、耕地红线不突破、农民利益不受损这三条底线；②强化兼容性，在不改变土地基本用途的前提下，拓展土地资源的利用价值；③便于生产、不干扰生活，进行游憩功能引入的乡村土地仍应遵守乡村的生产、生活逻辑，做到方便生产，不干扰生活；④保护生态环境，游憩产品的开发应与乡村生态环境的整体保护相一致，控制对生态系统的干扰程度，使其不超过生态系统自我调节能力。

三、乡村游憩与乡村振兴

乡村振兴是在反思传统城镇化过程中“城进村衰”等问题基础上对农业农村发展政策进行全面调整而提出的旨在推动乡村地区全面复兴的战略，其逻辑起点在于解决中国城镇化中期所呈现的人民日益增长的美好生活需要和不平衡、不充分的发展之间的矛盾。其价值取向在于构建城乡平等的发展格局，创造平等的发展机会，实现发展成果共享，缩小城乡发展差距。乡村振兴战略的实施过程具有系统性、层次性和区域性的特点。

乡村振兴不仅表现于居住环境和公共服务等物质层面的提升，更体现于充满活力的产业、独特的文化、有序的治理体系等深层次复兴。

游憩发展潜力是乡村振兴的重要纬度，是“绿水青山”的生态优势转换成“金山银山”的有效机制。结合《乡村振兴战略规划(2018—2022年)》(下文简称《规划》)，游憩发展在以下几个方面具有重要作用：

(一)夯实农业生产能力的基础上，发展壮大乡村产业

《规划》提出以完善利益联结机制为核心，以制度、技术和商业模式创新为动力，推进农村一、二、三产业交叉融合，加快发展根植于农业农村、由当地农民主办、彰显地域特色和乡村价值的产业体系。顺应城乡居民消费拓展升级趋势，结合各地资源禀赋，深入发掘农业农村的生态涵养、休闲观光、文化体验、健康养老等多重功能和多重价值。遵循市场规律，推动乡村资源全域化整合、多元化增值，增强地方特色产品时代感和竞争力，形成新的消费热点，增加乡村生态产品和服务供给。大力发展生态旅游、生态种养等产业，

打造乡村生态产业链。允许在符合土地管理法律法规和土地利用总体规划、依法办理建设用地审批手续、坚持节约集约用地的前提下，利用1%—3%治理面积从事旅游、康养、体育、设施农业等产业开发。不仅在产业发展方向上给游憩发展提供了方向，还在用地制度上提供了保障。

（二）改善生产生活条件，促进社会公平正义，增进福祉

《规划》明确提出牢固树立和践行绿水青山就是金山银山的理念，坚持尊重自然、顺应自然、保护自然，统筹山水林田湖草系统治理，加快转变生产生活方式，推动乡村生态振兴，建设生活环境整洁优美、生态系统稳定健康、人与自然和谐共生的生态宜居美丽乡村。以建设美丽宜居村庄为导向，以农村垃圾、污水治理和村容村貌提升为主攻方向，开展农村人居环境整治行动，全面提升农村人居环境质量。游憩环境的完善是宜居村庄的重要环节，游憩环境的优化、组织也对生产、生活及生态环境具有积极作用。

（三）传承和发展乡村优秀传统文化，满足农民精神文化生活需求

《规划》坚持以社会主义核心价值观为引领，以传承发展中华优秀传统文化为核心，以乡村公共文化服务体系建设为载体，培育文明乡风、良好家风、淳朴民风，推动乡村文化振兴，建设邻里守望、诚信重礼、勤俭节约的文明乡村。以形神兼备为导向，保护乡村原有建筑风貌和村落格局，把民族民间文化元素融入乡村建设，深挖历史古韵，弘扬人文之美，重塑诗意闲适的人文环境和田绿草青的居住环境，重现原生田园风光和原本乡情乡愁。同时加强规划引导、典型示范，挖掘培养乡土文化本土人才，建设一批特色鲜明、优势突出的农耕文化产业展示区，打造一批特色文化产业乡镇、文化产业特色村和文化产业群。大力推动农村地区实施传统工艺振兴计划，培育形成具有民族和地域特色的传统工艺产品，促进传统工艺提高品质、形成品牌、带动就业。积极开发传统节日文化用品和武术、戏曲、舞龙、舞狮、锣鼓等民间艺术、民俗表演项目，促进文化资源与现代消费需求有效对接。推动文化、旅游与其他产业深度融合、创新发展。推动城乡公共文化服务体系融合发展，增加优秀乡村文化产品和服务供给，活跃繁荣农村文化市场，为广大农民提供高质量的精神营养。这些举措都对进一步提高乡村游憩资源本底的品质，提升乡村游憩吸引力起到重要促进，并通过游憩组织和游憩产品的不断完善，促进乡村优秀传统文化的传承和发展。

第三节　类型化游憩

一、线性游憩

（一）线性游憩的概念与特点

1. 线性游憩的定义

点的移动形成的轨迹即为“线”，线把点和点联系了起来，同时，线的表现形式可以是

面的边界。在几何学中，线是没有粗细之分的，但是在造型活动中，虽然其长度仍然是其主要特点，但是粗细也具有重要的作用，因此，点移动的数量值只要可以大于点，那么其便可被称作线，如果线太短或者线太宽便形成了面，在空间类型上，道路、滨河带、绿化带等都属于线的范畴。

线性游憩是依托线性空间开展的游憩活动及其场所的总和。所谓"线性"主要表现在空间的连续性和贯通性，主要特色为具有方向性、延续性和延伸感。而线性空间，从微观层面讲是指具有线的形态特点，由线来界定的空间类型；从微观层面来说是指长条形的、带状的空间形态。现实生活中存在不同类型的丰富的线性空间，包括道路、河道、铁路等；一些连续的空间，如隧道、栈桥等也可以视为线性游憩空间。另外一些隐含的空间轴线也属于线性空间的类型。线性空间是相对点状、面状空间而存在的，由于其空间特性，线性空间更强化沿轴向的联系，以及行动或感知上的沿轴线方向的"动"态。广义的线性游憩包含了旅游线路的内容，其中既包括了空间，也具有一些组织上的含义。典型的如景区之间的线路联系、景区内部的游道、旅行社的线路组织和游憩者自组的游线等。而狭义上更强化其受线性空间约束的倾向，对游憩场所的空间线性特征以及游憩活动本身与线性空间的关联性更为关注。

2. 线性空间的构成

(1)底界面

地面和水面作为线性空间的主要承载要素而构成了线性空间的底界面，通过底界面，人们可以在上面移动、休憩，完成各种活动。

(2)侧界面

线性空间的围合必须考虑侧界面的合作，任何一个良好的线性空间都离不开完整的立面配合，建筑或者栏杆都属于线性空间侧界面的要素，两侧栏杆或者建筑的形态、空间开合将直接影响线性空间给人的感受。

(3)顶界面

高架桥的诞生使得城市线性空间摆脱了仅仅由底界面和侧界面围合的空间形态，高架桥在城市空间竖向上的划分，使得城市线性空间的围合感更强，高架桥底部的空间成为城市中新型的线性空间类型，同时，高架桥也是城市线性空间构成的顶界面。除此以外，一些隧道、桥梁底部、建筑的外延部分等也可以构成线性的顶界面。

(4)设施

线性空间的设施一般有三方面的作用：功能作用、景观作用和标识作用，其中功能作用主要表现在基本的设施要求，例如路灯、座椅、电话亭、路栅等；而景观作用的设施表现在：行道树、花台、喷泉、雕塑等艺术小品和铺装；标志作用的设施主要为：交通标志、海报、路标等。这些设施为线性空间的使用提供了保障，直接用来为人们服务，也直接决定了线性空间质量。

3. 线性游憩的系统构成

(1)线性交通系统

交通是构成并使用线性空间的基础,交通的需求决定了线性空间的基本形式,也是线性空间的物质基础。城市中的线性交通系统较为复杂,存在多样性的交通方式,并随之产生不同的体验感,如高架道路、城市轨道交通、城市观光车、步行街区、滨水景观道、越江索道等等,共同构成了立体化的城市风貌,但究其根本,仍是各种不同的线性交通所带来的线性空间的集合体。在城市之外,线性交通系统同样表现出丰富的形式。典型的如风景道、旅游铁路线、提供游轮的内河河道等等。线性的交通系统提供了具有导向性的游憩线索,并成为联系沿线风景景观与多样化游憩活动的载体。

步行交通系统主要出现在城市环境之中,但也有如景区内的游径、国家步道等形式的郊外、乡野乃至荒野地的步行游憩系统。步行游憩依赖于步行路径,通过贯通的步行路径保证步行游憩的进行,路径的交叉产生节点空间,节点空间形成步行游憩的静态空间,为使用者提供停留、静坐、交流的空间,这些由路径形成的线性空间和交叉节点共同构成步行游憩系统。

(2)线性环境系统

线性环境是支持线性游憩的载体,既包含了线性空间,也需要在线性空间之外的环境背景(如影子空间)的支持。根据游憩活动内容和形式上的不同,所需的线性环境也有差异。慢速的线性游憩或线性游憩过程中的节点附近,对于环境的风景属性要求较高,视界也较为辽阔,如以观光为主的游憩活动,或身处邮轮、索道仓等;快速的线性游憩或需要集中注意力在线性空间内的游憩活动,其环境系统受关注度较少,更多地应符合游憩的属性和感受,并满足安全性的需求,如滑道、速降、漂流等。

(3)线性游憩系统

线性游憩系统包括两种类型:

基于线性体验的游憩系统。以观光游憩为主,也包括其他形式的沿线性空间开展的游憩活动。活动的载体、对象或目的地等都是该线性空间,如风景道游憩、内河邮轮、隧道或洞穴游、滑道、溯溪[①]等;该类型更注重环境及对象带来的体验感,沿线有节奏上的变化,景点或设施之间具有一定联系,对场所和环境的依赖感较强,适宜组织性质相近的系列活动。

基于线性组织的游憩系统。主要是通过线性关系将游憩中各景点或设施进行组织,形成序列的游憩方式,如自驾游、广域邮轮的固定路线、景区之间的观光序列等。游憩活动对场所和环境的依赖相对较少,不强调沿某一固定的线性空间进行游憩活动,但对游

---

① 溯溪一词来自日本(沢登),字面意思是沿溪谷攀登。——马勇,周青．休闲学概论[M]. 重庆大学出版社,2008.

憩活动中涉及的景点和设施之间的关系要求较高，需要精心组织它们的前后次序，并合理安排游憩节奏。游憩组织中对时空关系的研究尤其需要着重考虑。

（二）线性游憩的空间行为

1. 游憩空间行为的定义

游憩空间行为是指游憩者为实现不同游憩目的或者游憩需求而选取的发生游憩的行为。游憩行为方式多样，游憩行为空间则是指游憩者依托于一定的外在条件或者游憩设施通过游憩活动在地表空间所留下的投影。

游憩行为在一定程度上推动游憩物质空间的合理建设与更新发展，是内在的驱动因素。但其发展与游憩物质空间发展并不同步，当物质空间建设相对滞后时，行为空间受其影响发展受到限制，亟须增加游憩物质空间的供给；另一方面，根据游憩行为的发展预期，可以预先建设游憩物质空间，引导游憩行为空间产生变化。

2. 线性游憩行为

线性游憩的内容可以分为线性游憩空间和线性游憩行为两方面。线性游憩空间主要给人们提供线性流通和游憩的空间，因而在空间格局上强调空间的连通性和网络之间的连接作用。线性游憩行为是不依托于块状游憩空间，注重通道、游线和行进感，关注节点间的连接和游憩观赏体系的关联性和完整性。作为开放的线性空间，游憩的引入能增添土地的利用形式，因此，线性游憩还可作为城市绿地生态网络空间建构和优化的重要途径和依托。

3. 线性游憩空间行为的特点

（1）固定性

线性游憩行为以线性游憩空间为载体，因此其常态行为都以线性游憩空间的线路布置为前提。受线性空间的选线限制，线性游憩行为被固定在特定的活动线路和区域中，因此具有相对的固定性。这一固定性，对行为活动外的区域，在生态冲击性的影响上具有一定可控性。因此，线性游憩的行为又有别于一般性的户外游憩行为。

（2）行进性

除了节点和特定活动区域外，以线性空间为载体的线性游憩行为，主要以线路上的动态位移为主要体验方式，因此其活动主要以动态的行进行为为主。因这一特性，在线性游憩行为体验设计上，应该多以动态的行进式体验方式为主，另一方面，行进性还带来游憩节点的前后关系，直接导致游憩行为的序列性。

（3）分散性

线性游憩设计中，线性游憩空间因其系统性特征，与外部区域连通性强，与内部联系紧密，并呈网络状分布。因而能够平衡各区域中的能量，分散和减轻了集中式游憩行为带来的生态冲击力和环境的承载力，但另一方面也要注意，缺乏生态意识的线性游憩行为对废弃物或生物污染的传递能力也更高。

(三)线性游憩产品设计

1. 游憩线路设计

游憩线路设计分为两个不同类型的内容,在游憩活动中都具有很大的影响:

其一是游线设计,这里的游线应该理解为游憩观赏线路,主要关注的是游憩活动的组织性、序列性,其主要目标是提升游憩的体验感,并适当地提供游憩服务、实现游憩活动的经济价值等。其主要方法遵从旅游线路的设计方式。设计应充分展现沿途的景色风貌,并有利于充分发挥沿线各景点的功能,并节省途中时间,避免重复走回头路,有利于购物等消费性活动的实现和服务性设施的布局,并具有合适的节奏和游览序列,近年来,随着对微气候手段的研究深入,游线设计还对人体舒适度等进行了相应研究。

其二是游憩所依托的空间和设施的设计,针对线性游憩,主要指游憩的道路空间(包含机动车道、非机动车道、步行道、小径等),载体空间(如河流、湖泊的水上游线等、洞穴)以及视觉廊道等。这类设计应体现对资源影响最小、安全性、维护成本最低等原则(江海燕,2006),并合理地关照游憩者的体力特点和服务需求。

2. 线性体验与产品

线性游憩产品的类型和体验极为丰富、多样,由于和日常游憩活动存在空间和尺度上的较大差异,也成为现代游憩产品中极具吸引力的类型之一。限于篇幅,以下仅对其中若干类型加以介绍。

(1)风景道(Parkway)

风景道是旅游与交通功能相结合的特殊景观道路,具有交通价值、景观价值、游憩价值、历史价值、文化价值、自然价值、文物价值等多重功能。与其概念相似的如风景小道(Scenic Byway)、文化线路(Culture Routes)、遗产廊道(Heritage Corridors)、风景公路(Scenic Highway)、风景驾车道(Scenic Drive)、风景线路(Scenic Routes)、风景路(Scenic Roads)、自然风景路(Natural Beauty Roads)、绿道(Greenway)、历史路(Historic Roads)、工程线路(Engineered Routes)等概念。总体上看,这些概念互有重复,有些则含义略有不同,但都是指路旁或视域之内拥有审美风景、自然、文化、历史、游憩价值、考古学上值得保存和修复的景观道路。可以使用风景道(Parkway)这一概念来统称上述各种术语。

风景道是一种通过线性道路及空间,将点状、面状的景区景点连接成网络状的具有整体性的游憩目的地的有效手段。不同于货运和客运公路,风景道具有明确的游憩特征,例如其线型并不强调有利于交通的直线,而是顺应地形,蜿蜒曲折,在风景优美的地点,路旁布置观景区、野餐地或其他服务设施。风景道沿线多由形式多样、具有优美轮廓的带形森林公园组成,满足人们对于异质性风景的欣赏与体验。发展初期,风景道内部汽车、自行车、马车共行,但随着汽车数量的增加,汽车道与其他游览交通逐渐分开。

风景道至今已经走过了上百年的发展历程。20 世纪初,奥姆斯特德(Olmsted)提出了“风景道”(Parkway)的概念。20世纪30年代,施特劳斯(Strauss)结合道路、生态、景观相关理论,进一步对其进行了明确,为人们提供了欣赏美景和休闲的好去处,同时也产生了巨大的生态效益。此后在美国以及欧洲的一些国家开始有组织地规划建设风景道。为了更好地建设与使用风景道,美国于1928年成立了风景道专门委员会。20世纪60年代,美国制定了《公路美化规定》,关注公路与环境在视觉上的协调问题,20世纪80年代,德国制定了《道路景观设计规范》,逐渐形成了系统的道路线形理论。1986年,美国在《户外运动总统授权报告》中提出了在全国范围内建立风景道系统;1991年,美国国会提出了《国家风景道研究报告》,并于当年体现在《交通运输道路效用法案》中,并逐步建立起由国家级、州级和地方级等三级风景道组成的国家风景道体系,截至2002年,美国已建设了80多条国家风景小道和泛美风景道。国家风景道体系的建设也成了旅游行业提档升级的亮点工程和交通行业转型发展的良好着力点。其建设内容主要包括资源保护工程、立体景观营造、观景游憩设施、综合服务设施、旅行服务资讯等5个方面。目前,风景道的理论研究主要包括概念界定、风景道体系建立、风景道规划设计、影响及评估、旅行者行为与心理、营销与管理体制等方面,其中规划设计是风景道研究的密集领域。

蓝岭(Blue Ridge)风景道位于美国东部,是景观规划、道路设计和环境保护有机结合的卓越案例。它将北部谢南多亚(Shenandoah)国家公园和南部大雾山(Great Smoky Mountains)国家公园连接起来。500英里的道路沿线是连续不断的优美宜人的风景,每年有超过2000万名的游客来此道路游览,是世界上最为独特和最受欢迎的风景游憩吸引物之一。蓝岭风景道的开发原则主要包括:保护自然和历史,可以修饰、保留,但不能切割和毁坏资源;充分利用现有资源,保留长期有人居住的外观;将美观与实用相结合、强调简洁、自然;树立景观需要管理的概念。开发措施包括:减小坡度并在斜坡上覆以植被,对沿线岩石进行清理并控制侵蚀;抢救并修复历史建筑;对路线进行了细分,全部道路沿线设立里程标志,并为风景道专门设计了一个标志;沿线建设停车观景平台、博物馆、路侧公园,沿途开发短程徒步路线,构建自游步道系统与周边景区景点相连接;建造沿线公用设施和分站点、游客中心、野营设施和户外运动场等游憩和旅游设施。

“浪漫之路”(Romantische Straβe)位于德国南部的法兰克福和慕尼黑之间,总长约220英里。自北向南连接了法兰克福到慕尼黑之间很多具有中世纪德国风格的城镇和城堡,沿途还有优美的乡村景色,现已成为一个展示中世纪德国文化的主题景区,也是世界著名的遗产类风景道之一。浪漫之路的开发原则和措施主要有:保持建筑风格和文化的原真性,对毁坏的建筑进行真实的、与周围景观协调的修复,展示德国南部的多种类型的文化;强调与社区的融合;在保护自然环境、景观资源和优美的自然景色(湖泊、葡萄园、河流、碧溪)的基础上进行适度开发;整体开发、分段管理、社区参与等;构建由自驾车、火车、公交车、自行车等多种交通工具组成的完善的交通系统,并串联沿途保存完好的中世纪德国风格的城镇。浪漫之路的成功开发为遗产类廊道旅游吸引物和风景道的开发提供了很好借鉴和启示:一是保护文化遗产的原真性、完整性,采取多种手段和方式展示遗产文化,使沿途的城镇成为德国传统的生活方式和文化习俗的体验地;二是游憩和旅游接待设施比如饭店、餐馆、购物商店的建设要与周围的文化环境和建筑相协调,并尽量保持原汁原味的中世纪风格和文化符号;三是强调社区参与和管理,沿途城镇作为旅游者游览的节点,各个城镇要对周围文化和自然资源的开发和管理负责任,同时要为游客提供各具特色的接待服务。

(2)自驾游

普里多(Prideaux,2001)认为,自驾游是"从出发地到目的地之间的驾驶以及与旅游有关的活动,无论车是自己的还是租来的"。奥尔森(Olsen,2002)增加了时间要素的限定,从"过夜说"角度来界定自驾游,将自驾旅游(self-drive tourism)定义为"离家旅游至少一个晚上,去休假或探亲访友,并以他们自己的、租来的或借用的车辆作为主要的运输工具"。塔普林和麦金利(Taplin & McGinley,2000)认为,汽车旅游(car tour)可以被看作是一种受局限的行为,是旅游者在一系列因素的限制下寻找旅游满足感的行为。塔普林和邱(Qiu,1997)对自驾的两种形式进行了区分,一种是当地居民的日常出游(routine trip),另一种是长途旅行(long distance trip)。以上概念都强调自驾游的驾驶性及其休闲游憩体验和经历。此外,国外学者对于自驾游表述的英文单词不尽相同,除了上面提及的drive tourism, self-drive tourism, car tour,还有car tourism, car-based tourism等提法。

沃尔(Wall,1972)根据自驾游动机不同将非工作性质的汽车出行分为购物、休闲、社交和娱乐4类。奥尔森根据旅游者的行为将汽车旅游分为3类:旅行式(Touring,根据兴趣随时停车,以年长者居多),定点中途泊车式(AtoB with stops,中间会短暂停顿的行程,以年轻夫妇为主),直达式(AtoB,沿途不停车,以单身者和青年人居多)。哈迪(Hardy,2003)根据行程耗时的长短将汽车旅游分为4类:短假出游(short break,1~3天),短期旅行(short tour,4~7天),长期旅行(big tour,8~21天)。

享受驾驶的乐趣是自驾游游客的显著特征。哈洛(Hallo)和曼宁(Manning)对美国阿卡迪亚国家公园的汽车旅游者进行了调查,指出旅游者乐于在国家公园中享受海岸驾驶体验。通过调查发现,风景与公园的距离、交通流量、驾车享受机会、交通标识和速度限制被认为是影响驾车乐趣的重要因素。斯图尔特(Stewart,1993)等对比了高速公路游客中心的两种自驾游游客类型:停留者与非停留者,认为在游客中心停留的游客多来自不相邻的州,驾驶距离更长,旅游周期更长,花费更大,并且更偏好休憩旅游。格里帕提斯(Glyptis,1981)对汽车旅游者的观察发现,自驾游旅游者到了目的地以后不愿意离开车附近,不愿开展离车太远的旅游活动。

多目的地性是自驾游的一个显著特征。除自驾游线路外,自驾游的面状与点状地区也是已有自驾游研究的内容之一。从目的地研究来看,单个乡镇、国家公园等目的地多被作为研究地点来进行说明。吕等(Lue,et al.,1996)认为当汽车旅游作为一个系统来看时,它是由大量的产品市场组成的,自驾车旅游是一种涉及多个目的地的旅游服务。普里多和卡森就目的地的多少将汽车旅游与其他形式的旅游区分开来。

此外,针对自驾游与汽车营地的关系,詹尼斯基(Janiskee,1990)总结了美国30多年休闲汽车旅游营地的变化,认为这些宿营地主要位于人口稠密的州附近的旅游景点,拥有温暖和阳光充足的冬季气候;并且认为休闲汽车旅游备受欢迎,会使旅游宿营地服务越来越重要。

(3)内河邮轮

邮轮的原意是指海洋上的定线、定期航行的大型客运轮船。"邮"字本身具有交通运输的含义,而且过去跨洋邮件总是由这种大型快速客轮运载,故此得名。二战后多数军用工业向民用工业转型,航空业也随之出现并且飞速发展,而原来的跨洋型邮轮因航行速度慢、消耗时间长,基本上退出了历史舞台。现在所说的邮轮,实际上是指在海洋中航行的旅游客轮。而现代邮轮本身就是旅游目的地,其生活娱乐设施是水上旅游中一个重要组成部分,靠岸是为了观光或者完成海上旅游行程。

河轮旅游是邮轮中的一个重要专题,河轮主要在各个国家内的大型河流中行驶,且由于吨位没有海轮那么大,较小型的船身使得河轮可以进驻更多港口,带领宾客与目的地有更为亲密的接触,享受更为深度的人文游览。目前全球可以航行河轮的河道主要分布在欧洲(多瑙河、莱茵河)、非洲(尼罗河)、美洲(密西西比河、亚马孙河)、亚洲(长江、湄公河)等,其中以风光旖旎的莱茵河和多瑙河为代表的欧洲内河游轮广受欢迎。在欧洲古典小城间徜徉穿梭,也成为体验欧洲自然风光和历史文明理想惬意的方式之一。以著名的维京游轮为例,该产品拥有多年的丰富经验,以专注于为目的地历史、地理、文化和美食体验有浓厚兴趣的游客提供"深度人文之旅",让每一位宾客以"雅奢"的旅行方式探游欧洲。维京邮轮贝斯特拉号航线约500千米,需要10天(单程7天),日均航行70千米,沿岸线组织大量活动。邮轮吨位2062吨,吃水深度2.8米,载客190人,长134.9米,宽11.5米,总高4层,具有精心设计过的行程安排。

虽然内河邮轮是固定的单个设施,但它却是典型的线性游憩产品:安静私密的氛围、昼伏夜出一站式游览、全景观光体验等是其具有唯一性的游憩体验。作为远洋大型邮轮的替代性、互补性产品,以长江三峡邮轮为代表的内河邮轮旅游产品,在我国消费者心中也成了高端休闲产品的典范。2006年以来,长江游轮旅游市场的亚洲游客年均增长15%左右,国内游客的增长更是超过30%,随着近年来我国社会经济的稳步发展,游憩多样化需求背景下,内河邮轮也正发展成为我国邮轮旅游的新亮点。

二、露营游憩与营地教育

(一)露营游憩

1. 露营游憩的定义和特点

露营很可能是人类最古老的生活方式,也被广泛认为是最接近自然的旅游方式之一。自 1860 年代美国开始兴起露营游憩活动以来，露营一直被认为是世界上从未失败的四种主要旅游项目(休闲、露营、野餐、漂流)之一，成为在森林公园、自然保护区以及其他景点中开展的重要活动。露营是一种需要携带野外生存设施设备如露营车或帐篷的户外休闲游憩活动，其中最核心的概念是露营地。在英文文献中，露营地通常被称为“campsite”或“campground”。多数学者认为露营地是人们休息和停留的地方，而露营地概念的表述因其种类、规模大小和性质的差异而有所不同。露营地可根据不同的标准进行分类，例如根据依托环境可分为海滨、湖泊、森林、沙漠等不同类型的露营地；按照露营设施的不同可分为汽车露营地、帐篷露营地、小木屋露营地等。此外，露营地的规模也有很大差异，例如美国有“露营城镇”，最大的该类型的露营城镇可以同时容纳 3500 辆房车露营，而较小的露营地只能容纳 100 辆房车露营。露营地的定位也有所不同，例如露营地可以设在交通主干道旁或通往景区必经之路上，只是提供简单的宿营场所；而设在风景区内或周边的露营地则更具有度假休闲的性质。

2. 西方露营地的发展

近代露营源于 1861 年的美国，最早的实例是由弗雷德里克·冈恩(Frederick Gunn)夫妇建立起的一个面向男孩的短期户外夏令营，主要目的是为了在自然环境中开展对青少年的理想教育。随后，各类营地及营地游憩迅速兴起，1876 年，约瑟夫·特林布尔·罗斯罗克(Joseph J. Rothrock)建立起首个健康营地；1886 年，自然科学专家埃德温·德·梅里特(Edwin De Merritte)博士成立了阿尔冈昆(Algonquin)拓荒者营地；1902 年，劳拉·马顿(Laura Mattoon)开设了首个面向女孩的营地，该营地被称为基昂卡女孩营(Kehonka for Girls)。除了一般的形式，露营地还发展出木工、自然、艺术、工艺、水上运动、帆船、骑马、运动和游戏等，以及一些有特殊兴趣或需要的特殊营地，如咸水营地、牧场营地、登山营地和拓荒者营地等形式。1903 年，出版了第一本关于露营的书《露营者手册》。整个 20 世纪初，随着自行车和汽车的出现，露营运动越来越受欢迎。作为回应，特别是在美国，步道、露营地和国家公园的发展进一步影响了露营地的发展。

目前全欧洲有近 5 万个汽车露营地，美国的汽车露营地超过 2 万个，其中欧洲有房车营地 2.5 万个，美国有 1.6 万个房车营地。形式上也经历了从最初的帐篷露营过渡到房车露营(Recrestional Vehicle，RV)的转变，更重要的是其从最早的作为校园教育性活动转变为了现代都市居民的一种主要的休闲活动。

3. 露营产业

(1)露营游憩产业

作为一种健康生活方式，露营的流行带动了户外产业的发展。随着汽车工业和科技的不断推进以及人们对旅游形式和休闲价值的要求，户外露营产业已渐成为英国、挪威、新西兰、美国等国家体育产业体系的核心和支柱产业。露营旅游作为一种新兴的旅游业态，契合当前我国大力发展休闲度假旅游的现实要求，迎合当前我国迅猛发展的自驾游及自助游市场需求，也符合各地政府对于传统旅游创新发展的政务要求，经过十多年的积累发展，我国露营地产业在 2015 年进入爆发式发展阶段。在国家相关政策的大力支持下，在可预见的未来，露营地产业将成为新的消费增长点，也将成为大众化休闲旅游方式之一，露营地产业将实现从生活方式到产业的完美进化。

(2)我国营地产业发展政策

2014 年被国内业界称为“露营元年”。借鉴国际经验，中国露营地的标准化工作起步较早。在全国休闲标准化技术委员会和中国旅游车船协会的组织下，2013 年开始了休闲露营地国家标准的研制工作。2014 年，国家标准化管理委员会给予国家标准立项。2015 年，完成了《休闲露营地建设与服务规范》(GB/T 31710)的第一批四个国家标准的制定和发布，分别是第 1 部分“导则”、第 2 部分“自驾车露营地”、第 3 部分“帐篷露营地”和第 4 部分“青少年营地”。其中，由于国务院的重视和支持，《休闲露营地建设与服务规范　第 2 部分：自驾车露营地》(GB/T 31710.2)尤其受到社会和业界的关注。2019 年，国家标准化管理委员会对第 5 部分“露营公园”国家标准给予立项，2022 年该项标准完成报批，即将发布实施。在国家标准基础上，林业、体育、文化和旅游等部门还组织制定了行业标准。例如 2017 年发布了林业行业标准《生态露营地建设与管理规范》(LY/T 2791)；2018 年发布了体育行业标准《汽车自驾运动营地建设要求与开放条件》(TY/T 4001.1)、《汽车自驾运动营地服务管理要求》(TY/T 4001.2)和《汽车自驾运动营地星级划分与评定》(TY/T 4001.3)；2019 年发布了旅游行业标准《自驾车旅居车营地质量等级划分》(LB/T 078)。露营地业态出现后，迅速受到业界的关注，一些旅游发展较快的省区市制定了相应的地方标准。最早的露营地地方标准是广西壮族自治区 2009 年发布的《汽车旅游营地星级的划分与评定》(DB45/T 566)。然后 2012 年云南省地方标准《汽车旅游营地等级划分与评定》(DB53/T 417)，2013 年海南省地方标准《三亚市自驾车旅游露营地建设与服务规范》(DB46/T 250)。截至 2021 年，辽宁省、四川省、上海市、山西省、重庆市、甘肃省、青海省、陕西省、西藏自治区、新疆维吾尔自治区、江西省、贵州省等省区市也制定和发布了关于营地的地方标准，涵盖了汽车营地、房车营地、帐篷营地、森林营地、研学营地等类型(付磊，2022)。

(3)露营行业未来发展分析

当前我国整体发展环境持续利好，露营地蓬勃发展势头不减，呈现出如下态势：庞大的自驾游市场是露营地持续发展的基础，自驾车出游总人数约为 22 亿人次，增长较快，占年度出游人数的 61%。旅游需求的转变也是露营地发展的动力。现在以全民旅游、自助游和自驾游为主的趋势，使得露营地迎来黄金发展期。政策方面也有利好支持。各省、市、自治区结合实际情况对露营地发展进行规划布局，并出台相应利好政策。复合模式日显魅力，露营地将实现华丽蜕变。随着旅游消费模式等的变化，复合功能营地将成为新趋势。观光游览、休闲度假、养生保健、会议聚会、户外拓展等功能的融合将为游客提供更专业的服务。同时,综合化、网络化和品牌化是露营地的发展目标。软服务重要性突出,露营地将迎品质竞争时代。服务品质决定露营地的游客体验,运营管理能力决定露营地的可持续发展。随着旅游消费升级,软服务的重要性将逐渐凸显,高品质露营地会成为未来发展主流。露营地+全域旅游,打造全域旅游重要驿站。全域旅游是各行业、各部门、所有居民的共同参与,充分利用目的地全部吸引物资源来满足游客全方位体验需求。露营地作为一种新兴旅游业态,将成为全域旅游目的地重要驿站,推动全域旅游发展。以"露营地+全域旅游"为载体,可整合区域内的旅游资源、地方文化、关联产业及生态环境等,实现露营地与区域产业之间的良性互动,打造精品全域旅游目的地。互联网+露营地,开启"智慧"新模式。在互联网时代下,"互联网+"模式正渗透到各行各业,"互联网+露营地"是必然趋势,也是提升服务品质的重要途径。打造全方位智慧化露营地,服务于各方参与者。如将露营地服务互联网化,突出服务便捷化、智能化和趣味化;露营地营销互联网化,将粉丝营销与整合式营销相结合进行精准营销;露营地管理互联网化,打造专业化、集约化和扁平化的管理体系。

4. 露营游憩的主体

(1)露营游憩的组织或机构

1910 年,"美国露营地管理者协会"("美国露营协会"American Camping Association,ACA 的前身)成立,标志着露营在西方国家成为一个产业的开始。1932 年,国际房车露营协会(Fédération Internationale de Camping, Caravanning et de Autocaravaning,FICC)在英国成立,标志着世界露营活动正式形成。

(2)露营游憩主体

根据《美国露营报告》(科尔曼公司和户外基金会,2014)的统计,2013 年有超过 4000 万美国人(占总人口的 14%)去露营,总共产生了 5.977 亿过夜露营。2013 年,露营者平均露营了 5.4 次,平均露营时间为 14.9 天。野营旅行中最受欢迎的遮蔽所类型是帐篷(77%),其次是房车(16%)、小屋(6%)和其他(1%)。在美国,露营的主要是年轻的男性白种人、收入高于平均水平和有小孩(12 岁)的家庭。野营旅行中最受欢迎的活动包括徒步旅行、户外烹饪、摄影、钓鱼等。根据欧盟统计局 2016 年的数据,2015 年欧盟 28 个国家露营地的游客人数为 3.768 亿,占游客人数总数的 13.8%。此外,欧盟统计局估计,欧盟约有 263 万个营地,1000 万个营地(德蒙特和迪米特拉库普卢,2010)。最受欢迎的露营目的地是法国(30%)、意大利(15%)和英国(12.4%)。

目前国外公认的露营者类型可分为 3 大类,划分标准是根据露营时间的长短,分为专职露营(full-time)、长期露营(long-term)和短期露营(short-term),其中短期露营者就是大众化露营度假者。

(3)露营者游憩动机

露营体验可以通过暂时生活在动态的自然生态系统中,与自然直接互动。露营者的体验是高度可变的，可以从娱乐到审美再到精神体验（Garst，Williams & Roggenbuck，2009；Putney，2003）。经验可以受到环境管理的影响，如场地的物理布局和可用的信息（Driver，1987）。露营体验也会受到公园管理控制之外的因素的影响，比如公园的其他游客、天气或露营者对环境的个人价值观（Cole，2004；Vespestad & Lindberg，2011）。这些经验使人们与自然环境之间的丰富关系得以建立和重新建立。更广泛的好处，如改善身体和心理健康（Louv，2005；Shultis，2003）、减轻压力（Ulrich et al.，1991）和增强社会凝聚力（Borrie & Roggenbuck，2001）也通过这些相互作用实现。进一步了解人们在露营时的经历和相关意义，可以帮助理解获得更广泛的好处，并潜在地增强人与自然环境的关系。

露营者寻求不同的经验，这些经验对他们的生活非常重要。这些露营者的自然环境设置对于自然在促进有意义的体验方面的作用往往不那么重要，例如家庭功能和社会互动，这一发现与多弗尔曼（Dorfman，1979）、加斯特（Garst，2009）和汤戈（Tonge，2013）之前的研究结果一致。露营在人们的生活中起着重要的作用；远离现代社会，重建疲惫的自我，与自然和他人重新联系，重申自我意识。更广泛的社会力量，如日益增长的城市化和快节奏的技术变革，促进了通过露营与自然、他人和自我重新联系的重要性（Garst et al.，2009）。露营不仅仅是一个接近自然的廉价度假胜地，它重新点燃了人类与自然环境的关系，并作为一个有益的和有意义的经历发生的渠道，对露营者的生活有积极的影响。

5. 露营地的开发、建设与运营

（1）露营地开发模式

目前我国露营地开发模式主要分为客源地依托型、景区依托型、目的地依托型模式。根据露营地所有权、经营权的自主程度，规模化的广度、深度等的差异性，房车露营地运营模式可分为单体运营、联合运营、品牌连锁模式。

营地选址过程实际是地理环境选择与人类利用决策博弈的问题。不仅受到政府的影响，露营地经济距离及市场需求的最低门槛也是露营地选址规划的重要因素之一。此外，还须考虑生态环境、环保、安全等因素。常用的具有必要性和经验性的属性包括：露营者经历的拥挤和噪声水平（人群）、场地设置类型（站点）、场地开发水平（开发）、用户行为限制程度（限制）、存在热水的厕所和卫生间（卫生间）、露营者识别的安全水平（安全）、从家到站点的旅行距离（距离）以及露营者每晚使用场地支付的用户费用（FEE）等（Bumgardner，Waring，Legg & Goetz，1988）。

（2）露营地建设

当前，帐篷露营的游客已经大幅度减少，大多数露营者使用房车露营，露营也更注重娱乐体验。为露营者提供高水准的康乐设施，如现代化浴室、娱乐中心、液化石油气销售部、污水倾倒站、球场、游泳池等。此外，露营地建设中，建设生态的或环境友好型的露营地是基本趋势，即在不破坏地形与生态环境多样性的前提下，用多孔渗水性材料和环境友好型建筑方法，使用节能型建筑设施，最大化地安装人性化的现代设备，使露营地保持它原始的自然风貌，露营者在这样的露营地上与当地的动植物达到和谐共存的境界。最后，露营地建设早已与旅游项目相结合，美国露营地的经营者按照旅游线路进行品牌开发，在主要的风景区和交通干道入口都有广告和标识；在法国，露营旅游与其他度假产品相结合，开发丰富多彩的度假活动项目作为支撑，如露营地所依托的环境不同可以开发建设不同的露营活动设施，露营地依托的海滨、湖泊、森林等环境，可以为游客提供垂钓、徒步、划船等度假活动。

(3)露营地管理运营体系及星级标准

露营活动会对生态环境产生极大的冲击。露营地的管理中强调可持续发展，在露营地建成时会同时建立露营地硬件设施管理系统和节能系统。前者能定期检查露营地硬件设施并及时更新，后者能使能源消耗降到最低，体现了露营地管理中生态、经济的理念。目前国外露营旅游业已网络化，这一特点明显地体现在露营地管理和运营上。国外露营地的星级评价标准已实行多年，欧美各国有各自不同的评价体系，且评价标准各不相同。其中美国、英国和法国的分级标准相对简单，并没有涉及露营服务质量的评价指标，丹麦的分级标准则更具有实际操作性。

(二)营地教育

1. 营地教育含义

1929 年，美国营地董事协会纽约分会对营地教育作出了定义："一种特定设计的教育形式，旨在关注青少年的身体健康、情感表达、户外生存体验、积极的社会参与、品味和鉴赏能力以及心智成长。"1998 年美国营地协会则进一步将其定义为："一种在户外以团队生活为形式，并能够达到创造性、娱乐性和教育意义的持续体验。营地教育是在户外环境中，参与者通过亲身体验和环境熏陶达到健康发展的目的，其核心是健康，包括生理、心理和社交适应性的成长。营地教育包括青少年体验、户外教育、夏令营、研学旅行、校外综合素质开展活动、特殊群体疗养等类型。体验是营地教育最鲜明的特点，营地教育者设计和开展多种带有体验性的营队活动，让青少年带着目的好好玩，在体验中探索和发现，达到成长发展的目的"。

2. 营地教育对儿童和青少年的影响

"露营，如果它值得，是能够进入男孩或女孩的生活中，最伟大的社交、人性化、文明化因素之一"(Ramsing R.，2007)。大量研究发现，户外教育有非常积极的影响，能够提高青少年和成人的心理韧性、个人成就感及社会责任感、地方情感及生态素养、人际交往能力、自尊心及自信心、自我意识、幸福感、心理健康等。同时有学者提出探险体验式疗法，将攀岩、探洞、绳降等活动于患有抑郁症、焦虑症的儿童、军人等人群当中开展，获得了良好的效果。

目前很多国家纷纷开展户外教育，其中美国、加拿大、澳大利亚、英国、新西兰等国发展得比较成熟,甚至创建了专门的丛林学校,将户外教育纳入了学校的必修课程。为促进户外教育科学化,课程问题一度成为研究的热点。常(Chang)认为不同文化背景的学生所采用的户外教育课程应该是有区别的,因为他们对该教育的目标设定并不一致。多兰(Dolan)将地理教学与户外教育相结合,获得了很好的效果,并指出户外教育是培养环境关怀意识的重要基础,可以与历史、科学、语言、数学等课程相结合。在营地教育方面,结构化的课程体系受到青睐,但课程的评价体系还有待提高,多维度评价有待研究。1925 年,洛杉矶的公立学校开办了另一个不同类型的公共夏令营项目。这是一个林业营地,由教育委员会和美国林务局联合赞助。而到了 20 世纪 30 年代,全美教育机构的教育委员会开始越来越多地认识到教育露营的必要性。此后,营地生活成为学校教育的重要补充并一直延续至今。

2004 年,美国营地协会(American Camp Association,ACA)通过调研得出结论:"营地是孩子成长教育中不可分割的部分"。美国营地协会副主席斯科特·布若迪(Scott Brody)先生认为:美国的营地教育发展成熟,成为家庭教育和学校教育的补充,也为孩子们的发展提供了更多的可能性。国际营地协会(International Camping Fellowship,ICF)秘书长约翰(John Jorgenson)进一步指出:"一次特别的营地活动可能会改变孩子的一生。"

3. 营地教育在教育领域的应用和重要性

100 多年来,发达国家的营地教育已经建立了相对完善的模式,并以美国、俄罗斯、英国、日本和中国香港等国家和地区的营地教育模式为典范。据记载,1885 年纽约城郊的 YCA 露营活动被认为是美国最早的以教育为目的的营地活动。之后,许多国家的青少年团体开展了有创新性的营地活动,旨在提高青少年素质。特别是 19 世纪 80 年代末至 90 年代初,营地教育组织者注重为不同特殊群体开设营地教育活动,如女性、灾民和残疾青少年营地,这是主题式营地教育的标志。1910 年,部分国家的政府和学校为营地教育培养了专业的从业者。美国、英国、新西兰等国家还专门开设了以生态体验和冒险体验为导向的户外教育本科和研究生专业。

在 20 世纪初,随着科技的不断进步和人才发展的重视,发达国家的营地教育迅速发展。美国率先成立了以青少年素质发展为目的的露营组织,并建设了许多以户外自然环境为主的营地。随后,各国利用本国资源相继开设了不同主题的营地教育,并建立了大量户外教育营地。然而,二战的蔓延和波及对营地教育的发展产生了一定的影响。二战结束后,营地教育步入了快速健康发展的轨道。以苏联和日本为代表的国家开始意识到营地教育对青少年品格培养的重要性,一批国家级别的营地教育机构(以协会或联盟为主)相继成立,承担着青少年营地教育的组织管理和开发研究工作。自 1987 年国际营地联盟宣告成立以来,每三年举办一次专业性的交流会议。营地教育已成为各国教育交流的重要领域。

纵观营地教育发展史，主要经历了三个阶段：萌芽阶段，1800 年代的特征是营地教育的原型，1930 年代是营地教育的黎明期；成长阶段，1940 年代强调休闲娱乐，1950 年代强调自然保护；1970 年代至今为成熟阶段，特征是适应社会变化的特色发展。早期的营地教育主要采用野外徒步、划船、丛林远足、登山、游泳等以运动为主要形式和以培养青少年野外生活技能为目的的活动。随着参加营地活动的青少年日益增多，并提出更高安全组织标准，团队合作及融入集体的意识成为营地的主要目的，产生了“营队”。从 20 世纪中期开始，营地教育者开始注重团队体验活动，如先锋工程、绳索课程等，旨在让青少年在自然生态环境中亲身经历和参与多种挑战、合作和问题解决类的活动，通过体验获得直接经验，并与自我已有经验相互建构形成新的经验，改变和提升自我认知。从 60 年代后期起，营地教育开始主要以环境保护为主的营地活动。从自然保护的视点出发，培养青少年对自然的态度、价值观，理解人与自然的关系，逐渐成为美国户外营地教育的主导思想。

亚洲的营地教育最早发端于中国香港地区，英国政府将童军系统引入到香港地区，开展以童军训练内容为主的营地教育活动。二战后，日本非常重视青少年的素质发展，率先开展以修学旅行为主要形式的营地教育。20 世纪末，日本从欧美引入了西方式的营地教育，逐渐建立起自己的营地教育理念：促进青少年建立本国风土的自然观，在此基础上理解和传承日本文化、日本精神。其他国家也在不断思考和探索新的营地教育理念和方法技术，实施与现代文明社会相适应的教育内容。通过原始的自然环境创设各种与生活、生存息息相关的逆环境，在安全的前提条件下发挥青少年的自我潜能，挑战自我，实现体验、觉察、反思和超越自我的教育目的。经过几十年的发展，营地教育在亚洲地区已经成为一种重要的青少年教育方式，具有地域特色鲜明、主题明确、活动内容丰富等特点。国家级营地教育组织机构渐渐成熟，国际营地协会、亚洲营地协会、中国营地教育联盟等在营地教育的发展中扮演着越来越重要的角色，在发展我国青少年教育事业中起到了应有的积极作用。

第七章　游憩冲击与管理

第一节　游憩冲击概述

游憩冲击[①]是游憩生态学中的重要观点，它阐述了人们的游憩活动对自然生态环境和可供游憩的资源产生的影响机制，并提出了针对这种影响的具体措施。引入游憩冲击的研究对于风景园林专业在面对风景区、自然保护地、森林公园、郊野公园、湿地公园等自然环境时具有重要帮助。

荒野地游憩是野外特有的娱乐活动，包括从典型的国家公园休闲活动到荒野旅游的活动。这包括诸如野餐、徒步旅行和观赏自然环境等活动。游憩冲击在荒野地游憩中反映最为典型，因此如何应对荒野中的游憩冲击成为本章介绍的重点。实际上，游憩冲击在所有的游憩类别中均有存在，近年来的研究发现，即便是以文化为主的游憩资源或空间，游憩活动也会表现出明显的冲击过程和特征。

一、游憩冲击及资源管理者

游憩使用对自然区域所造成的干扰(扰动)被定义为资源冲击或者生态冲击。卢卡斯(Lucas，1979)指出，冲击这个术语是中性的，当它与生态相联系时，就是有关游憩使用对环境冲击的一个客观描述。冲击造成的变化可能是积极的也可能是消极的。在荒野地游憩中对于冲击已经形成了一个价值判断，用来指示导致环境条件的不良改变。

游憩资源管理者可以理解为是与游憩冲击有关的人员，他们关注的是因游憩使用而造成资源的不良改变，这包括改变的类型、数量、速率和持续的时间。进而可以将不良改变界定为荒野地区域土壤、植被、野生动物和水资源的均值下降。在荒野地的游憩区域，游憩管理者的主要任务就是保护自然环境。为了有效处理游憩和自然区域之间的环境干扰问题，资源管理者需要对游憩的冲击具有充分细致的了解，这样他们才能够判断出

---

① 关于本章用词的注解：Recreation Impact，在吴承照等关于 *Wild land Recreation Ecology and Management* 一书前后三版的译文中，前两版均将 Impact 译为“冲击”，到了第三版，该词的译文调整成了“影响”。就表意而言，第三版的表述显然更趋中性一些，但从这个概念的识别性上来看，“影响”一词的识别性不如“冲击”。因此，本文在引用时仍延续前两版“冲击”的表述方式，并依旧接受 Lucas 对其中性化的解释。关于管理模型的内容，统一归并到本章第四节，文中做了说明。

发生了多少改变、正在发生哪些种类的改变以及能够接受哪些改变(Cole & Schreiner,1981)。

二、游憩冲击的影响因素

(一)主体与客体

游客是游憩冲击产生的主体,游憩环境或资源则是客体。针对资源的游憩冲击程度由游客的使用方式和资源场地的容忍能力共同决定。例如,游客的数量、类型(如团体规模大小、白天远足者或过夜露营者)、行为方式(如点火方式的不同)和旅行方式(如骑马或徒步旅行)等因素都会影响资源的冲击程度。不同类型的游客对资源的使用方式也有影响,如对低冲击技术的了解、游憩的动机、经验水平、社会团体和结构等。另外,个人的受教育水平和过去的经验也会对资源的冲击产生影响。如果游憩以适当的方式进行,则资源的冲击可以尽可能地减少。

同时,环境类型、游客类型和数量也会对资源的冲击程度产生影响。不同类型的植被和土壤对破坏的抵抗能力是不同的,抵抗力和恢复力也会因气候条件和植物的生长阶段而有季节性地变化着。环境状况和游客行为的相互作用也会形成资源冲击的稳定模式。在制定管理措施之前,必须深入了解冲击模式、冲击随时间的变化、环境的忍耐力和游客的使用特征等。

(二)使用量与冲击量

使用量是指在一个特定时间段内,人们使用游憩资源的数量或者频率。例如,一天内游客进入一个公园的数量或者一年内人们在一个森林里进行露营的次数等都是使用量的表述方式。冲击量则是指人类活动对自然环境造成的具体影响。一些常见的冲击包括对土地和植被的破坏、对野生动物栖息地的破坏、对水质和大气质量的污染等。冲击量通常是量化的,可以通过一些科学技术和技巧进行测定和衡量。

在游憩生态学中,使用量和冲击量之间具有一定的关系,但并非简单相关。通常来说,使用量越大,冲击量就越大。这是因为人类游憩活动带来了种种影响,例如噪声污染、土地采矿、垃圾处理等,这些影响会随着使用量的增加而不断加剧。不同的荒野地游憩方式会产生不同类型和不同程度的影响。驾驶越野车的人会比远足者到达的地方更远,并且在短时间内对区域产生巨大的冲击。雪地车会极大地将雪压实,并且对下面的野生动物或土壤环境产生一定的干扰。也有证据显示马道和营地的冲击量是仅有远足者场地冲击量的十倍等。

因此,游憩管理者需要在提供游憩资源的同时,注意控制游客的使用量,以减少对自然环境的不良影响。同时,游憩管理者还需要采取措施,降低游客使用游憩资源带来的冲击量,以使得游憩资源的可持续利用得以实现。

可接受的冲击是生态意义的改变和资源价值观两者达成一致的结果。从生态意义角度来说，人类对自然生态系统最为重大的干扰所带来的变化表现并不一定最明显。使用者对自然的认知可能对生态系统造成严重而永久的影响。管理者和使用者都需要开阔视野，只有这样他们才能区分出哪些生态冲击是表象的，哪些生态冲击是本质的。

（三）直接影响与间接影响

游憩使用对环境的影响可以分为直接影响和间接影响两种。直接影响是指游憩使用对环境的冲击和破坏，直接影响可能包括以下方面。土地破坏：游憩使用可能造成人工道路的修建和拓宽，营地的设置，及游客对公园内草地、森林和岩石的踩踏和破坏；野生动物破坏：游憩使用可能干扰野生动物的栖息地和繁殖地，打扰它们的正常活动；水体污染：游客可能在游憩地内违法排放废水，污染水源，导致水质下降。

间接影响是指由游憩使用所引起其他影响、影响的途径以及影响的广泛程度，间接影响可能包括以下方面。沙丘漫移和植被破坏：游憩使用可能导致植被和沙丘漫移的加剧，导致了环境的破坏和生态系统的不平衡；水循环变化：游憩使用可能导致水循环变化，如地下水消耗、湖泊水位下降等，加重其它环境问题，如干旱和火灾等；噪声和光污染：游憩使用可能导致噪声和光污染，对周边居民和野生动物产生影响。

以道路建设所带来的冲击为例，直接影响表现为在道路以路堤与路堑形式通过森林、海岸林及湿地等完整植被带时，生态环境所产生的衰竭现象（王鑫，1991；陈隆升，1996），而道路通车后所造成的微气候与生态活动的改变特别是日照与风速的变化导致原本在林下生长的动植物分别迁移或死亡则是间接影响的表现（R. T. Forman，1999）。此外，福尔曼还提出，道路交通对生态阻断的影响，除了直接造成动物死亡外，也因为道路阻隔形成小型哺乳类动物，两栖类及昆虫等的迁移障碍。

第二节 资源要素的游憩冲击

游憩活动主要通过以下途径对原野地的生态属性产生冲击：游憩步道和设施的建设，对植被及土壤的踩踏，游憩使用造成的水污染，游憩活动对动物的无意识骚扰，外来物种的引入，游憩放牧，野营烧烤等（韩锋，2000）。具体到资源要素上，则主要体现在土壤、植被、野生动物和水体等方面（图 7－1）。

一、土壤

（一）土壤的基本生态

土壤是有生命的，它通过岩石、大气、水、阳光和生物体之间的相互作用进行生产和维持（Brady & Weil，2007）。土壤由四大基本元素组成：矿物质，有机体，土壤溶液、水和溶解物质以及存在于土壤固体孔隙中的空气。土壤的主要特性包括土壤的质地、结构、

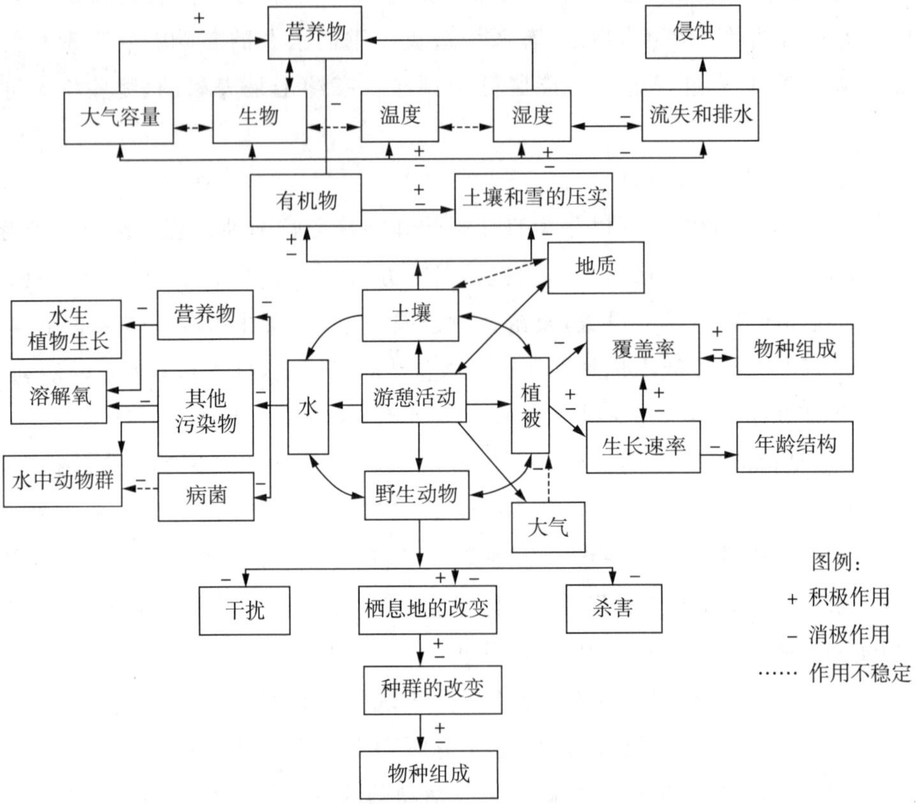

图 7-1 原野地区域游憩冲击之间的相互关系

资料来源:Hammit,2011

孔隙空间、容重以及土壤裂隙。对于游憩影响来说,土壤的剖面组成也许更有意义。一个典型的土壤里面由四个最基本的水平层面或者界线组成(图 7-2)。这些最基本的土层可分为 O、A、B、C 四层,还可以细分为更多的亚层,但是并非所有土层中都存在亚层。O 层为有机层,在土壤矿物体之上形成,一般由 Oi、Oe 和 Oa 三层组成(Brady & Weil,2007)。Oi 是由枯落物组成——落叶、枝条、果实以及植物、动物腐烂的部分,腐烂的部分也被称为腐殖质,这同时也是 Oa 层最主要的组成部分。表面的有机层对于土壤的健康性非常重要。它们可以缓冲降雨和其他侵蚀作用的影响,其中包括在底层矿物层上的游憩使用所产生的影响。有机层是生物体最为重要的活动层,并且有助于水分的吸收。作为腐殖质的来源,它们可以进入到土壤中,并维护着土壤的结构健康、水分运动和通风。同时有机层也是营养物的重要来源,对维持土壤肥力至关重要。但是,O 层经常由于场地区域的集中化游憩使用而被碾碎、流失。A 层是矿物质土壤最上面的一层。它的特征就是环境潮湿,这是由于它通过水分运动和酸化作用滤取营养物质所致。A 层可再细分为上面的 A1 层和下面的 A2 层;生物体的活动大多数是集中在 A1 层中,A1 层的有机质一般是通过枯落层物质的腐烂和土壤生物体的融合被添加到矿物质土壤中,A2 层则是滤取区域。A层下面是B层,它也具有高温潮湿的环境特征,这是因为它们也都是从上面的A层滤取分离出来的。因此,B层通常比A层或最初的本源材料的质地都更加细腻,颜色也比较深(黑),干旱地区除外。C层是在所有层堆积物区域的最下面。它很少受到生物体活动的影响,主要由被粉碎的本源材料组成。

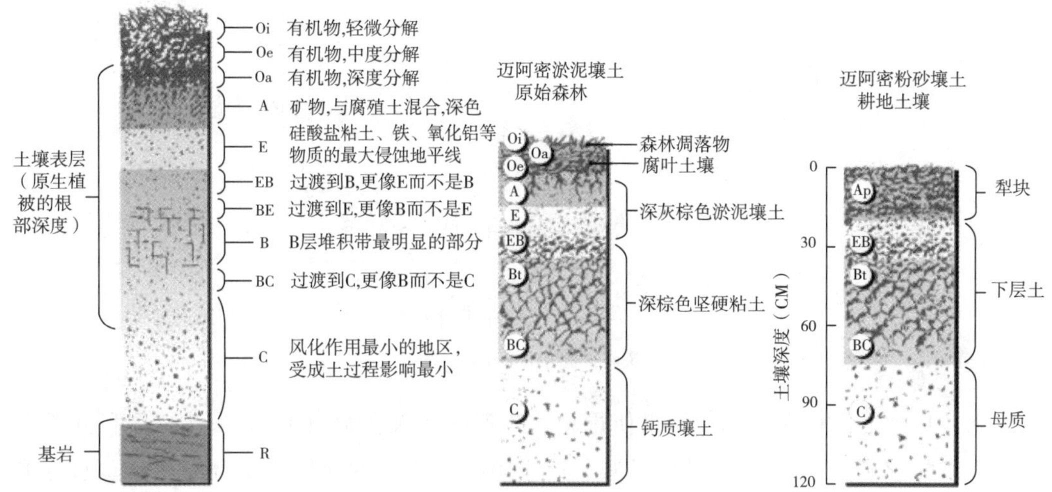

图7-2　矿物土壤概念性剖面所显示的主要四层

资料来源:Hammit,2011

(二)土壤冲击

在荒野游憩地,践踏是对土壤的最主要冲击。践踏和机动车的使用致使土壤被压实,密度和渗透抵抗力增加,土壤的结构和稳定性被改变,并且上面的枯落层物质和腐殖质流失,导致渗透率降低,侵蚀更为严重(Cole & Schreiner 1981;Marion & Cole,1996)。除了土壤这些物理性质被改变之外,践踏还可能导致土壤的生物学和化学性质的改变。栖息地的宏观环境、微观环境以及枯落层物质的改变致使土壤中的微生物和动物的物种组成也发生了巨大的变化(Duffey,1975)。

曼宁(Manning,1979)提出了有关游憩践踏对土壤冲击的七个步骤的循环概念图(图7-3)。正如图中所呈现的,循环中的第一步是落叶和腐殖质层(即O层)的减少或移除,这是由于践踏、表层的流失以及一些地方出于美学或者防火安全原因而造成的场地表层覆盖物的丧失。第二步,进入土壤矿物质中的有机质减少。土壤表面枯落物被移除的同时切断了有机物的来源,也存在另一种情况,即有些地方虽然表面有机质已被粉碎,但它们通过水的渗透可以被运输到土壤中(Monti & Mackintosh,1979)。在这种情况下,土壤中的有机质会随着游憩使用而增加。第三步,踩踏或机动车碾压使得土壤被压实,这种压实会导致土壤丧失有机质,使区域更容易受到影响。第四步,通过压实,土壤颗粒更加紧密地包裹在一起,消除了它们之间的很多孔隙,土壤结构作为一个整体被瓦解,呈现

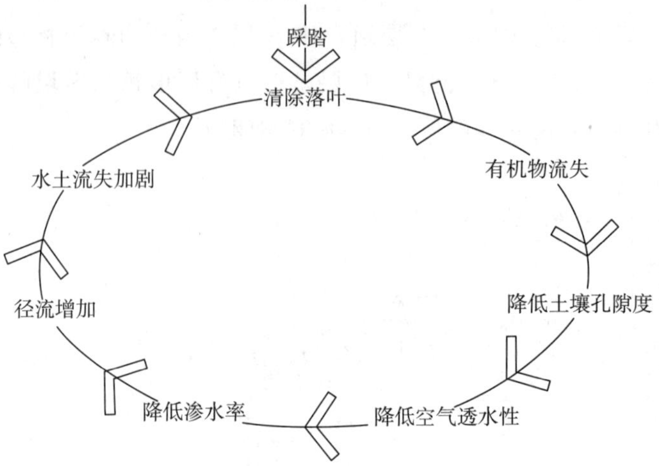

图 7－3　土壤冲击循环

资料来源：Manning，1979

破碎化并且被迫团聚在一起。结果使得总的孔隙度和大孔隙减少，而小孔隙体积并没有受到很大的影响。第五步，大孔隙的减少严重阻碍了土壤的通风和水分的渗透。水分渗透率降低使得通过土壤的水分减少，进入土壤的水分也就会随之减少，从而对植物的生长和生存产生压力。第六步，较为普遍地出现土壤表层的流失，这是降水和土壤渗透率降低导致的不可避免的结果。第七步，侵蚀爆发的潜在可能性极大增加，尤其是在坡比较陡和土壤物质易发生侵蚀的地方。剧烈的侵蚀会截断土壤的剖面，冲走更多的表面有机质(图 7－4)。这个过程是一个没有终点的循环。

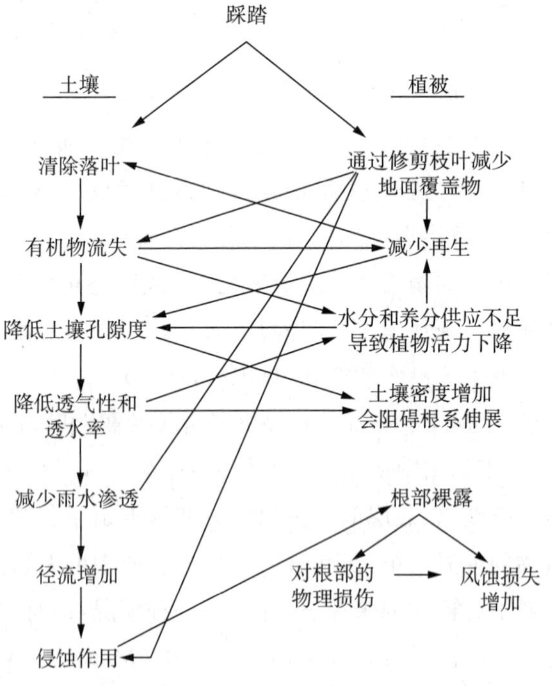

图 7－4　土壤和植被的践踏冲击流程

资料来源：Manning，1979

二、植被

(一)冲击参数

几乎所有的荒野地游憩活动都有可能践踏植被。因此，游憩场所的植被往往发生较大的改变。植被量、植被组成以及树木生长状况等是针对植物冲击分析中常用的一些参数。通常，某一地区的植被量会采用绿地覆盖率来进行统计，针对大面积的植被区域，可以对一些样本单元的植被覆盖进行抽样调查，以估算绿地覆盖率。以弗里塞尔(Frissell，1978)开发的一个简单的评估系统为例，基于视觉标准的所构建的条件类如下：①地面植被被压扁，但并未永久受伤。除了可能有一个简单的石制壁炉外，物理变化很少。②壁炉或活动中心周围的地面植被磨损。③大部分场地上的地面植被消失，但在少数区域之外，有腐殖质和落叶。④裸露的矿物质土壤广泛存在，树根暴露在表面。⑤土壤侵蚀很明显。树木活力下降，要么死亡。弗里塞尔的状况等级评级是与总体影响评级相关性最高的指标。该评级预测了已经发生的植被和裸露地面的变化量，以及植被深度、区系差异、营地面积和裸露面积的变化。这些影响包括游客可以注意到的大部分影响，以及所有与使用量相关的影响。

其他还有一些运用于测量和估算覆盖率的标准技术，其中包括直线样法和点样法(Marion，1995；Mueller Dombois & Ellenberg，2003)。此外，还可以采用生物量统计的方式估算植物量。生物量是指单位面积上植物的质量，该方法需要先砍伐植物，经过烘干除去水分，然后称其重量(Sun & Liddle，1991)。虽然该方法相比覆盖率更为客观，但非常具有破坏性，且过程需要耗费大量的时间，因此很少使用。除了记录植物的总量之外，对个体物种的记录也非常普遍，如物种的丰富度和频率，有时也会记录植物的高度和形态(Cole & Bayfield，1993)。这些信息被用来描绘物种组成的情况，特别是地被植物。物种组成是指场地内所有物种的混合体。对于所有的植被而言，独立物种所遭受的游憩影响都可以被识别出来。一些研究者们把特殊物种进行等级划分。这样可以方便研究游憩对某些植物的影响(如外来物种)和物种生长过程中所表现出来的各种生长型。外来物种指的是特定场地的那些非本地物种，这样的物种通常在游憩地增加并可能具有重要的作用，而它们在被干扰区域内的茂盛生长使得那些本土物种很难存活下来。生长型的等级划分是基于那些具有相似的结构、形态和作用进行归类的。对于在游憩使用之后植物为何会产生不同的生长型的研究将有助于了解不同的植物会受到什么样程度的影响以及为什么会受到影响(Cole，1995a)。树木状况包括遭受破坏的树木的百分比、数量或者密度，诸如根部被裸露在外或有严重刻痕的树木(Marion，1995)。

(二)植被冲击

地被植物层是受访客影响最深的一个层，特别是践踏对它们的影响。地被植物的游憩践踏不仅限于人脚的踩踏，还包括其他的游憩旅行方式。践踏对地被植物既有直接影响，也有间接影响。直接影响如地被植物所受到的折断、摩擦和碾压破坏；而间接影响则是践踏导致土壤压实和其他的一些土壤变化，这些变化作用于植物并发生改变。践踏的直接影响通常对植物不利，虽然低水平的践踏能促进少数物种的生长，但是游憩地的大多数物种的丰富度、高度、活力和再生长能力都呈现下降态势，在那些践踏比较严重或植被比较脆弱的地方，植物会直接践踏致死。土壤压实增加了根部穿透土壤的机械抵抗力

(Smith et al.,1997)。压实也抑制了植物的萌芽、破土以及新植物的产生。此外,被践踏营地的微气候相比于未遭受践踏的场地更为糟糕,因为践踏之后,土壤的温度在白天不会太高夜间又不会太低,而植被和有机质很难适应这样一直没有变化、稳定的温度。同时由于践踏的作用使得表层的植被和有机质被除去,种子直接累露在外,其所面临被热烧灼和冰冻的可能性就更大。

上述各种践踏的结果是植物的减少,通常表现为植物覆盖面积的损失。在营地中,这种冲击非常严重,即使在相对较少使用的情况下,例如一些荒野中的大型营地中也会损失相当数量的植被。但另一方面,很多研究发现轻度使用的营地中的植被减少量和重度使用的营地的植被减少量相近(图 7-5)。植被的损失量和使用量这两者之间并不成正比关系,确切地说,它呈现为曲线或双曲线的关系。除了覆盖损失外,植物群落的物种丰富度也会受到游憩活动的影响。当游憩使用程度很高时,大多数情况下物种丰富度都会降低,在高强度使用下,只有那些耐践踏的植物可以生存下来。然而,在那些轻度使用或者中度使用的区城,物种的丰富度却可以达到最大化,其原因在于这些区域里原有的物种在数量上会减少但不会被灭绝,与原有物种的竞争变小之后,促进了耐践踏外来物种的入侵和蔓延。因而,当这区域原生物种和耐践踏的入侵物种同时存在时,物种的丰富度会变高。

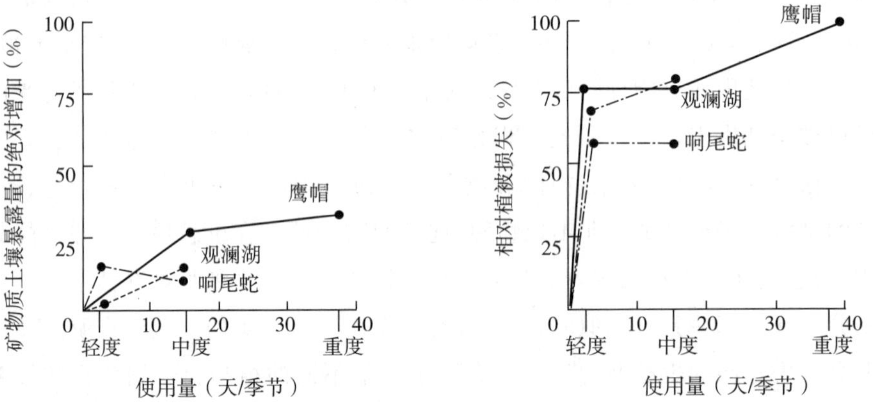

在老鹰帽、观澜湖和响尾蛇研究区,矿物土壤暴露绝对增加量的中值与使用量相关联。

在老鹰帽、观澜湖和响尾蛇研究区,相对植被损失的中值与使用量相关联。

图 7-5

资料来源:Cole,1983

对于风景学科来说,植物的一些特性在应对践踏时起到的作用值得重视。研究表明,小尺度、更具耐性和抗机械性撞击的形态都有助于抵抗践踏冲击(图 7-6)。例如,通常情况下,更具耐性的植物形态特点应包括:匍匐或蔓生生长型、簇状生长型、有棘或有刺、具有柔韧的茎、叶子的基生叶为莲座丛、叶子小而厚、叶子开放比较灵活在压力作用下可以收拢起来、构极大或极小。而在生理上能增加耐性的特点有:具备从居间分生组织萌芽和顶端分生组织萌芽的能力、芽具备从土壤表层下启动季节性再萌发的能力、具备单体繁殖和有性繁殖的能力、生长速率很快。虽然没有一种物种能拥有以上所有的特点，但拥有其中的一些特点会让植物物种获得更多耐性和生存机会，如早熟禾的形态特点使其成为草坪普遍的选种。

低矮的灌木也会遭受践踏，与地被受到的影响相同。成材树所受到的影响主要是机械损伤，很多这样的损伤源于访客轻率的蓄意行为造成的，而更大的影响往往来自管理，例如出于营地建设目的对周边树木的清理。

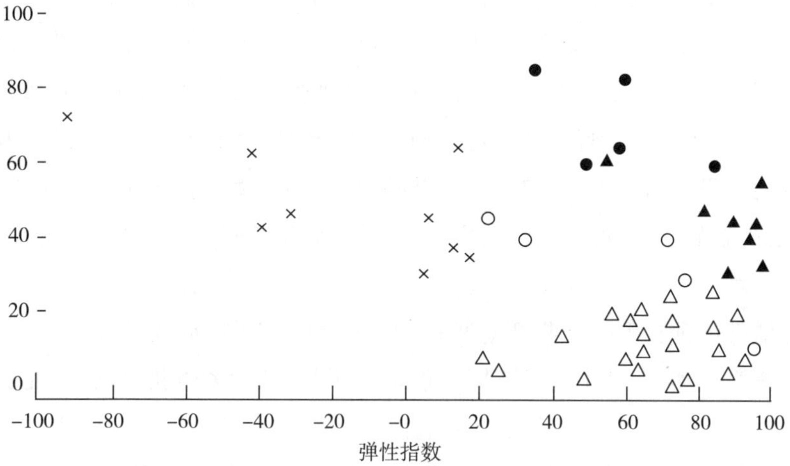

图：表7中的独立物种的抵抗力和复原力指数（%），这些物种按形态分为绒毛植物（X）、直立禾本科植物（o）、非直立禾本科植物（d）、直立草本植物（s）和非直立草本植物（s）。恢复指数是践踏后一年内植被增加的平均值，占0–500次践踏后2周记录的植被损失的百分比。

图 7 - 6

资料来源：Cole，1995

三、野生动物

尽管野生动物并非风景学科的主要研究对象，但野生动物的存在和活动仍具有风景价值，并对生态环境具有不可替代的重要贡献。因此，出于系统化保护生态环境的目的，需要对游憩活动给野生动物带来的冲击进行全面的分析与研究。目前，户外游憩活动是对许多野生动物种群产生干扰的已知来源。从事户外游憩的人类与野生动物之间的互动是一个保护和管理的挑战，因为这些活动可以在多方面复杂地影响野生动物（Frid & Dill，2002）。野生动物种群不像植物那样固定不动，游憩对它们的影响结果不能够立刻且直接地表现出来，但游憩所造成的诸多影响已经被证实。例如，人类的游憩存在是春季和秋季影响鹿返回时间的决定因素，在夏季，竞争对手（即驼鹿和麋鹿）的存在是最重要的，而在冬天，人类的存在和捕食者（如犬科动物）的数量相结合是鹿返回时间的最强决定因素。另据调查，2016 年有 2500 名游客去往 Barter 岛观看北极熊，导致北极熊不得不放弃猎获（Broekhuis，2018）。由于北极熊必须每 5 天捕获一次海豹（Stirling & Oritsland，1995），受人类游憩活动干扰而放弃猎获可能会导致北极熊产生严重的营养损失(Atkinsor et al.,1996;Dyck & Baydack,2004,2006;Stirling et al.,2004)。

人类从事户外游憩活动时,对野生动物的影响方式类似于捕食(Frid & Dill,2002)。这些因素还包括个体层面的影响,如提高警惕(Langbein & Putman,1992),逃离行为(Ydenberg & Dill,1986),栖息地选择的变化(Filla et al.,2017),适应度的降低(Creel et al.,2002),亲代投入(Gill et al.,2001),对能量消耗的影响(Houston et al.,2012),资源获取、动物状况和繁殖成功(Frid & Dill,2002)。随着时间和空间的推移,这些个体效应逐渐扩大到野生动物总数量上的压力(Sutherland,1996)。然而,户外游憩也可能对一些野生动物产生积极的影响。例如,野生动物可以通过植被或雪创造走廊;又如,贝罗提(Belotti,2012)的研究表明,山猫可以利用人类活动水平较低的夜间旅游路线打猎。

综上,人类干扰会导致野生动物在生理、行为、繁殖、数量水平、种群结构和多样性等方面发生变化。研究结果还表明影响野生动物反应的游憩干扰至少有六个因素:游憩活动的类型、游憩者的行为、可预测性的影响、影响的频率和强度以及时间、地点(Knight & Cole,1995)。

当游憩活动出现在野生动物栖息地时,可能会产生两种形式的结果:一是游憩者可能会直接干扰野生动物,其中包括不同程度上的干扰、骚扰和直接杀死;二是游憩者以改变栖息地的方式间接地对野生动物产生干扰。上述影响可能会导致野生动物产生三种反应:第一,动物正常的习性可能在不同程度上发生改变,包括从适应到轻微改变再到从栖息地迁走;第二,动物可能会完全迁徙到另一个新的栖息地;第三,影响导致许多动物物种的繁殖水平的下降,最终导致野生动物物种组成和结构的改变(图 7-7)。

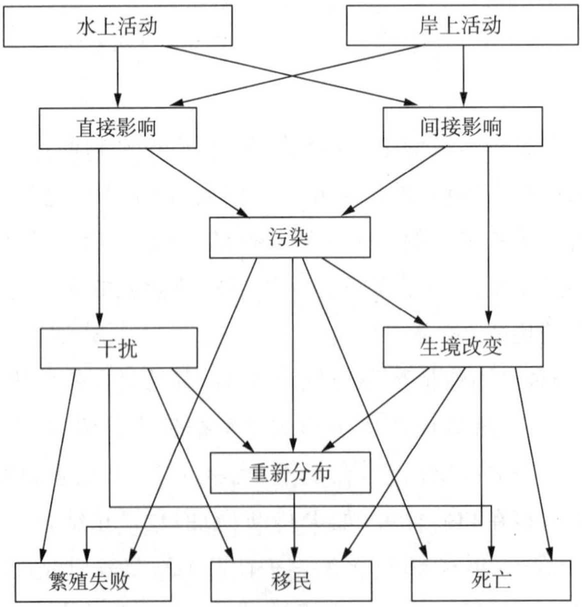

图 7-7　游憩对野生动物的影响

资料来源:Liddle,1980

四、水体

水体是使用者的亲水体育活动和饮用资源的媒介，对人类的健康更加直接相关。尽管荒野地游憩区的大肠杆菌和饮用水质量受到广泛关注，但是对于偏远荒僻地区的水质是否受到人类游憩活动严重的影响还存在争论，很多研究都不能说明是游憩使用导致大肠杆菌数量的明显增加，反而在很多情况下，野生动物是饮用水资源受到细菌污染的一个主导因素。影响水体质量的主要参数有：营养物、悬浮的固体、水中的含氧量、温度和水流、PH、排泄的细菌和病原体、水中溶解物、透明度(Kuss et al.，1990)。与游憩相关的水体影响研究聚焦在以下几点：水的富营养化、悬浮的颗粒、水中溶解氧的减少、粪便排泄造成的细菌污染。营养物质水平与水生植物的生产和分解、水域生态系统溶解氧的供给之间有着复杂的关系。

随着游憩的使用，水温较暖的湖泊和溪流中的植物生长很快被改变，从可以接受的生长速度到不可接受的疯长，氧气供给和水生体物种组成也发生变化。对于游憩者而言，悬浮物质、浑浊度是水体质量的重要信号，此外，水的影响和质量也是渔业管理的一个重要问题，直接影响如捕鱼等游憩活动的开展。

淡水湖泊和溪流是游客关注的重要焦点(Venohr，2018)。关于人类活动对淡水的冲击研究集中在通过水接触引入的病原体的健康风险(Anderson et al.，1998；Gerba，2000；Wade et al.，2008)或基础设施、露营或其他活动造成的人类废物(King et al.，1974；Liddle & Scorgie，1980；Cooke & Xia，2020)等方面。目前，游客对淡水可能产生的环境影响包括土壤压实和水污染(Turton，2005)。此外，游泳或洗浴行为对底栖生物栖息地的定期物理干扰可能比水质的影响更重要。例如，营养富集导致的藻类生产力的提高可能会被游憩者对藻类的磨蚀影响所抵消，而由于洗浴只发生在一小部分河流地点，对水生生态系统的总体影响无关紧要(Pearson et al.，2019)。然而，在游客活动高峰时期观察到的大量水质下降(Butler et al.，1996)表明，一些洗浴区已经接近其可持续的承载能力。水质的变化和游客对水质的看法(Butler et al.，1996)表明，对游客数量的控制是有必要的，特别是在具有高度保护要求的地区。

水流可能比其他环境更容易适用承载能力这一管理工具。一些预防性的管理措施包含了多种方法，这包括监测游客数量和活动；评估游客的看法，以告知其管理方法(Butler et al.，1996；Hadwen et al.，2012)；制定限制游客或游客数量的策略；评估未来可能开放的娱乐场所可能产生的影响(WTMA，2020)；制定地方或区域监测和管理指南，以减少影响；场地适度硬化，如安装人行道等；控制入口点以减少河岸侵蚀和泥沙干扰；提供解释材料，鼓励游客欣赏河流及其管理的环境价值，并作出相应的行为(Butler et al.，1996)。

另一方面，荒野地游憩对水质的影响扩散主要与路径侵蚀有关，路径侵蚀可能导致土壤流失和沉积，以及访客和动物排泄物污染引起人类疾病(Cole,2000)。污染主要来自粪便沉积和直接接触水的活动，如涉水、游泳、洗澡(Cole,2000)(图 7－8)。

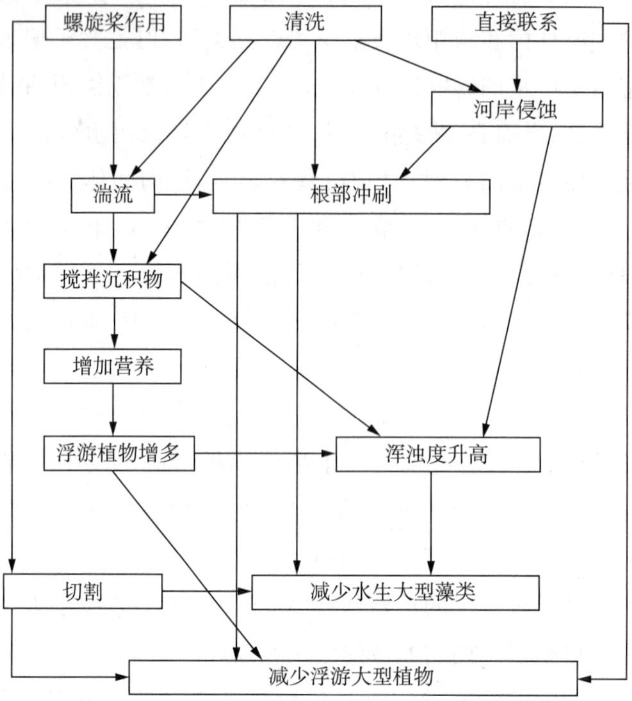

图 7－8　划船对岸边植物的冲击

资料来源：Liddle,1980

第三节　格局的游憩冲击与趋势

一、格局的冲击

(一)空间格局的冲击

游憩使用最显著的特征之一是它的高度集中性。大多数使用都集中在少量步道和目的地带。曼宁(Manning,1979)称这是游憩使用和影响的“节点和链接”格局。节点影响出现在目的地区域；链接是在节点与节点之间的路线。在营地的桌子和火坑处，在风景优美的崖边，在泊船的河畔都是集中使用节点的例子。链接的例子包括登山步道和马道、小舟的水陆联运处、开发营地的单个场地、舒适的停留小站和水源地之间的连接游径。使用集中意味着影响严重，尽管局部比较严重的地方只占游憩地很小的一部分。瓦格(Wagar,1975)对一个严格限制使用的欧洲公园进行了评估，公园内仅提供已建成的游径供使用，其直接受影响的面积占公园总面积的 0.1%。而在伊格尔卡普的荒野地，使用者可以在他们所向往的地方自由旅行，根据柯尔（Cole，1981）的估算，两个广受欢迎的流域盆地被营地和游径实质上侵扰的面积不超过总面积 0.5％。在同一个荒原地，即使在两个非常受欢迎的亚高山湖区四周，实质上被干扰的面积比例也不到 2％（Cole，1982）。在设计合理、开发的营地，虽然那里的营地垫层被高度干扰，但是整个营地大部分可能仍然保持着相对不被干扰的状态。

特定的因素会导致使用的集中。某些地点不断地吸引人们前往，如瀑布、湖泊、观景点，人们也会被吸引至其边缘，如河边、湖边、崖边、草地和森林交界地带。出于安全和使用方便的考虑，这些空间会被集中使用。许多人在以前被明显使用过的露营地露营和散步才能感到更舒服更安全。实际上，在既有的游径上行走以及在灌木丛和岩石被清理过的地方露营也要更方便些。所有这些因素，常常使得荒野地的使用者与某些游憩地形成一种情感联系。使用者被这些受欢迎的地方所吸引，常常会发生再次参观游憩（Williams et al.，1992）。

使用也会在不同的地点集中。例如，在已开发的露营地，露营者在营地中超过四分之三的时间都在餐桌、帐篷垫和烧烤架边度过；在没有开发的区域，背包旅行者在营地的大部分时间都是待在帐篷和火坑的周围。事实上，在荒原地区安装烧烤架等设施来使得使用者集中化，可以减少对整个区域的干扰（Marion，1995）。因此，这些区域是影响最严重的地方。营地“核心”区被使用强度相对较低的区域包围，而在这些地方可以收集燃烧所需要的木柴、到达水边或厕所，在这个区域之外是很少有游憩者进入的区域。针对发展成熟的营地，麦克尤恩和托克尔（McEwen & Tocher，1976）将上述三种不同的区域分别称为冲击区、过渡区和缓冲区。这种空间上的划分和具有代表性的冲击区的概念对营地和其他高密度的游憩区的生态冲击管理具有重要的意义，并得到大量的应用。

1. 冲击区

冲击区的土壤和地面植被覆盖已经严重退化，变得坚硬而贫瘠。游客的践踏导致叶层粉碎、草本植物和树木移除，并使土壤压实。落叶层物质的丧失和土壤的压实，导致水渗透率下降，进一步加剧了侵蚀程度。即使是中度的使用也会在几年内产生显著的影响。修复冲击区需要相当长的时间，并且如果持续使用可能永远无法恢复。根据对一些营地冲击的调查，践踏不仅造成了植被损失，还破坏了大部分土壤的有机层。大部分土壤被挖掘和暴露，覆盖了营地的 30％以上。营地剩余的有机层深度减少了 50％以上，一些被踩踏粉碎的有机物必须向下移动并聚集在最上面的矿物层中。营地的土壤也被压实，体积密度通常比对照组高 15％左右，渗透率比对照组低 30％左右。高有机质和沙子含量可能使土壤相对不压实和自然疏水（Singer & Ugolini，1976）。

冲击区管理的关键目标是最大程度地减小对冲击区的影响，并保持其吸引力。通过区域设计缩小冲击区，使用小石子、沙子和木头片等方法可使冲击区表面硬化。然而，我们仍应该能够接受冲击区的高度干扰，并鼓励并继续集中使用这些区域。因此，保持这些区域的吸引力和干净是非常关键的。如果这些区域变得没有吸引力、脏乱、充满灰尘或泥泞，游憩者就会放弃它们，同时也会影响到新的区域。

2. 过渡区

过渡区的植被和落叶层物质可能会损失，土壤也容易被压实。但是这些影响只在非正式的游径系统中比较明显，对于其他地方，土壤和植物的健康状况并没有受到严重的影响。尽管有些动植物物种的分布可能会发生变化，但大多数游人可能无法察觉到这一点。过渡区作为树木的种苗圃所扮演的角色非常重要，同时还可以为单个场地之间提供隔离效果。如果没有过渡区，各个营地之间可能会混合，相互连成一片。因此，在场地设计初期应该创造过渡区，并通过限制冲击区的扩张来防止过渡区被侵蚀。在一些情况下，需要通过植树、灌木、木头和岩石等方式来最小化对过渡区的使用，以保护场地的再生能力，特别是保护幼树的再生能力。此外，还需要建立一个连接冲击区、其他场地和设施地的"官方"非正式游径系统，以防止游径过多分叉。

3. 缓冲区

除了少量登山游径和道路的影响外，缓冲区几乎不会受到影响。缓冲区应当是供人们欣赏和保护的区域，而不是开发的场地。避免缓冲区与营地、游径之间的扩张入侵是管理的主要关注点。缓冲区并不需要人为主动的管理，因为这片区域本来就是自然的。缓冲区相对于营地和游径而言，其使用更加分散，因此游憩对它的影响方式也不够明显。缓冲区的影响方式可以运用到机动车或者非机动车越野旅行地，以及某些风景优美之地、野餐区和动物可以自由行走和吃草的地方。然而，就算是这样的情况，在高度影响区和自然区之间常有一个渐进过程。在节点、边缘和设施附近的集中使用会造成严重的影响，需要控制分散使用，避免冲击区随时间推移而扩张和增加分支。

(二)时间格局的冲击

空间格局在描述和管理植物、土壤以及其他稳定的生态系统组成元素时最为显著，同时也是最为重要的。而时间格局则反映出不同类别或不同阶段游憩冲击在速率上的差异。通常草本植物的丧失比土壤有机质层的丧失要快。冲击的速率还取决于使用的程度，在大量使用的地方显现得最快。其中对植被和土地的影响即使在中度使用的地方也会很快显现。研究结果显示，场地的冲击和场地的使用时间之间呈现的是渐进关系而不是直线相关(图 7-9)。这就是说，一个场地被使用后，在开始数年冲击增加得很快，然后冲击增加的则比较慢(Cole & Marion，1986)。

在描述已开发的营地时，哈特(Hart，1982)将营地的发展历程划分为两个阶段——短暂的入侵时期和冲击发生最多的时期。入侵是发生在营地刚建立好并向露营者开放使用的初始时期，而冲击发生最多的时期却是在动态平衡时期且此时变化很小。在平衡时期，使用造成的额外影响被维护活动和自然恢复过程所抵消。在森林营地，最终的变化是上层林冠树木走向死亡，随后，这个森林覆盖的场地通常将被一个开放的营地所

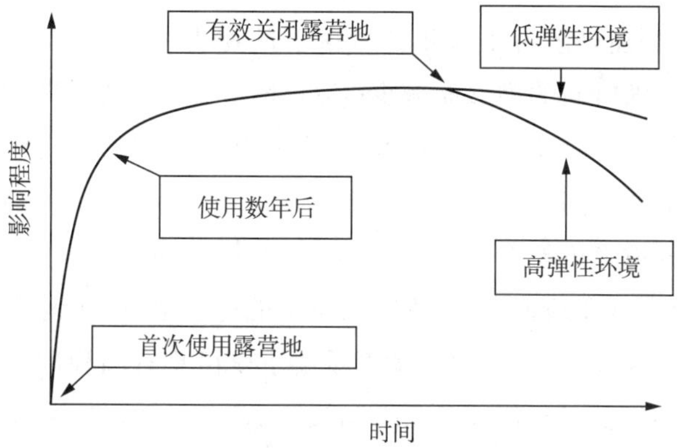

图 7－9　一个典型的营地冲击和使用时间的关系

资料来源：Cole，2004

替代。

营地的其他冲击不会在最初使用时就很快显现，但是可能随着时间的推移而恶化。这些冲击类型中最重要的就是场地扩张、树木的破坏以及有机质的丧失(Cole & Marion，1986；Cole & Hall，1992)。当场地被大型聚会使用或者冲击区不够有吸引力、不够理想时(比如场地泥泞或者不平)，就很可能会发生场地扩张。场地扩张中一些最严重的问题都是由于使用工具造成的。使用工具的群体通常由许多关系不密切的人们组成，每组人群都想与其他组群的人保持一点私密空间。当他们搭建帐篷来寻求私人空间时，区域受到影响的面积就更大了。场地的扩张会形成一系列的卫星营地，卫星式营地经常发展成新的营地，也可能会扩张成为原来营地的一部分，从而增加整个被干扰的区域范围。营地影响的长期变化研究结果也表明，主要的增长都是发生在新建立的营地。柯尔(1993)用十多年的时间对三个荒原区的扩散和营地状况进行了调查。结果发现在三个营地区域中最主要的影响就是营地数量有显著增长的趋势。这并不表明没有对某些营地进行改善，而是新建立的营地转移了原有营地的使用压力。然而，荒野地游憩管理最主要的考虑是野营者长期的“场地先驱者”行为和营地的激增。事实上，长期以来，系统的延展、营地生态单元的激增以及与它们相关联的影响要比单个场地随时间的增加而退化更重要。

随时间的增加被破坏的树木也会增多。树根裸露、树干的机械损伤、幼树的移除都可能影响树木活力和生长率的长期过程。树木一旦被砍伐或者被严重刮伤，它将维持现状直到腐烂。因为老的损伤消失得很慢，而新的损伤使得影响随着时间而增加。尽管树的损伤只是那些随时间推移而增加的影响中的一种，但是在场地影响区开放很短的时间内，大多数树都会受到损害。

有机质丧失也会随时间而增加。落叶层物质的磨损和侵蚀造成的有机质丧失可以由每年阔叶树的落叶或者由针叶树不断凋落的针叶来补偿。然而，即使在使用最轻微的营地，其落叶层的丧失还是超过了每年树木落下的物质，出现净损失的情况。落叶层物质的表层厚度和覆盖随时间的推移而减少(Cole & Marion，1986)。在森林覆盖的场地，植被丧失的速率要低于有机质的减少速率，所以落叶层物质的丧失到达最大值的时间比植被丧失到达最大值的时间要早。

游径冲击发生的速率可能会更快。初期的影响都与游径的开发建设有关，包括有意地砍伐树木、移除灌木丛和地面植被、整平表面、压实土壤、排水沟改道。一旦这些变化开始，与游径使用相关的其他冲击通常就不重要了。但是有两种冲击会随着时间的推移变得更加严重——游径变宽和侵蚀(Marion，1984；Cole，1991)。游径变宽类似于营地的扩张。在游径上行走困难时就会发生这种影响，特别是游径泥泞和有岩石处。游径会持续变宽，或者它会分叉成一系列的游径。践踏会造成某些游径爆发侵蚀，而其造成的主要结果就是使游径表层更易受到侵蚀的影响，包括土壤流失、渗透率降低、植被被移除以及它自身成为排水道。侵蚀的主要原动力来自拦截的溪流、融化的雪水、泉水或者强降雨的流水。一旦水顺着游径向下流淌，就可能会发生侵蚀，并且可能将随着时间的推移变得越来越严重。不管使用继续与否，这样的侵蚀状况都将持续下去，直到建立水坝或者其他排水控制设施将水从游径上引流转移。

当前对野生动物和水的时间格局上的冲击还了解得不充分。因为野生动物不同种群之间影响差别很大，就算是同一种群影响差别也很大。最初的影响很严重，但当动物对干扰形成了忍耐力之后，干扰就会随时间的推移而降低。部分动物能容忍低频率的干扰，但会对频繁干扰感到不安。这种格局与植被和土壤的变化相反。水的冲击也在对最初干扰的快速反应和对严重反应后的初期抵抗这两个极端之间变化。在任何地方或时间，粪便的污染可能会在第一天很严重，但只要它的排放不是持续的，随后的影响就会降低。此外，一些污染物会随时间的推移而累积。开始，由于它们被水冲淡稀释可能不会造成影响，但随着时间的推移，它们就会达到一定的浓度从而产生问题。例如，在国王峡谷国家公园阿尔卑斯湖附近的游憩使用所造成的微量元素，积累达到一定程度时足以导致生物群发生改变，这些变化在十年的使用强度减少后仍然没有得到好转(Taylor & Erman，1979)。

(三)冲击的恢复率

冲击的恢复速率依赖于环境因素。发生在山顶或山谷的同样的践踏会产生相似程度的冲击，然而，山顶的植被恢复要比山谷需要更长的时间，这是因为在山顶植物的生长季节更短，土壤也更贫瘠。

土壤的恢复率可能比植被恢复率变化更小。尽管压实程度不是连续的，但研究表明压实程度要恢复到正常水平最少需要16～18年(Hatchell & Ralsta，1971；Parsons & De Benedetti，1979；Stohlgren & Parsons，1986；Cole & Hall，1992)。有机质水平的恢复可能需要更长的时间。在国王峡谷国家公园，帕森和本内迪克特(Parsons & De Benedetti, 1979)发现，有机质的厚度和木质燃料的积累在营地关闭 15 年后仍然没有恢复到正常水平。侵蚀的恢复则需要花费更长的时间，一旦发生，恢复就需要数百年的时间。

实验性践踏游径上的植被恢复研究表明植被的恢复率存在很大差异性。在阿巴拉契亚南部的一些游径，践踏停止一年时间之后几乎全部被植被重新覆盖(Studlar,1983)。相反，冰川国家公园干燥的高山草甸在关闭六年之后植被只恢复了 24%(Hartley, 1976)。恢复速率甚至会在同一区域的不同环境下也存在很大的差异。其他的践踏实验更多集中在热带环境下的营地范围内物种的时空恢复速率。孙和利德尔(Sun & Liddle, 1991)发现八个物种对践踏的抵抗和恢复率差别很大。植物抵抗能力与恢复和生长速率没有很大的相关性，但恢复率与生长率密切相关。高抵抗能力和高恢复率是植物两个独有的特性。耐践踏的植物一般生长缓慢；而生长快速的植物利用它的快速生长作为恢复战略(Sun,1992)。

无论是否受到践踏的干扰，研究结果都表明冲击的恢复速率总是比抵抗速率需要而长的时间，丰富的降雨和较长的生长季节能够加快恢复速率(Marion,1996)。对于哥斯达黎加一条荒废了 32 个月的游径的研究显示其恢复明显，而且恢复后游径沿线上草本植物和幼树比没有被干扰的森林中的数量还要丰富(Boucher et al. ,1991)。通过适当的管理可以对冲击进行有效的影响，提升恢复速率。例如，管理行为增加了单个营地的使用强度，但因此产生的冲击强度并不会大幅增加，且对其余的营地起到了一定的保护恢复的作用。

二、荒野地游憩使用和冲击趋势

(一)近期荒野地使用和使用者的趋势

根据《21 世纪美国户外游憩》(Cor Dell et al. ,2004)与戴尔(Cor Dell,2008)的论文，从 1960 年到 2010 年，美国人自然游憩活动的参与度逐年增加。根据自 2000 年至 2007 年进行的“国家游憩与环境调查”资料显示，参加 50 项自然活动的总人数增加了 3.1%，与此同时，所有活动者的参与天数增长了 32%，在所有 50 项活动中，人均参与天数增加了 22%以上。参与项目的受欢迎程度也发生了较大的变化。例如狩猎和钓鱼曾是最受欢迎的项目，但近年来观赏和拍摄鸟类已成为增长最显著的类型，这种显著的变化源于社会、文化和经济因素的影响，例如栖息地的丧失、反捕猎价值的提倡以及数码相机技术的发展等。柯尔(1995)基于五处荒野对象的数据对使用者的趋势进行了描述，其中高一致性趋势有：访客年龄偏大、受教育程度较高、女性更多、更多的访客到访过不止一个荒野地、能够更好地评估垃圾状况等，而高非一致性趋势有：访客中环保组织人员和学生的比例、特定荒野地的初游者、对特定荒野地曾经来访的次数、访客中狩猎者与自然研究者的比例、与大型团体偶遇的次数、满意评估和假定的偶遇率之间的关系等。

(二)荒野地冲击的近期趋势

与荒野地游憩使用不同,荒野地游憩冲击很少以年为单位进行评估,因此不能对它们进行趋势分析。只有在近10～15年才重复进行基于冲击研究的实验,用以考察冲击随时间的变化,这些研究集中于荒野地区的游径和露营地的冲击趋势。

较长时间的荒野地区域游径的研究表明,很多游径的宽度有所增加。总体而言,大部分新开辟的游径以及正在经历使用量增加的游径容易发生改变。在落基山国家公园和科罗拉多州,萨默(Summer,1980)发现在七年期间游径变化的差异性很大,九条游径中有四条游径部分明显变宽了,而其他的比较稳定;五条游径中有两个部分明显变深了。新开辟的游径尤其容易恶化,并且恶化的范围经常与地域的特征相关。菲舍(Fish et al.,1981)以及廷斯利(Tinsley & Fish,1985)研究了得克萨斯州的瓜达卢佩山国家公园游径的侵蚀状况。经过3.5年的时间,游径很少发生净侵蚀现象;一些游径的部分路段经历了侵蚀,而其他游径或者路段经历的则是沉淀事件;游径的净冲击和非游径区域正在发生的冲击并没有巨大的差异。在一定的使用量下,游径的宽度比深度变化大。践踏是游径变宽的主要原因,而游径变深的主要动力是水的流失。因此,冲击深度的关键性因素可能是与环境相关(例如,土壤的特性或坡度),而不是使用。

自然状态地域和荒野地区域的露营通常会对产生严重的冲击,尤其是目的地的植被和土壤。针对历史露营地5～11年内的冲击变化进行研究,其中一些露营地的条件得到了改善,还有一些场地状况出现恶化现象,而另外一些营地则保持相对稳定。其实即使是在同一个露营地,有些冲击增加了而另外一些冲击却降低了。随时间的推移,冲击逐渐增大的类型包括:营地的扩张(面积大小)、矿物质土壤的裸露以及树木累积的破坏;地被植物的冲击趋于稳定或减少。低使用场地的研究结果则表现出更多的易变性。某些低使用场地的恶化与高使用场地的恶化状况一样严重,但有些场地却得到很大的改善(Cole & Hall,1992)。至于关闭后的场地,冲击严重的场地恢复比冲击较轻的场地要慢,恢复速度取决于先前受冲击的程度和环境的恢复特征。柯尔和豪尔从他们的露营地冲击趋势的研究中得出了两条结论——已建立的场地趋向缓慢的恶化;已关闭的场地以不同的速率恢复。

第四节　应对冲击的游憩管理

一、游憩管理的框架

游憩资源管理是指对游憩地的监督,了解其发生变化的因素、速度和方向,其目的旨在维持和提高区域或场地对户外游憩活动的适应性。

游憩管理的框架主要包括以下几个方面:

针对游憩冲击的监测和评估：包括对环境、生态、社会和经济等方面的影响进行分析和评估。该阶段需要建立相应的监测和评估机制，及时发现问题并采取措施加以解决。

游客管理：主要是对游客游憩方式、游憩强度等方面的限制，也包括对游客信息的收集、统计、管理等，还包括对游客的教育和宣传。

游憩空间及资源的管理：主要是游憩场地的管理与修复，如游憩场地的选址、定位、发展目标设定等；还包括结合场地使用制定合理的规划和管理措施，如合理的游客容量控制、游憩区域安排、道路和设施建设、资源保护措施等。

自从游憩成为一个单独的学科，关于游憩管理的研究就已经开始。经过近100年的发展，游憩管理已经成为管理学科一个重要的分支，并深刻地影响着各种游憩研究。关于游憩管理的研究成果非常丰富，其中既有针对资源的管理，也有针对游憩者以及游憩部门的管理内容，相应的游憩管理的方式也有很大的发展，由于国内外对这些管理方式的解释并不完全一致，有些门类和名称并不统一，设定的管理领域也较为复杂，因此，在本节第二部分将常用的一些管理框架或方法统一梳理、归类，以期对其有个综合的认识。

(一)管理战略

1. 基本原理

(1)变化是自然环境的普遍特性

未经开发的荒野地总是在持续不断地发生变化，用生态学的术语来说就是演替。当人进入自然环境，特别是当他们成群结队地进入时，自然演替的方向和速度常常会因此而发生变化，在很多情况下生态系统过程由于人类的介入而加速，侵蚀就是一个很好的例子。改变是自然的，因此管理通常不致力于阻止改变的发生，而是致力于阻止不利的变化。例如，在风景道路沿线，管理者可能会清理那些自然演替过程中产生的植被来保持景色。判断一个冲击能否令人满意，一个重要的标准是它是否倾向于能够自我限制。而管理首要的任务就是制定可被接受改变的极限。

(2)必然性

冲击是游憩使用的必然结果。所有形式的户外游憩活动都将不可避免地导致土壤压实、植被破坏。因此，大部分自然环境都太脆弱，以至于极少的使用便可造成极大的影响。使用量和冲击量的关系始终是渐近线和曲线的形态，这是冲击研究的一个重要的、达成共识的结论。所以，试图消除冲击是不现实的，除非寄希望于禁止所有的使用，换而言之，管理应该力争限制冲击。低水平的使用会导致巨大的冲击，因此，控制一个地区的使用与受冲击的范围是至关重要的。

(3)可预测性

随着时间的变化，冲击的时空分布具有可预测性。冲击主要集中在景点和游憩设施以及沿途的旅游线路上，这些路线连接至景点并提供设施，尽管这些区域内的冲击比较严重，但是与大面积的荒野地区域相比它们通常是微乎其微的，这是一个很幸运的情况，因为可以通过场地规划和设计将影响降至最低。冲击的第二个模式，即一旦一个区域开放作游憩使用，冲击会迅速发生。通常几年之后，进一步的影响常常是非常轻微的。因此，在场地规划和设计时就应该认识到这种情况并积极地去削弱这种趋势。

(4)冲击的环境差异性

不同环境下的影响会因其周围环境的承受力的不同而有着巨大的差异性，并且不同环境下的抗性和恢复力也是不同的。大部分环境的抗性和恢复力都很低，因此，冲击发生非常迅速但是其恢复却很缓慢。然而，所有的组合情况都是存在的，也许同时具有高抗性又具有高恢复力的地区是个例外。如果在规划中首先考虑到这些环境的差异性，则游憩使用所造成的消极影响就可以降至最低，在高抗性、低恢复性的环境中，管理使用总量，从一开始就防止冲击的发生尤为重要。而在低抗性、高恢复性的环境中，关闭和恢复性策略则更为有效。

(5)使用类型和交通方式的差异

冲击因使用类型和交通方式而异，并且它们之间的差异性可能会很大。最大的冲击往往发生在使用方式最多且非常混合的区域，因此，区划在降低冲击使其达到最小化方面不失为一个好的措施。

(6)元素相互关联

环境中的所有元素都是相互关联的，控制一种类型的冲击所采取的行动可能会影响另一种类型的冲击，或是会对另一个场所产生影响。此外，为减少冲击所采取的行动也可能影响到使用者的体验，反之亦然。

2. 问题管理

(1)降低冲击的策略

在保持游憩使用总量不变的前提下，可以采用以下途径降低冲击量：使用类型，在使用类型上做到可控，将破坏性的使用减少到最低限度，尽可能分散使用以消除对区域集中使用和冲击，但特殊条件下，有策略的集中使用，并将游憩活动限制在一个空间领域中，将只有一小部分资源会被改变，也能起到减少破坏的作用；访客行为，说服访客尽量采用能够将冲击降至最低的行为；使用时序，在资源环境对干扰特别敏感的时期要禁止或是不鼓励访客使用；场所区位，将使用转移到环境忍耐力极强可以承受极大使用量的地方；场所的硬化与屏蔽，一个地方承受的能力可以通过硬化或是屏蔽冲击得以提高。

(2)不可取的访客行为类型

亨德尔(Hendee et al.，1990)总结了五种不可取的访客行为类型：产生不利影响的非法行为；因违反规章制度而产生不利影响的轻率行为；因技术不熟练而产生不利影响的行为；加剧使用冲击的无知行为；不可避免的微小冲击行为。

(3)管理方法类型

通常来说，管理行动分为直接和间接两种(Gilber et al.，1972)。直接管理主要是通过法规直接干涉访客的行为。例如，管理者规定游人只能在一个地区露营，若到别的区域露营就属于违法，自由选择完全被禁止。间接管理则通过影响人决定的因素而不是通过强制规定来限制人的行为。这通常是通过信息告知、劝说、选址处理来实施其对游人的影响。例如，告知游人哪些地方最合适露营；建议游人到指定的地点露营；在这个特定的区域中建设一些设施来吸引游人前往露营。

通常认为间接管理优于直接管理，应率先使用，但这种讨论需要考虑两方面因素：管理方法的有效性和访客成本。也有假设直接管理更有效率并节约了更多游人花费，这些推断都把问题过于简单化并有误导性。比如，在一些已经禁止使用环形滑车的地方为了便捷还在继续使用。游线设计也是这样，如果按捷径设计就非常困难，用间接方法就可以更有效地解决问题。当然在很多情况下对于访客而言直接管理比间接管理更为经济些。比如，我们宁可在进入一个区域之前就被告知有明确的规章制度规定不允许在某些地方露营（直接管理），也不希望在某处安营扎寨之后突然有管理员过来以场地比较脆弱或者过度使用为由要求我们离开（间接管理）。

（二）冲击监测

通过监测我们得以认知场地的发展趋势，这有助于确立可接受的改变极限，同时也保证了管理项目的效率，从而评估和建议需要对哪些地方的改变进行管理。针对露营地、游径、野生动植物和水体有不同的监测技术。在选择一个特定的监测技术时，有必要在技术能提供的信息数量、信息质量以及信息成本之间做权衡。一个好的检测系统应该包括四个重要的特征：测量出的冲击量是具有意义的；测量技术是可靠和灵敏的；成本不能太高；测量的单元可以准确地进行再定位。

1. 露营地

针对露营地的监测技术可以简化为摄影、基地现状分类评估，以及多个影响参数的评级和测量技术等。

（1）摄影监测

作为实地数据，摄影资料一定要进行系统的收集，而且对它们所在位置要认真详细地记录，否则它们可能就不具有任何价值。使用摄影定点的技巧包括从一个位置拍摄照片，而这个位置可以在收集未来的数据时重建。建立和记录摄影地点是至关重要的，拍照点可以以地标为参照。比如，一块独特的石头，或者永久的金属标记、岩石上的星形标记，或者树上的标记。所有的位置都应该依据树和其他的地标的距离和方向进行标注。参照点和拍照点都应该用素描地图和照片进行记录。拍照点的位置很重要。高处的拍照点可以提供很好的观察视野。然而，远距离拍摄的照片会失去很多细节。比如，拍摄森林地带的场地，最好是在有云的天气进行拍摄，这样可以降低阴影和阳光面的对比。在拍摄的同时要记录相机的型号、焦距和相机离地的高度，滤光类型以及每张照片的胶片类型。这些应该在以后很长时间内仍然可以尽可能还原和复制。携带着最初的拷贝会有助于场地进行真实的还原复制。重复拍摄可以让人整体感知露营地现状是否随时间发生很大变化。样方拍照技术取代了实地植被覆盖的测量，它既存在一定的优点也有缺点。优点是专业分析师可以不必深入实地测量，他们只需在实验室分析照片就可以了。但是缺陷是通过照片他们无法准确判断某种特定的测量值，比如，单一物种的覆盖率，而且随着植被高度的增加和地表植被覆盖更加复杂化，诠释问题会越来越困难，因此很少会使用样方拍照法去取代实地准确的监测。

(2)场地现状分类评估

场地现状分类评估包含一系列场地现状描述。实践中存在不同的分类评估方式，弗里塞尔(Frissell,1978)针对寒冷地区落叶森林区域提出了五种分类。科尔(Cole,1993)在其基础上进行了修改，提出关于地面覆盖扰动的四种类别：地表植被被压平没有受到永久伤害，除了可能的生火地岩石外较少的物理变化；生火处或者活动中心区的地表植被被完全磨损；场地丧失了大部分植被，腐殖土和垃圾出现在大多数区域；裸露的矿质土壤分布在大部分的营地中。

(3)多参数系统

最常用的多参数评估系统是由最初用在蒙大拿州的鲍勃·马歇尔荒野地发展起来的。这个系统中，管理者收集了植被覆盖、矿质土壤裸露量、树木损毁数量、树根裸露程度、露营地的发展、营地清洁程度、可达游径的数量、露营场地的面积、核心区裸露的场地面积等方面的信息。所有这些数量都是由估计或者统计而得来的，没有需要耗费时间去测量。每一个参数基于影响的数量都设置了一个等级，将各个等级评估加起来以获得全局的影响评估(Parsons & Macleod,1980)。这个系统存在以下几个方面的优点：它考虑了场地中哪种类型的影响比较大，哪些影响比较小；它包含了更多的信息，因而可以追踪单个参数随时间的变化；它保持了变化参数的灵活性，或者可以在无须重新检查每块场地情况下重新评估每个参数的重要性。

2. 游径

对游径状况的监测是非常有用的，原因如同对营地的监测。游径状况和发展趋势的信息可以用来评估对当前状况的接受能力以及是否需要对其实施管理项目，包括维护和重建。对于游径而言，建立游径状况的具体目标是特别重要的。游径的很多影响(例如土壤的压实、植被的丧失等)本就是在规划范围之内，并且也是被人们所期望的。因此，界定哪些状况将被认为是有问题的并且对这些状况进行监测是至关重要的。游径监测能够提供关于游径状况和环境状况以及设计特征之间关系的非常有用的信息。当游径位于少数仅有的环境状况下(例如高侵蚀性的土壤或者位于水位季节性高涨的地方)或者某些不合适建设游径的地方(例如游径超过了临界角度或者缺乏足够数量的水坝把水从路面上转移开)，游径的大部分路段经常都会发生退化。监测可以用来寻找游径问题和这些状况之间的相关性，并且所获得的知识可以用来指导未来的设计以及新的游径或者重新选址建设游径。可以利用的技术可以分为抽样和普查方法(Cole,1983)。基于抽样的方法,对沿游径系统或随机分布的点进行测量和观察。进行取样时,可以在固定地点取样,或者在每次评估时建立新的取样点。基于普查的方法,包括在整个过程中对游径状况、问题和解决方案进行连续的调查。

(1)固定位置取样

在重复测量时,通过对可以重新定位的点进行详细定量测量,能够获得关于游径现状的最精确信息。首先,样本点可以沿着游径随机分布也可以以系统有机化的方式排列。样本设计作为一个整体在评定游径状况的时候需要避免顾此失彼。后期重复测量的数据能够使得管理者评估整个游径上发生了多少的改变,同时,也能够评估单个样本地的变化。另外,样本点可以有目的地设置在管理者特别感兴趣的路段。例如,管理者可能对监测已经发生过严重侵蚀路段的变化,或者使用新的游径设计类型的路段特别感兴趣。在这些情况下,有目的设置样本的位置可能比随机或者系统有机化安排样本点使得研究更加有效率。然而,它不能够评定整个游径的状况。管理者在考虑游径路况并且决定应该测量哪些方面的数据时常常会遇到问题。可能某个位置最严重的问题就是侵蚀。通过测量游径路面之间的截面积可以成功确定土壤的侵蚀,截面积的测量方式是首先在游径路面的两端固定两个点,然后在两点之间拉一根弦线,通过面积的增减从而确定截面积的变化。连续测量之间截面积的变化就能记录材料的侵蚀或者分解的情况。

(2)样本快速调查法

对于营地而言,只需要有效测量少许地方随时间变化的样本就能够对很多游径的路段进行快速评估。这个方法对于游径系统特别有用,因为通常有很多游径路段都需要进行评估。此外,简单测量游径的宽度和深度往往比测量游径横截面积更有意义,同时其所花费的时间也比较少。由于不需要重新定位样本点,所以快速调查节省了大量的时间。监测涉及对两个独立的样本单元进行对比,每组都有大量的观察者,从而取代对场地单一小块样本的重复检测。在实施一个快速调查时,只需要沿着游径精确测定的距离简单地行走,收集游径状况的数据,然后再如此收集下一个样本点的数据。样本点之间的距离从 50 米到 500 米不等,样本点之间最合适的距离取决于要调查的游径里数和所涉及游径路段位置的复杂性,每个考虑的位置都至少应该有 100 个观察者。例如,如果对比游径一个低使用部分和一个高使用部分之间的差异性,则需要 200 个观察者。每个样本点测量最普遍的就是游径的宽度、地表裸露之处的宽度以及游径的最深值。除了样本点的现状,还可以记录游径属性,如路径坡度、相邻地形坡度、地形对准角度、踏面特性和使用数量等属性。

(3)普查技术

一个有用的方法就是普查所有游径存在的"问题"。首先需要界定精确的项目,即什么样的状况可以准确地认定为是问题。然后通过踏勘游径,记录问题游径的数量和长度，随后将每个游径有问题的路段绘制在图纸上。这些信息对于游径的维护预算以及对不同路段应该分配多少人力是非常有用的。通过记载“问题游径”的路段、场地、设计以及每个问题的使用特征，它可能识别出问题发生方式的一致性。而这些发生方式方面的知识可以用于指导游径的选址、设计以及维护。与抽样相比，游径普查有利于识别营地现状出现问题的所有位置，并且有利于识别出不常出现的问题。

3. 水体

在很多环境中，水体监测是一个关键问题。在提供饮水的地方及游泳的地方，水质量的健康状况是非常重要的。在目标强调维护大量自然状况以及维护敏感鱼类物种种群的区域，水体质量的物理和化学性质尤其重要。在某些环境中，水体质量监测还有必要包括自然和人工湖泊（在这些地方经常有大量的船只使用从而可能对水体造成污染）、道路区域（道路的游憩使用导致水体的恶化）以及荒野区域（重点强调自然环境，反映在严格的水体质量标准上）。

水体监测调查时，样本的选址、频率、承受能力以及所要测量的类型的考虑都是非常重要的。而且这些考虑都取决于区域的管理目标。例如，对湖泊监测就要选择在出水口，因为在这个位置它能够很全面地提供整个湖泊状况的指标。然而，人们期望在有污染的地方也设置监测，如在停船的驳岸或者营地就应该设立样本监测点。假如怀疑溪流某些地方存在污染，就应该把样本监测点设置在临近被怀疑的污染源的直接上下游以及离污染源较远处的下游。如果目标是为了描述整个河流的特征，则它可能有必要沿着河流建立数个样本监测点。样本设置的频率以及样本的承受能力只用在获得一些理想可变性的数据之后才能够确定。例如，细菌污染会由于游憩使用的时间和降雨作用的不同而存在极大的差异性（Crabill et al.，1999）。最后的问题是关于应该测量哪些参数。通常，主要的测量技术涉及计算样本水体中大肠杆菌的数量[①]。

4. 野生动物

虽然游憩活动对野生动物的冲击是一个重要的问题，但它们往往很难被发现和监测。可以用监测营地的植被影响的技术监测无脊椎动物的游憩冲击。有时也可以监测冲击的指标，而不是冲击本身。例如，黑熊在获得人类食物（Ayres，Chow & Graber，1986）之后被杀死。这使得一些公园通过记录熊获取人类食物事件发生频率来监测熊的活动。对于栖息地狭窄的动物来说，一种方法可能是监测动物栖息地的变化，假设栖息地的变化越大，就会影响到越多的动物。

① 大肠杆菌，其本身并不是致病因子，但是发现它不仅存在于人类的粪便之中而且出现在伴随着能够威胁人类健康的生物体中。之所以选择查点大肠杆菌的数量，主要是因为它们比较方便研究，同时它们也是很好的细菌污染的指示剂。

(三)游客管理

1. 使用限制

减少使用是限制冲击的一个便捷方法,然而,使用限制与游憩管理的一个主要宗旨相冲突,即为游憩使用和享受提供机会。在某些情况下对使用进行限制可能是唯一可行的办法。根据承载力的估值来做出限制使用的决定是有帮助的。承载力亦称访客容量,是在维持理想的资源条件和访客体验的前提下所能适应的访客数量与类型的最大值。斯坦基和巴登(Stankey & Baden,1977)提出了考虑限制使用的五个指导通则:基于对使用、使用者和冲击正确无误的了解;只有当较少的限制性方法不大可能解决问题时才降低使用水平;结合限量供应技术使得使用者和管理者的成本达到最小化和公平化;建立一个能够把许可分配给那些使其产生最大价值的人的系统;检测使用限制项目以确保它不仅能够解决问题,而且能够公正地解决问题。此外,使用限制是一种主观的评价,在制定使用限制的过程中必须考虑到合法相关者的利益。

使用限制还包含使用类型的限制以及特殊使用方式的限制。使用类型限制是将不同类型的使用者分开,或者在部分地域阻止特别具有破坏性的使用者使用。分区制是解决不同旅行模式产生不同影响的最常用的办法。最常见的措施就是将不同的区域按照所有的使用类型进行划分,如过夜使用的区域、供带有牲畜的团体使用的区域以及禁止机动车入内的区域。关于分区制和完全禁止某些活动仍存在一些问题,如这样可能剥夺合法使用者的游憩机会,造成不公平的存在。

2. 限制停留时间

使用水平也可以通过限制访客在区域内逗留的时间来降低。停留时间长度的限制既可以限制访客在整个的游憩区域所停留的时间,也可以对其在区域内的某个特定场地所逗留的时间进行限制。如果停留比较短暂,则就可以接纳更多的群体,进而减少被谢绝进入的访客数量。在加利福尼亚国王峡谷国家公园,对被大量使用的雷伊湖盆地进行一日游的限制,从而使得更多的人能够有机会游览这片区域,总的使用量和冲击反而降低了(Parsons,1983)。限制停留时间的主要好处是可以在控制整体冲击的同时,为更多的人提供享受游憩的机会。限制的主要作用是防止某些人在特定场地“定居”,则停留时间的限制将可以使得有更多的群体使用该场地。就生态冲击管理方面,限制停留时间最重要的地区是适于轻度使用的地区,特别是荒野地区域。

此外,针对特定季节的使用限制也可以理解为一种特殊的限制停留时间的方式。很多环境在一年内的某些时期格外脆弱,在这些时段限制游憩使用会有效地降低干扰。

3. 分散使用和集中使用

虽然分散使用不是万能的,但其在荒野地游憩管理中确有其用。通常在实施分散使用的区域,其生态影响问题经常归咎于区域内广受欢迎部分的高度集中使用。分散对于不同的人含义不同。在露营中,分散可能涉及在同等数量的营地中分散使用人群,但是群体间的距离更大；或在更多的场地中分散人群，可能会增大群体间距离；或从时间上分散人群(增加淡季使用)，可以改变使用空间的分布。需要关注的是，分散人群通常使得他们之间的距离更远，但是使用同样数量的游憩场地，对土壤、植被或者水体产生的积极影响或消极影响并不会减少。对于具有高抵抗力的场地，分散使用带来的低使用水平对场地冲击很小。一般而言，分散使用应用于局部区域或使用水平较低的地方是最有益的。但通过分散将游憩使用引导至未使用和轻度使用的游径和场地，有时非但不能对那些广受欢迎的地方起到补偿性改善，同时还可能造成冲击的持续性增长。需要在分散使用的同时对项目的冲击进行监测。

集中使用和分散使用相反，不过如同分散使用一样，集中使用也可以通过多种方式实现：减少群体间的距离而无须改变场地的数量；可以在更少的场地集中使用；可以在场地的一小部分内集中使用；可以在一段时间内加强集中使用。集中使用适用于大面积的荒野地，并可能是阻止冲击广泛扩散的唯一方法。游径建设就是集中使用的一个很好的例子，它可以避免大量访客踩踏形成纵横交错的游径，同时也避免了对大地景观的破坏。为了提供多样化，荒野地的大部分区域都应该维持无游径的状态，但是，在使用恒定区域，必须建造游径。

4. 团体规模限制

限制团体的最大规模是关于限制使用类型的一个普遍但有争议的管理措施。调查表明，相比小型团体，大的旅游团体对其他访客和环境造成的影响更大。团体规模对生态的影响存在两个方面。首先，当大规模团体作为一个单元露营时，他们比小规模团体占用的区域面积更大，当然他们的干扰面积也更大。其次，大规模露营团体单元会更加迅速地影响到未受干扰的营地。

5. 低影响教育

低影响教育是减少从最原始的到开发力度最大的所有游憩地内冲击的关键所在。通过“不留痕迹”(Leave No Trace，LNT)项目，低影响教育系统形成了一致性，以下是LNT的七项原则：提前计划和准备；在耐用的地表露营和旅行；妥善处理废弃物；留下你发现的东西；火的使用和影响最小化；尊重野生动物；考虑其他参观者。而在发展低影响教育时还需考虑：聚焦信息；识别听众；选择沟通方法和决定在哪里与听众接触。

6. 管理访客信息

为了有效地管理访客，需要详细了解某些类型的信息。如了解区域内访客数量的空间和时间分布，以及其变化趋势；访客的特性以及访客关于场地状况的态度和他们偏好的管理方式等。常用的获取信息的方法如发放许可证、登记、调查或问卷等。获取信息的代价很高，系统性的收集要好于随意收集，而且，搜集的过程要对访客保持敏感性，减少不必要的对访客的打扰。

(四)场地管理

1. 定位使用具有抵抗力的场地

将大部分使用集中于承受力高的地方是减小冲击的一条有效途径。对于高强度使用的营地,林冠、土壤流失性、排水性和厚度是影响承受力的重要因素。由于树木的更新受到营地的限制,因此在那些相对比较年轻、寿命长、不易受病虫害影响的树林中设置露营地是最佳的选择。露营地会被长久使用,减少潜在的侵蚀问题非常重要。最好将露营地选在土层相对比较深、土壤颗粒大小不一致以及至少有机质含量中等适量的地方,这样的土壤具有良好的排水性,不易出现洪水或水土流失这些严重的问题。对于使用率很低的营地,诸如荒野地实施分散使用的地方,考虑场地承受力时最为重要的一点应该是地表覆盖植被的耐践踏能力。一旦植被丧失,会导致人们对场地进一步使用。因此最好选择那些没有植被的地方进行活动,例如裸露的岩石、沙滩、砾石滩或是茂密的森林。一般情况,草原或牧场的抵抗力要高于森林的林下灌木丛,旱地植被的承受能力通常要高于湿地植被。选择一条耐用的路线是在管理道路影响中所采取的最重要策略。在荒野地,游径的坡度和拦截上坡流失物的能力尤其重要,坡度较大则游径可能迅速被毁坏,除非能够采取控制侵蚀的相应措施。如果游径过于平整则雨水会直流而下渗入地表,也容易引发问题。理想情况下,游径应该有一定适宜的坡度,并且在游径的两侧应该存在与游径平行的排水边沟。

2. 永久性和暂时性关闭

永久性关闭已经在某些过去受到严重影响的地方开始执行,因为在这些地方破坏得太严重,实行永久性关闭是使其恢复的唯一可行的方法。关闭场地、禁止所有的使用或者某些类型的使用,最常见的原因就是为了保护易受干扰的动物以及珍稀濒危植物。而在一些区域,影响严重的地方需要通过暂时性关闭进行场地恢复。这些地方一旦得到恢复将会重新对外开放,以供游客使用。这些场地在关闭期间,其他场地可以供给游憩使用直到关闭场地重新开放。由于场地在开放和关闭之间交替运转,因此这项措施有时也被称为“轮休”。轮休策略可以应用于多种游憩环境中,评估轮休是否合适的决定性因素在于恢复期周期长度与游憩影响发生期长度之间的关系,如果恢复期所需要的时间远远长于衰退期,则轮休的系统就会要求关闭开放的场地或减少普通游客的承载量。在荒野地实施轮休的难度很大,而在具有恢复力的环境中,积极的重建措施是可行的,轮休可以起到一定的作用。

3. 场地硬化和屏蔽

提升露营地和野餐区资源承受力的主要途径在于提高地表的集中使用,并且建设一些保护资源的设施,诸如帐篷、庇护棚、火炉和厕所。在高强度使用地区,可以通过在场地表面铺设砾石,建立野餐区以及在各个安置的设施之间铺设碎石或者木片以此达到减少土壤压实、提高排水性能、同时避免产生泥泞和沼泽地等现象。

4. 场地修复

不考虑设施的恢复，场地的恢复涉及以下5个步骤：

① 限制使用。提出一些有效的办法使得游客远离关闭的场地。

② 控制场地内的排水和水土流失。

③ 准备土壤。这个阶段的主要目标就是减轻土壤的压实以及提高土壤的有机物含量、肥力、含水量和生物完整性。

④ 在场地种植植被。某些区域自然地再生长不需要太多的人为帮助，而在其他地方，复原可能要借助于一些促进手段。在决定使用哪些物种时，最重要的考虑是这些物种是否与场地相适应。

⑤ 种植维护。需要进行的持续维护措施因地而异，某些环境下需要每年施肥，而有些环境下几乎不需要维护。

游径的修复常常比营地或野餐区更加成功，这是因为受干扰区较为狭长，植被可以快速占领老的游径。

二、游憩管理模式(系统)

过去的几十年中，以美国和加拿大的公园、森林服务机构为首的组织开发了一些以游憩承载力理论为核心的游客管理框架并进行了实践。美国的此类游客管理概念模型包括游憩机会谱(Recreation Opportunity Spectrum，ROS)、游憩承载力(Recreational Carrying Capacity，RCC)、可接受的改变极限(Limits of Acceptable Change，LAC)、游客影响管理(Visitor Impact Management，VIM)以及游客体验和资源保护(Visitor Experience and Resource Protection，VERP)等。加拿大公园管理局开发了游客活动管理流程(Visitor Activity Management Process，VAMP)。1997年，旅游优化管理模型(Tourism Optimization Management Model，TOMM)的框架在澳大利亚诞生，其理论基础完全不同于上述北美管理框架(表7-1)。这些理论虽然在研究背景、政策原则和操作程序上各有区别，但其重要的共同点在于，认为“游客管理”才是影响游憩地环境品质的根本对策。它们都建立了反映游客体验质量和资源条件的指标体系，并且确立了最低可以接受的标准以及为保证相应区域的状态满足上述标准而应当采取的管理手段和监测技术。

表7-1 不同类型的游憩管理模式的对比

游憩管理模型	提出时间	功能	特点	优点	不足
游憩承载力(RCC)	20世纪30年代提出，60年代应用	通过限制游客数量来解决游客利用问题	强调资源保护	定量计算，对信息的需求较少，时间和资金成本低	具有局限性，衡量指标不具备普遍性，且承载力水平会发生变化

（续表）

游憩管理模型	提出时间	功能	特点	优点	不足
游憩机会谱（ROS）	20世纪80年代，美国林务局	利用能够代表游憩机会整体条件的指标体系，将游憩区域划分为不同的游憩机会等级，为游憩者提供某类特定的游憩体验	不使用指标监测，强调游客感受	实用且应用范围较广。联系供给与需求，确保提供一系列的游憩机会	管理者必须接受游憩机会序列及其隐含的原则。利益相关者中的任何一方提出反对，就无法使用
可接受的改变极限（LAC）	20世纪90年代，美国林务局	以问题为导向。该过程包含基于ROS概念和分析与综合手段的机会类型。它被建立在美国国家公园服务VERP框架中	可以决定荒野地区最适当的以及可接受的自然资源和社会资源状况	针对每个机会类的可接受变化限定的区域的战略和战术计划，其变化指标可用于监测生态和社会状况	以问题导向为核心指导后续资料收集和分析工作，不适用于管理尚未出现或未考虑的问题
游客影响管理（VIM）	20世纪90年代，美国国家公园保护协会	与LAC相似。旨在确定问题，发现造成影响的原因及影响的严重程度，选择可行的管理策略	可以评估和确定已发生的影响及产生影响的原因	平衡科学分析与人为判断。重在找出产生影响的因素以便确定管理战略	致力于研究目前影响的状况，而不是评估将来可能产生的影响
游客体验与资源保护（VERP）	20世纪90年代，美国国家公园管理局	重点强调建立在资源保护与游客体验质量基础上的与游憩承载力相关的战略决策	作为整体管理规划中的一部分	是一种思维过程；由政策和公园目标指导	未对游客体验进行准确定义，不能保证监控活动为管理提供的指导效果
游客活动管理流程（VAMP）	20世纪90年代，加拿大国家公园管理局	帮助管理者在公园相关服务和设施的规划、发展和运营上决策，包括区域整合评价、游客的界定和市场潜力评价、界定解说和教育机会等	核心是对机会的评估和精准的自然资源管理	综合地决策步骤，结合社会科学和市场营销方法	游客行为管理模式不在管理规划的层面中

（续表）

游憩管理模型	提出时间	功能	特点	优点	不足
旅游优化管理模型（TOMM）	20世纪90年代，澳大利亚	旨在监测和量化与旅游活动相关的经济、营销、环境、社会文化和经济效益以及影响；并协助评估新出现的问题及针对问题的管理办法，实现可持续发展	开发利用和保护并重	考虑全面，将各方利益相关者引入到规划中，适合现状关系复杂的环境	需要较大的人力和资金投入，许需要协调和考虑的因素多，实施难度大

资料来源：张玉钧，2018，有增补。

（一）游憩机会谱（Recreation Opportunity Spectrum，ROS）

随着户外游憩的迅速发展，户外游憩地管理逐渐集中到两个关键问题上：一是如何保存资源质量和生态系统的完整性，确保资源对游客和其他使用者的长期吸引力以实现资源的可持续利用；二是如何应对需求多样化的趋势为使用者提供满意的游憩体验。围绕这两个问题，20世纪70年代末在“尝试对游憩地进行分类分区管理实践”的基础上，美国国家林务局发展了一个包含完善理论框架的游憩机会谱理论（ROS）。在不到30年的时间内ROS已经发展成为国外最有效的资源和游憩管理方法之一。ROS是一个游憩资源规划管理框架，强调为某个特定的游憩体验提供某一游憩机理或游憩环境，最终实现提供多样化的游憩体验的目标。该理论将“人们选择一个偏好的游憩环境去参加某项活动得到期望的游憩体验”的可能视为一个“游憩机会”。其中游憩环境是一个由环境的自然、社会和管理条件构成的综合体。ROS的基本实施程序可以简述为从影响体验者的角度出发，利用一个完整、可量化的能够代表游憩机会整体条件的指标体系，将游憩区域划分为不同的游憩机会等级，其中包括6个序列①：原始区域、半原始且无机动车辆使用区域、半原始且允许机动车辆使用区域、道路可达的自然区域、乡村区域、城市区域（表7-2）。对这些区域进行管理可以为游憩者提供与之对应的特定游憩体验：例如在管理限制最少、设施提供和游客相遇水平均为最低的原始区可以提供一种感受独处、亲密接触自然的体验机会；而那些想要付出最少的努力，并获得自然环境体验的游客则可以选择那些能够允许机动车进入、提供有舒适的设施和服务的，靠近城市用地类型的环境。

① Clark和Stankey（1979）根据环境条件的现代化程度，将游憩机会划分为现代型、准现代型、准原始型和原始型4类（四分法），而6个序列的ROS称为六分法游憩机会谱。——吴必虎，黄珊蕙，王梦婷，谢治凤等．旅游与游憩规划[M]．北京大学出版社，2022。

表 7－2 游憩机会谱构成(美国林务局)

土地类型	描述
原始区域	未经人工改造的自然环境； 面积大(大于 2500 英亩)； 人类使用过的迹象最少； 建设好的道路数量最少，管理行动最少； 与其他使用者的接触水平非常低； 对游客的限制和控制最少； 禁止机动车辆的使用
半原始且无机动车辆使用区域	绝大部分都是自然的环境，只有不明显的人工改造； 面积由中到大(大于 1500 英亩)； 其他使用者的迹象普遍； 游客相互接触水平低； 对游客的现场控制和限制最小； 禁止机动车辆进入，但可能有道路
半原始且允许机动车辆使用的区域	绝大部分都是自然的环境； 面积由中到大(大于 1500 英亩)； 其他使用者的迹象经常出现； 对游客的现场控制和限制最小； 低标准的、自然式铺装的道路和小径； 一些游憩者使用的路径允许机动车辆通过
通道路的自然区域	绝大部分都是自然的环境，经过中度的人工改造； 没有最小面积的限制； 游客间相互接触水平由中等到高等； 其他使用者的迹象普遍； 设计和建造设施，允许机动车辆使用
乡村区域	由于人类的发展或者植物耕作环境已在很大程度上被改变； 人类的声音和影像普遍； 没有最小面积限制； 游客相互接触水平由中等到高等； 为数量众多的人群和特定活动设计设施； 机动车辆的使用密度高，并提供停车场

（续表）

土地类型	描述
城市区域	环境中人类建造物占主导地位； 植被通常是外来物种并经过人工修剪； 没有最小面积限制； 到处充斥人类的声音和影像； 使用者数量众多； 建造设施以供高密度的机动车辆使用，并提供停车场， 有时还为大众运输提供设施

资料来源：USDA，1979

ROS 的理论对环境各类要素进行了分类，并对这些要素进行标准的设定；这是提供不同游憩机会的基础。ROS 中的环境因素被划分为 3 个类型：物质环境、社会环境和管理环境。物质环境包括生物资源、文化、历史资源以及一些永久人工构筑物（道路、大坝等）；社会环境包括其他人的出现数目，他们的行为以及他们参加的游憩活动；管理环境涉及区域开发水平、现场管理力度、服务以及规章制度等。游憩机会的确定主要取决于这 3 种环境因素及其相关指标的组合。

最初的 ROS 是为解决美国西部大面积公共土地上的游憩资源规划与管理问题而设计的，后来逐渐被应用于其他不同类型、不同文化背景的区域中。在这个过程中，ROS 经历了一系列的发展与完善，包括指标和标准的调整、游憩机会等级分区的细化、制图方法的发展这三方面。目前，ROS 已经成为国际上普遍使用也是最有效的游憩资源管理框架。

继 ROS 之后，相关研究者利用 ROS 的基本理念相继建立了旅游机会谱（Tourism Opportunity Spectrum，TOS）和生态旅游机会谱（Ecotourism Opportunity Spectrum，ECOS）将 ROS 理论延伸到旅游地（自然旅游地）发展规划和生态旅游地规划领域。巴特尔和瓦德布鲁克（Butle R. & Waldbrook L.，1991）指出旅游地是一个旅游者、当地居民、旅游销售商、政府部门和非政府组织等多个利益相关者相互作用并同时包含住宿、饮食、购物、交通等多系统的复杂环境实体，与最初 ROS 所应用的那些没有或者很少有永久居住者、涉及利益相关者比较简单的大面积荒野地存在很大不同。据此他们在 ROS 理论基础上，结合旅游地生命周期理论建立了旅游机会谱（TOS）为旅游地发展规划提供了一个新工具。ECOS 则是由巴特尔和斯蒂芬（Butle R. & Stephen Boyd，1996）在 ROS 和 TOS 理论基础上合作建立的。它按照对旅游地的可进入性、生态旅游和其他资源使用的关系、吸引物、旅游基础设施、知识和技巧水平、社会干扰水平、冲击和使用控制的可接受程度以及管理类型的不同偏好将生态旅游分为专家型、中间型和普适型 3 个等级。这是一个面向生态旅游地规划的概念性框架，同时对深入理解生态旅游的概念和分类也具有重要意义。在ECOS基础上黄向、保继刚、沃尔·杰弗里(2006)针对微观景点提出了适用于宏观和微观尺度的生态旅游规划和管理的中国生态旅游机会谱(CECOS)。

(二)游憩承载力(游憩容量、环境容量)(Recreational Carrying Capacity,RCC)

游憩承载力也称游憩容量,指一个地区在提供持续的游憩质量的同时能够承受的游憩使用水平,是以游客量为主要指标,控制游憩使用的管理模型。目的是评价游憩环境、游憩设施等能否满足未来的使用,并评估游憩使用是否会对社会和环境的可持续发展带来不利影响。

1838年,比利时数学家韦吕勒(P. F. Verhulst)提出了环境容量的概念,随后被应用于人口、环境保护、土地利用等领域。20世纪30年代中期,美国国家公园管理局提出对国家公园承载力(Carrying Capacity)和饱和点(Saturation Point)进行研究。1964年瓦格(Wagar)在 *The carrying capacity of wild lands for recreation* 一文中对游憩承载力进行了概念上的界定,提出游憩承载力是保证游憩质量的前提下,游憩区所能承受的最大使用量,其主要因子包括生态环境和人类活动,这里对于生态环境的影响与前文所述的游憩冲击相一致,而游憩质量则是指一个游憩体验或区域对游憩者身体和心理健康的贡献程度。关于游憩承载力,瓦格进一步进行了总结:

① 游憩承载能力并不仅仅是每个土地面积的生态和原始特征所固有的绝对价值。承载能力包含的问题分为三个主要部分:人们对游憩环境的影响;游憩环境对人们的影响;以及修改这些相互影响的管理程序。游憩者通常必须通过接触资源来参与野外游憩;拥挤和竞争会降低游憩的效用或价值;游憩者所获得的价值在很大程度上取决于他的训练、经验和替代机会。因此,游憩价值的产生不仅依赖于资源的条件,而且依赖于游憩者的心理及其他。

② 在某些承载能力下的使用限制本身不是目的,而是达到目的的一种手段。最后的目标是以优质游憩的形式为人们产生高而持续的社会价值。

③ 为了确定游憩活动的承载能力,管理荒野地的目标可以表述为在可接受的条件下,持续生产最高质量的游憩活动。

④ 接受使用限制只是为了获得高质量的游憩活动支付出的费用之一。其他成本包括:a. 放弃将游憩限制在更少的土地上可以带来的额外的产品和服务;b. 因游憩在土地使用中受到限制,需要为数量较少的产品和服务支付更高的价格;c. 接受对行为和活动的约束;d. 接受一种不同的游憩体验;e. 花费时间、金钱和精力去到达高质量的游憩场所;f. 通过税收、门票或其他方式支付游憩用地的购置、开发和管理费用。

⑤ 当为了游憩质量付出可接受的成本时,针对使用的限制是合适的。只有当游憩者愿意为质量付费,并发现除此以外的其他成本和程序更令人反感或不足时,它才会被接受。

⑥ 在缺乏统计数据的情况下,有可能估计出日益拥挤的荒野地区对人类的日常游憩

质量的所产生的影响。

⑦ 管理过程可以允许高质量的游憩和高使用率，如果他们可以做到：a. 减少了竞争使用之间的冲突；b. 减少了人们的破坏性；c. 可增加区域的持久性；d. 提供更多的享受机会。

这些过程包括分区、工程、公共关系和说服、解释服务和生物社区的管理。通过减少冲突和有效地利用土地资源，分区可以降低每个人必须支付的游憩质量的成本（包括使用限制）。如果没有分区、使用和具有最大的人群容忍度和攻击性的用户，可能会大大降低其他类型的游憩活动的质量和可能性。

⑧ 植被、游客使用和场地因素之间的关系可以被描述，并可作为预测游客对游憩区影响的工具。

⑨ 一旦确定，承载能力可以以多种方式应用。停车场等设施的设计和间距会自动限制先到先得的使用。一些游客会被要求支付管理费用或补偿那些因游憩而放弃的土地收入。

⑩ 对游憩承载能力的最终定义必须具有行政性质。生态学研究显示生物群落将如何随着使用而变化，但必须有人决定有多少变化是可以接受的。以类似的方式，使用研究调查和社会科学的其他工具可以衡量当前的公众舆论和分析人类动机。但是，这种动机和意见很少是基于对资源的可用性和生产力的全面理解。必须有人（行政能力）从我们有限的资源中决定它最希望满足哪个需求和愿望的组合。

世界旅游组织在1978～1979的工作报告中正式响应了游憩容量的概念，并在1992年将游憩容量定义为所能维持的不对自然环境造成损害，不对当地社区造成社会文化和经济问题的开发水平；保护与发展之间所能达到的平衡；与旅游者所追求的旅游产品的形象、环境类型和文化体验相兼容的游客人数。谢尔比和希伯莱茵（Shelby & Heberlein，1986）将游憩承载力定义为游憩使用水平所造成的影响没有超过设定标准。他们衡量游憩承载力的方法是把其分为生态承载力、空间承载力、设施承载力和社会承载力四类。而乡村委员会（Countryside Commission，1970）则将其分为物理承载力、经济承载力、生态承载力和社会承载力等四类，并明确了相应概念，其中：

物理承载力（Physical Carrying Capacity）着眼于游憩地在提供舒适并安全的服务基础上，提供最多的接待人数、最大的设备量。经济承载力（Economic Carrying Capacity）关注如何有效配置游憩资源，并获得合理的投入产出比，同时从管理者的角度，开展游憩活动的投入产出不会与其他非娱乐项目的经营活动相冲突。生态承载力（Ecological Carrying Capacity，ECC），着眼于游憩地利用的最大限度：在地区或生态系统的生态价值发生无法容忍或不可逆转的退化前，接待量和活动设置的最大值。社会承载力（Social Carrying Capacity，SCC），是指游憩地所能接待的最多游客数及能承载的最多活动数量；若超过这些最大值，游憩地提供的体验质量就会下降。该指标同时涵盖参与者对游憩地其他游客的存在（或缺失）的认识与态度，以及拥挤程度对旅途享受和审美的影响。针对不同的游憩资源和活动类型，社会承载量力很大差异，例如，在荒野地游憩中，社会承载力随着人数增加而降低，而在游乐场里，随着人数增加而提高。杨锐(1996)结合游憩容量的概念，对我国风景区环境容量的概念进行了定义，并对其进行了细分(图 7－10)。

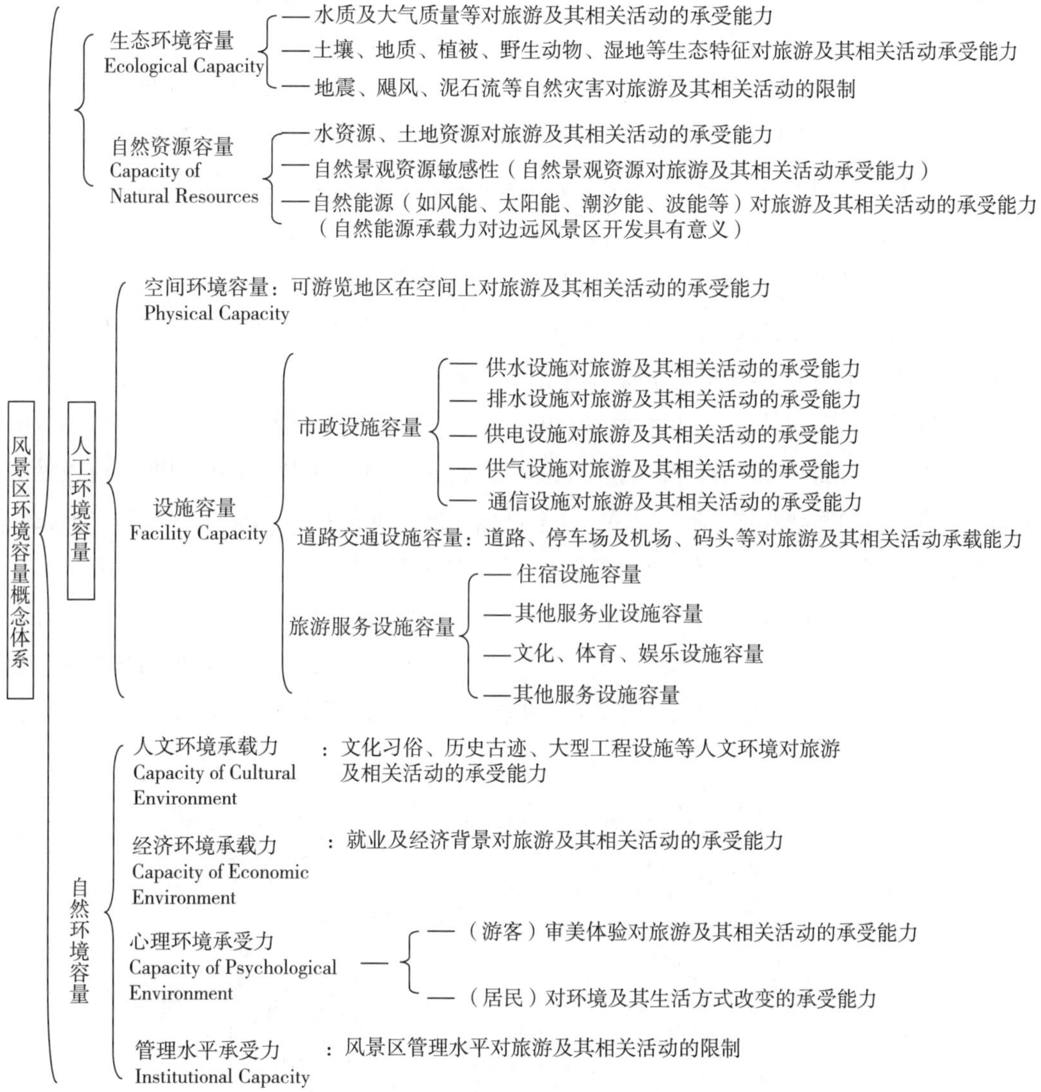

图 7－10　风景区环境容量概念体系

资料来源：杨锐，1996

在实践中，具体测度 RCC 困难较大，因此，斯坦基(Stankey)认为 RCC 应是一种管理理念而非一种科学理论，并提出了关于游憩承载力的三个原则(Stankey，1980)：应首先关注控制环境影响而不是控制游客人数；淡化对游客人数的管理；获得准确的监测指标数据，避免规划的偶然性和假定性等。在随后的很长的时间里，将 RCC 作为管理手段始终没有成为研究重点，其测量方法仍局限于对“极限”数量的追求。直至 20 世纪 80 年代中期，斯坦基等系统性地整理了“可接受改变的限度”理论(LAC)后，谢尔比和希伯莱茵根据LAC理论提出承载力评价方法应包括描述性成分和评价性成分两类，通过客观测量的冲击参数并结合主观判断的体验评价标准，确立出游憩地的RCC，从而达到了承载力评价的目的。综合来看，游憩承载力的概念是复杂多变的环境管理手段的重要分支。作为一套结构清晰的理论框架，它能“帮助决策者根据公园和游憩地的开放程度和特殊情况进行合理的判断”。出于对游憩承载力的价值认同，美国国家公园管理局于20世纪90年代相继建立了国家公园承载力管理的三大框架，包括：可接受的改变极限（LAC）、游客影响管理模型（VIM）以及兼顾游客体验与资源保护的管理架构（VERP）。

（三）可接受的改变极限（Limits of Acceptable Change，LAC）

可接受的改变极限是从游客环境容量概念发展而来的，用于解决资源保护和旅游发展之间矛盾的理论。这一概念最初由弗里塞尔（Frissell）在1963年提出。在他的关于边界水域独木舟区营地的硕士论文中，弗里塞尔得出结论：如果允许进行娱乐活动，则不可避免地会出现损坏，并且必须接受。即使是很低水平的娱乐活动也会造成一定的影响。必须接受影响，但“应该在可容忍变化的数量上设定限制。当一个地点已经达到了预定的恶化极限时，应该采取措施防止进一步的不利变化。”随后，LAC这个概念被进一步发展，并被提出作为制定承载能力决策的替代模型（Frissell & Stankey，1972）。其基本方法是将管理工作聚焦于实现特定的目标，这些目标被定义为在生态条件的“自然变化范围”和“原始的野生体验”两个方面内保持最大可接受的偏差（Cole，1997）。斯坦基等（1984）在其《可接受的改变极限：管理博伯马歇尔荒野地复合系统的新框架》一文中提出了包括九个步骤的LAC规划系统的完整框架（图7－11），在

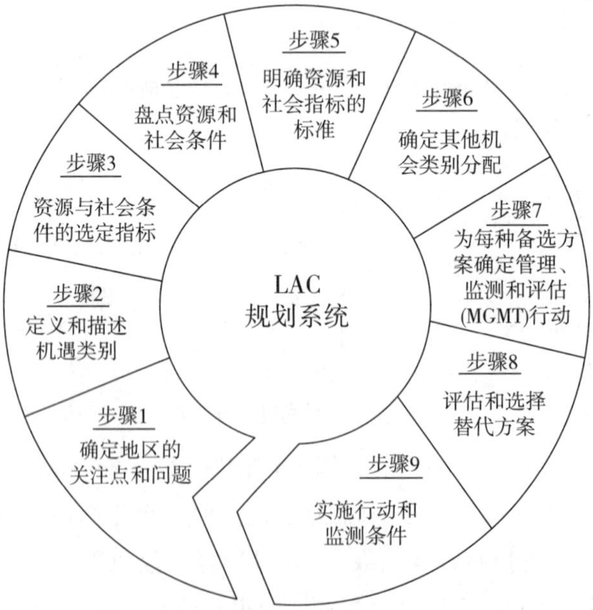

图7－11　LAC的规划系统

资料来源：Stankey，1984

1985 年美国林业局出版的《荒野规划中接受的变化限度(LAC)系统》一书中不仅系统地完善了 LAC 的理论框架,还在此基础上提出了相对应的规划工作方法(表 7-3)。20 世纪 90 年代后,LAC 理论广泛应用于美国、加拿大、澳大利亚等国的国家公园和保护区的规划与管理之中,取得了很好的效果。

表 7-3　LAC 规划系统

步骤	目的	过程	产品
步骤 1　确定区域和问题——确定那些公共问题和相关的问题: 1. 荒野区域的独特特征和特征; 2. 个别区域与荒野系统的其他单位的关系	确定需要维护或实现的特定关注的特征或价值; 确定所关注的具体地点; 为建立管理目标提供依据; 指导土地分配到不同的机会类别	确定在公众参与过程中提出的问题; 确定资源经理、规划者和决策者审查机构政策所提出的担忧; 分析区域供需情况; 从区域和国家的角度分析该领域的机会	叙述写出确定独特的价值观和特殊的机会,以突出在地区的管理和需要特别关注的问题
步骤 2　定义和描述游憩机会类别——机会类别是对管理者认为可能在该地区维持或重新存储的条件范围的假设性描述。机会类别的定义提供了一个理由,可以测试适当性指标(步骤 3)、标准(步骤 5)和管理措施(步骤 7)	促进提供和维护不同区域或特定区域内的多样性	审查在步骤 1 中收集到的有关区域问题的信息并关注和选择机会类别的数量和名称	对资源、社会和管理条件的叙述性描述,定义为适当的和可接受的每个机会类别
步骤 3　选择资源和社会条件的指标——前面的两个步骤为管理者提供了所需条件的概括描述。在步骤 3 中,需要继续确定指标——具体的变量,单独或组合起来,作为整体机会类别的指示。这些衡量标准允许管理者明确定义所期望的条件,以及评估各种管理实践的有效性	确定特定变量以指导库存过程(步骤 4); 为确定需要在何处和采取哪些管理行动提供依据	检查描述中概述的信息(步骤 2); 审查关于步骤 1 中确定的具体条件的问题和关注,并选择反映这些问题和关注的因素	可衡量的资源和社会指标清单(最好是可量化的)

（续表）

步骤	目的	过程	产品
步骤4　针对现有的资源和社会条件编制清单——清单是由步骤3中选择的指标指导的。这些指标指定了清单的变量，也确定了分析单位。例如，管理人员可能关心水质。在选择定义水质标准的指标时，他们可能会选择露营地附近湖泊或河流中的菌落计数。因此，所得到的水质清单具有特定的重点，定义了应收集哪些数据以及在哪里收集	了解条件的范围有助于建立有意义的标准； 帮助决定是否分配给不同机会阶层的土地； 了解需要在何处和执行什么管理操作的关键步骤	对资源和社会指标的状况进行实地盘点，并绘制生成的信息	绘制整个荒野中每个指标的现有条件的地图
步骤5　为每个机会课程的资源和社会指标指定标准——步骤5是将定量或高度具体的度量指标分配给任务。通过在步骤3中定义的指标的可衡量方面建立标准，可以获得更大的明确性。这些标准提供了一个基准，使得特定条件可以被判断为可接受或不可接受	提供一种方法，可以评估需要的管理措施，允许将现有条件进行比较，作为每个机会类别的指标	回顾在步骤2中开发的机会类描述； 分析在步骤4中为每个指标收集的库存数据	每个机会类别中每个指标的可接受条件的具体（尽可能量化）度量表
步骤6　识别反映区域问题、关注点、现有资源和社会条件的替代机会类别配置——步骤6的目标是决定在野外地区的特定地区要维护或实现什么资源和社会条件（以具体标准的形式）。这是一个规定性的步骤（它关注的是应该建立什么），应该使用管理者和公众的意见来做出这些决定	是定义荒野不同地区提供的资源和社会条件的一步。 为公众审查和评估提供分配替代方案	审查从区域问题和关注点中获得的信息（步骤1）； 复习机会课程描述中包含的信息（步骤2）； 审查来自现有指标条件清单的信息（步骤4）	地图和备选机会类分配的表格摘要
步骤7　确定每个备选方案的管理措施——在机会类别的备选方案被制定后，管理者需要确定当前状况（步骤4）与标准（步骤5）之间存在的差异（如果有的话）。这将确定问题存在的地方以及需要采取的管理行动。随后，管理者需要考虑采取哪些行动来实现每个备选方案所规定的条件，并评估实施这些行动的成本和适宜性	评估实施每个替代方案的成本； 选择具体的管理计划的步骤	审查机会分类描述的管理条件部分，定义适当的行动类型； 分析现有条件与标准所定义的可接受条件之间的差异； 分析替代的管理行动，以使现有条件符合标准	所有现有条件不如标准的位置清单或地图，并确定什么管理行动最有助于将条件提升至标准水平

（续表）

步骤	目的	过程	产品
步骤8　评估和选择一个首选的替代方案——选择首选方案将反映管理者和公民的评估。做出这种决定没有简单的公式。以下是一些指导选择的问题： 1. 哪些用户群体受到影响，以及以什么方式受到影响(是否便利或限制了某些群体的使用)？ 2. 促进或降低了哪些价值观？ 3. 特定方案如何符合区域和/或国家供需考虑？该方案是否为系统贡献了独特的野生环境？ 4. 假设人员、预算等约束条件，规定区域的管理可行性如何？	最终确定机会课程的分配和一个具体的管理计划来实现这个分配	分析资源、社会和管理成本——他们是什么，谁支付，存在什么替代方案，等等； 分析资源和社会效益——他们是什么，谁接受了它们，等等	机会类别的最终分配和选择一个管理计划
步骤9　实施行动并监控情况——选择替代方案及其关联的管理程序后，必须实施该程序并评估其性能。监控提供了系统化的反馈，以评估管理行动的效果，并确定需要新行动的情况趋势。这不是一个新的步骤。相反，它包括定期重新评估现有条件(步骤4中描述的清单过程)，并描述这些条件与标准之间的差异	实施一个管理计划，以实现所选替代方案的目标； 就管理计划的绩效提供定期、系统的反馈	定期重新清点指标的状况——基本上是重复了步骤4； 比较指标条件与标准(重复步骤8，但仅针对最终选择)； 对管理程序的性能进行分析	所有机会课程中所有指标的现有条件和标准之间的关系总结； 必要时，建议对管理计划进行必要的修改，以使现有条件达到标准，取得令人满意的进展

资料来源：Stankey，1985

LAC是在确定了游客管理的目标之后对这一目标进行分解，将影响游客体验的因素进行细化，针对不同的体验目标赋予不同的量化指标，同时实行可操作化的目标监控。在LAC理论中指标分为两种类型：社会指标(Social indicator)、资源指标(Resource indicator)。其中资源指标的目的主要是保证自然资源的完整性，社会指标的目的在于保证游客有较高的游客体验。在社会因素大类下将影响游客体验的因素进一步细分，得到影响游客体验的6大因素：旅途中的孤独感、露营地的孤独感、不同旅行方式游客之间的冲突、不同规模游客团队的冲突、噪声、其他。

LAC模型改变了观察环境与游憩关系的角度，把重心从关注造成环境影响的原因(例如访客数量)转移到对理想环境状态的关注。而且，环境变化是事物的常理，一定程度的环境变化是合理并积极的。因此，LAC 分析过程要求观察其多变性，然后对方法进行保留和改进(Eagles & McCool,2002)。于是，对于游憩规划师们而言，核心问题就变成了：怎样的变化是可以接受的？变化的程度又应该在怎样的范围内？结果必然是主观的，并需要通过参考生态标准以外的因素加以引导。最终，决定环境变化容忍度极限同样需要考虑社会经济和政治因素。

近年来，LAC 理论在我国风景名胜区、森林公园等规划和管理中得到了较为广泛的应用。易平等(2014)将其应用于地质公园旅游规划管理中，并确立了一个由现状—规划—监测—响应构成的相互关联的地质公园旅游规划管理体系，提出了地质公园旅游资源环境保护和游客体验状况的监测指标和标准。石磊等(2016)将 LAC 理论中使用分区、公众参与、动态测评等理念与国内评估手段相结合，提出中国沙漠型景区旅游环境容量测评技术——沙漠游憩使用管理框架(DRUM)。杨冬冬(2017)、林祖锐等(2018)以 LAC 理论为基础，对古村落旅游容量模型进行了实证研究等。

(四)访客影响管理模型(Visitor Impact Management Framework, VIM)

VIM 管理框架源于美国国家公园与保护协会(NPCA)的一项研究。旨在应对一些影响管理的内在基本问题，包括：确定问题状况(无法容忍的访客影响)；发现造成影响的潜在原因及影响的严重程度；选择可行的管理策略等(Graefe,1990)。为了解决这些问题，VIM 框架由八个步骤构成(表 7-4)。作为一个规划框架，VIM 有能力处理各种环境下的游憩地的游憩活动影响，并在管理规划步骤中与其他规划框架相结合，是控制或降低游憩利用造成的负面影响的方法之一(Graefe,1991)。

表 7-4　访客影响管理框架的步骤

步骤	行动(措施)
第一步 (先期评估、数据库检索)	搜索并检索相关现成信息，获得关于管理问题和事项的初步观点
第二步 (评估管理目标)	评估现有管理目标，确保目标陈述清晰且明确。根据适合的生态与社会状况，明确提供游憩体验类型；“目标应该区分优先次序，毕竟任何单个目标都可能导致目的的潜在冲突”(Vaske et al. ,1995)
第三步 (选择关键的影响指标)	选择可衡量的指标，以反映第二步所制定的管理目标：例如确定哪些变量能反映规划目标，并可以量化。指标体系会随着地点不同而改变。“有效的指标应该是能直接观测的、测量相对简单的、直接与区域管理目标相关的、对状况变化敏感的、服从管理的”(Vaske et al. 1995)
第四步 (选择关键影响指标的标准)	决定第三步所确定的关键指标在何时、以何种方式进行衡量，确定衡量的等级或可容忍的极限。“选择的标准是评估现有状况的基准。这一步的功能是：用与当前的衡量尺度一致的测量单位来描述提供的游憩体验”(Vaske et al. ,1995)

（续表）

步骤	行动（措施）
第五步（比较当前状况和参考标准）	比较当前状况与理想状况。找出需要解决的问题，该区域提供的游憩体验类型与管理目标中的是否一致？若是，那么环境状况是否得到了合理的维护？记录问题及其状况
第六步（确定造成影响的可能原因）	区分出潜在的也许会造成环境影响的因素（例如，适用类型、逗留时间、团队规模、使用时间和集中使用度、行为、游憩地特点）。找出造成第五步所发现问题的主要原因
第七步（确定管理措施）	通过对访客数量、类型、分布等因素如何影响环境指标的理解，确定一系列可供选择的管理措施。该步骤的核心内容是处理发生问题的原因（改写自 Hendee et al.，1978；Vaske et al.，1995）
第八步（执行）	一旦资源条件具备，执行所选择的管理策略

资料来源：Graefe，1990、1991；Vaske，1995

（五）兼顾游客体验与资源保护的管理架构（Vistitor Experience & Resource Protection，VERP）

VERP 理论于 1993 年首次由美国国家公园管理局（NPS）提出，该理论基于 ROS、LAC 理论框架，在经过调整、改良、实地测试后，形成“游客体验与资源保护”管理方法。作为 ROS、LAC 理论的改进框架，该理论不论是在游憩管理分区上，还是在综合考虑各种要素的指标和标准体系基础上都更为完善，并为管理人员提供一套可操作可实行的具体监测系统。VERP 更注重规划过程的科学性，融入公众参与政策，保证规划过程的严谨性，对游客体验与资源保护问题，提供了明确的研究框架，更加明确应该如何对公园管理规划进行操作。

VERP 是一个以访客行为对访客体验和公园资源造成的影响为重点的计划与管理框架。其首要特点是由访客行为、使用率、使用方式、使用时间和地点等因素造成（美国国土部　国家公园协会，1997）。VERP 框架包括规划设计和管理策略两大部分，其中规划设计包括：（1）形成核心团队；（2）发展公共参与政策；（3）决定理想的未来资源与状况；（4）对分区提出管理的解决方案。VERP 应用 ROS 的概念，依据资源环境及拟提供给游客体验的差异进行游憩分区的建立，分区后提供管理步骤，包括：（1）确认各分区的资源与体验指标；（2）确认指标的品质标准；（3）建立监测计划纲领；（4）持续与公众接触沟通；（5）决定管理行动措施等。其最终目的是采取管理行动，借助监控操作手册来确保管理指标与品质标准，确保游客体验和游憩资源品质。

VERP 的管理分区及相关因素描述。VERP 的理论同样认为应该给游客提供多种不同类型的体验，不同类型的体验可以通过分区进行识别。VERP 的分区称为管理分区

(Management Zones),在 NPS 出版的 VERP 操作手册中给出了管理分区以及每个分区不同的要求。不同的分区是通过 3 个主要方面:社会条件、资源条件、管理条件,3 个方面的不同水平的组合构成了不同的管理分区(表 7-5)。其中,社会条件主要是指影响游客体验的其他游客的活动;资源条件是指与游客体验相关的生物、地理、景色等各方面因素;管理条件是指能通过管理手段控制的游客体验。

表 7-5 VERP 的管理分区及相关描述

潜在管理分区 / 相关描述	步行者区	徒步旅行区	偏远区	原始区	观光区(有机动车)	有机动车的乡村区	半原始区(有机动车)	敏感资源保护区	发展区
提供冒险挑战的机会	低	普通	较高	较高	很低	低	普通	不适用	很低
与其他游客相遇的期望程度	很高	较高	低	很低	很高	普通	低	不适用	很高
与 NPS 工作人员相遇的期望程度	普通	普通	低	很低	普通	低	很低	不适用	很高
确定小径的最高标准	6 英尺宽	2 英尺宽	18 英寸宽	不适用	6 英寸宽	不适用	不适用	不适用	6 英寸宽
保护自然资源的管理水平	很高	高	普通	很低	很高	高	普通	很高	很高
对资源退化的容忍程度	低	低	很低	很低	很低	低	低	没有	高
体验孤独的机会	很低	低	普通	高	很低	低	普通	不适用	很低
噪音水平	普通	低	低	很低	高	普通	普通	不适用	高
在景区之外进行学习的需要	高	高	高	高	高	普通	普通	很高	高
在景区内部进行的解释需要	高	普通	低	很低	高	低	很低	没有	高

资料来源:Service USDO,1997

VERP 游客体验指标的来源。指标是指能够反映公园内某个分区整体状况的变量,并且是具体的、可测量的。在 NPS 的指导手册中并没有给出具体的参考指标,而是给出了一些如何获取指标的方法以及如何筛选指标的方法。其中获取指标主要有以下的一些途径:参考相关文献;参考相关的科学研究;进行公众咨询;运用专业判断力。

VERP 游客体验指标的筛选方法。通过上述的几种方法列出一系列的潜在指标,再通过一系列原则进行筛选(表 7-6)。

表 7-6 VERP 指标筛选标准

	首要标准									次要标准						
	明确	客观	可重复测量	与游客使用相关	敏感	有意义	低影响	有弹性	无损的	容易测量	容易监控	经济	适用于各个条件	反应微小的变化	可进行长时间的抽样	已有基础数据
指标 1																
指标 2																
……																

资料来源：沈海琴，2013

VERP 的管理指标分为两大类：一类是资源指标(Resource Conditions)，其目标在于衡量游憩活动对国家公园内部的生物、自然、文化资源的影响；另一类是社会指标(Social Conditions)，这类指标的目的在于衡量游憩活动对游客体验产生的影响。除此之外国家公园的管理者还针对提出的指标给出最小可接受量(Minimally acceptable conditions)，简称 MAC。给出这个最小可接受量的意义在于：确定何种情况下这些指标所反映的指标质量是不能接受的。MAC 的意义在于为公园的管理制定一个量化的指标标准。当这些标准的值超出可接受范围，那么就会采取相应的管理措施对其进行改善(表 7-7)。

表 7-7 VERP 具体指标及标准举例

	指标名称	最小可接受范围 MAC
资源指标	露营点周边的地表裸露率	露营点周边 60%的地表裸露
	从小径的中心点 5m 的土壤板结程度	80%的土地样本达到与没被干扰的土地空隙率的 50%
	土壤的板结指数在 100m 的横断面上的比例	平均的土壤板结指数在横断面上的比例为 4
	小径内部的 1.83m，以及边缘的 30.48m，暴露超过 5.08cm 直径的树根的数量	20%的树根暴露在控制区域
社会指标	能在其他团队的视线以及听力范围之外露营的团队的比例	70%的团队能在其他团队的视线以及听力范围之外露营
	在某一时间段见到其他游客的数量	在一年的时间里面，90%的游客不会在同一时间见到 50 个其他游客
	在一年的时间里，游客每天在小径上遇到团队数量	在一年的时间里，80%的游客每天在小径上遇到的游客团体数量不超过 10 个
	在高峰期的交通拥挤程度	在不超过 10%的高峰时段，道路的服务水平不低于 D 级
	在高峰期，为看到某一吸引物的等待时间	不超过 10%的游客为见到吸引物等待超过 10 分钟

资料来源：Service USDO，1997

ROS、LAC、VERP 这 3 个模型之间有着紧密的联系。ROS 最早提出了游憩分区的概念，并对每个游憩分区的环境因素、管理因素、社会因素进行识别并制定相应标准。LAC 建立在 ROS 的游憩分区基础之上，但更为深入地探讨了环境因素和社会因素方面的指标，体现在指标上就是 LAC 有着更为细致的资源指标和社会指标。VERP 则对 ROS 的游憩分区进行了调整，在环境指标和社会指标方面，其给出了可以参考的文献而非具体指标，并且更为注重规划的过程的科学性。通过对指标打分的方法筛选指标，总体来说 VERP 是前两个模型的进一步发展。这三者都通过对国家公园的环境条件、社会条件中找出影响游客体验的因素，并制定出具体的指标，通过对指标标准的监测达到提高游客体验的目标。不论是 ROS、LAC、VERP 都给出的是参考指标而非标准指标，这 3 个模型更注重的是筛选指标的方法，以及整个规划的操作过程。

(六)访客活动管理流程(Visitor Ability Management Process, VAMP)

加拿大环境署为了解决资源与访客之间的紧张对立发展出了 VAMP。VAMP 是一个市场导向的方法(Graham et al.，1988)，可以帮助管理者在公园相关服务和设施的规划、发展和运营上进行决策。它包括对公园或遗产保护地的区域整合的评价；访客的系统界定；访客市场潜力的评价；界定“为公众理解、欣赏和审美遗产”而提供的解说和教育机会。框架构建包括公园管理的五个方面：公园兴建计划；新公园规划；公园规划和计划的评估；公园设施配套；公园经营(Graham，1990)。VAMP 利用来自社会和自然科学的信息帮助管理者就可进入保护区的利用进行决策，并将“环境利用结果与影响”的衡量效果和评价要求相协调。它利用鲜明的市场导向，把访客需求和资源机会相融合，旨在提供特定的游憩机会(Lipscombe，1993)。

VAMP 是以问题为导向的，其灵活性足以使项目规划、监控与评估三个环节相互融合(Hamilton Smith & Mercer，1991)。从 20 世纪 80 年代末，VAMP 被运用到了加拿大新公园建设提案与诸多公园管理计划中。

(七)旅游优化管理模型(Tourism Optimization Management Model, TOMM)

TOMM 旨在推动保护地旅游业的所有利益相关者共同参与，以达到大家都满意的结果。它不像北美管理框架只关注承载力阈值的限制条件，而是致力于如何实现旅游目的地所有利益相关者的参与和身份认同。

TOMM 框架分为四个阶段。首先，明确五个维度的目标，分别是环境、区域经济、市场营销、目的地体验和社会。文化的期望条件，各维度的具体标准由公众参与进行商讨、识别后确定。五个维度标准的制定围绕三大原则，即目的地展望、可持续发展的附加值、利益相关者对资源的合理利用进行。其次，对五个维度战略目标的实现选择评价指标，该指标的确定需要针对具体试点，由相关专业(如经济、生态、规划等)的专家依照标准和专业知识确定。在此基础上，利益相关者对拟定指标进行评估和修改，确定指标的“可接受范围”，指标的编制需要满足长期需求，基于协议，可由所有利益相关者商定具体指标。

再次,对各类指标相关数据进行收集监测,数据的收集需要基于现有的数据系统,并对数据进行定期更新,这就需要适当的人力和财力支持。最后,基于不断的信息流,管理者可以了解游客在旅游各阶段的情况及旅游活动对 TOMM 五个维度下各项指标的影响,评估各指标是否达到预期和在游憩承载力“可接受范围”内,从而制定并采取相应管理措施。通过对上述旅游优化管理流程的长期监测、评估和管理,激励人们为实现共同的旅游目的地愿景做出贡献,这一阶段需要建立战略性旅游管理结构,并根据监测结果制定应对性管理措施。TOMM 试图通过创建共享的期望条件来最小化利益相关者潜在矛盾。它的主要目的不仅是监测旅游活动,而且还在于促进决策过程,以便做出更好、更可持续的决策。

TOMM 框架适用于地理位置偏远、刚启动旅游计划或需要重建旅游且管理机构水平较低的旅游目的地。该理论实施的三大核心要点为:TOMM 鼓励旅游目的地在不同层次和尺度的旅游管理中提高旅游战略发展意识,并支持利益相关者的学习和参与;TOMM 适用于刚启动或需要重建旅游业的地区,且该理论具有方向性、透明度并向利益相关者提供公开合作机会;TOMM 指标的制定需要各领域专业知识的整合筛选。TOMM 模型是首个以保护地游憩空间结构化、系统性发展为目的而构建的游客管理模型,其重点和难点在于需要监测多维数据来调整旅游战略。在实际应用中,众多利益相关者的长期合作互动难以维系和数据流的长期实时监测难以获取是两大技术难点。

(八)风景(视觉)资源管理(Visual Resources Management System, VRM)

VRM 是美国农业部林业局和内务部土地管理局在 20 世纪 60 至 70 年代发展制定的风景(或视觉)资源管理系统,研制和开发 VRM 系统的主要目的有以下三个方面:其一,对需要规划的大面积风景地域进行视觉调查、分析和评价;其二,建立相应的管理目标、拟定管理措施;其三,进行视觉影响评估、预测各种建设活动可能产生的视觉影响。VRM 系统所采用的风景资源评价方法是由设计专业的专家研究出来的,其基本理论依据就是假定风景的抽象特征中蕴藏着美学价值,特别是形式美学价值。因此,这些系统常将风景分解成形状、线条、色彩和质感等要素,并根据风景要素的变化/和谐、对比/统一等形式美学关系决定风景所具有的美学价值。并且进一步认为这些抽象的形式美要素共存于不同的风景类型之中,而且不受评价者或观者的个体及文化差别的影响,也即认为具有美学上的共性。这种风景资源评价的方法又被称为“专家学派”的方法和“形式美学”模式。该方法最早由利顿(Litton)提出,并被用来说明基本风景概念(风景类型、变化程度)、构图要素(形体、线条、色彩和质感)、构图手法(对比、序列、轴线、焦点、框景等)和一些变化因素(运动、光线、天象、季相、距离、位置、规模、时间等)。

VRM 系统采用了景色变化分类的方法评价风景景色质量。在调查现状风景资源的基础上,专业设计师根据形式美的一些原则,对构成风景环境的形态、线条、色彩和质感等因子进行评价,从而达到风景景色分类的目的。例如林务局将风景变化分为 A(优秀)

级、B(普通)级、C(较差)级三个等级，并对每个等级中诸如地形、岩石、植被和水体等风景要素进行了定性的描述(表7-8)。

表7-8　美国农业部林务局的风景变化等级

因子	风景变化等级		
	A级(优秀)	B级(普通)	C级(较差)
地形	坡面>60°；有切割面起伏不平，高耸的山脊线或大量控制性的景色	坡面30°—60°，有切割面和起伏，但不突出	坡面0—30°，没有切割面，地形变化较小，景色较差
岩石	岩石很突出，景观奇特，优秀，例如突兀矗立的岩石、塌磊的坡面、奔泻而下的瀑布	岩石景观很显眼，但不突出，并且较普通	岩石形成的景观很少或几乎没有
植被	植被类型丰富，有林龄较长的林木，种群丰富、构成奇异	植被类型一般，树木大多成年，但缺乏较长林龄的林木，种群变化一般	植被几乎不具特征，林层较单一，没有地被或下木层
水体(Ⅰ)湖泊	面积>50英亩，若<50英亩，则水体应 1)有独特和优美的岸线； 2)正好能倒影主要景色； 3)有岛； 4)有优秀的植被或岩石形态	面积5—50英亩，有一些曲折的岸线，倒影景色较差，岸畔植被景色为B级	面积<5英亩，岸带平直缺乏变化，岸畔几乎没有倒影
水体(Ⅱ)溪流	溪流的流动特征多样、特别，有落差、曲折和较大的水量	流动特征一般，较平直的线型	间断溪流或季节性溪流，在流动、落差、速度、曲折等方面没有什么变化

资料来源：王晓俊，1993

第八章　游憩规划

第一节　游憩规划概述

一、游憩规划的性质

游憩规划在具体的条件下，可被称为“户外游憩规划”“游憩与休闲规划”“休闲规划”等，其主要关注如何合理配置户外游憩资源、提高地方游憩系统的品质、缩小人们的游憩需求与设施供给之间的差距，为人们提供更好的游憩生活质量等。

游憩规划是对国民闲暇生活的规划或计划，是以户外生活和空间为主要对象，以人的休闲需求为中心，以科学地利用闲暇资源、优化生活结构、提高空间价值、保护游憩环境为目标的专项规划。游憩规划具有四个性质：

(一)层次性

按规划范围，游憩规划可分为社区、城区(针对乡村为“地区”)、区域等三个层次，不同层次游憩规划的侧重点不同。社区游憩规划侧重于具体的社区游憩计划和社区游憩空间规划，直接影响居住区、工作区、商业区的形态和绿地系统规划，是居民日常生活的重要组成，如儿童每天的游戏，老人的锻炼、散步都需在这一层次解决。城区(地区)游憩规划侧重于各类游憩设施(体育、文化、公园等)的空间布局及土地利用，保证游憩设施的可达性与公平性，促进城市(或乡村)半网络结构的形成。这类设施居民每周使用1～3次，如球类运动、琴棋书画等等。区域游憩规划立足于特定地区的资源与环境特征，以完善游憩系统和结构为目标，规划设计一些大型游憩空间如主题园、度假地、郊野公园等，或致力于较大范围的游憩资源的综合利用和保护。

(二)动态性

人的生活随经济、社会、文化、科学技术的发展而不断变化，所以游憩规划必须具有动态性，以不断适应生活的变化和生活的需求。从工业革命以来，新出现的游憩空间类型就有游憩墓地、公园体系、城市周边游憩中心、附属于建筑的游憩空间、绿道等等，反映了游憩空间随城市发展不断变化的历程。另一方面，游憩规划还能引导居民生活方式的改变，使社会健康有序发展。例如，奥姆斯特德规划的纽约中央公园就引导了市民游憩方式直至日常生活方式的改变。

(三)渗透性

游憩是人类活动不可缺少的组成部分,渗透到各行各业、各类室外空间,除了专门化的游憩空间如影剧院、博物馆、展览馆、茶馆、酒楼、咖啡店外,要求其他建筑空间都要考虑人的游憩使用,如居住空间、商业空间、工作学习空间、交通空间等,在详细规划、建筑设计中加以细化,进行人性化的空间设计。专门的游憩场所满足的游憩需求非常有限,如城市公园作为游憩场所是有一定的容量限制的,随着城市可利用土地的减少,寻求新的土地建设游憩场所已有一定困难。游憩活动的展开不一定需要专门的游憩场所或者资源,有时候,游憩资源可以是某种资源的附加用途。

(四)综合性

游憩的内涵非常广泛,内容涉及体育、历史、文化、自然、娱乐、教育、参观等。可分为动态、静态;平静、刺激;主动、被动等诸多形式。除此之外,游憩的发生还需支持系统来保证,所以城市游憩规划是一项复杂的系统工程,具有高度的综合性。

二、游憩规划与旅游规划

根据《旅游规划通则》(GB/T 18971—2003),旅游规划可分为旅游发展规划和旅游区规划两类。其中,旅游发展规划是根据旅游业的历史、现状和市场要素的变化所制定的目标体系,以及为实现目标体系在特定的发展条件下对旅游发展的要素所做的安排。旅游区规划是指为了保护、开发、利用和经营管理旅游区,使其发挥多种功能和作用而进行的各项旅游要素的统筹部署和具体安排。

与旅游规划的设定相似,游憩规划同样可以设为游憩发展规划和游憩区规划两个类别。其中,游憩发展规划更接近国民闲暇生活的规划或计划,主要是从发展的角度分析国民游憩的变化趋势,准确响应游憩需求,制定目标体系,以及为实现目标体系作出相应的政策、组织、管理层面的保障和要求。游憩发展规划还可以进一步提炼组织成为游憩发展计划,具有更多的政策属性。游憩区规划则是在充分研究游憩需求和发展趋势的前提下,以满足各类群众文化娱乐活动的需求、提高国民的生活质量为目标,对具体的空间和资源要素进行统筹安排,完善游憩设施,提供游憩服务,并对游憩区内的游憩活动进行综合管理。

游憩规划和旅游规划有部分重叠关系,相对而言,旅游规划具有更强的经济性质,倾向于将资源用于经营性活动,而商业性的游憩与旅游具有同等的意义。旅游设施和旅游吸引物同样面对市民开放,供市民使用,属于市民游憩活动和设施的组成。例如上海的外滩是市民与外地游客共同使用的空间,在这里难以区分游憩和旅游,都不需要支付观光费用,都使用共同的设施。市民外出旅行度假、观光,是为了恢复体力、调节精神、扩大视野的需要,具有游憩的性质,但同时也是旅游者,是旅游市场的组成部分;另一方面,社区的游憩活动如邻里交往、休闲散步等不属于旅游活动,公务性旅游则不属于游憩活动(吴承照,1998)。

第二节 游憩规划基本内容

从规划体系来看，西方当前的游憩发展并没有企图依靠单独的一个两个规划来解决游憩面临的所有问题，而是通过一个致力于多种目标的规划体系，通过多种类型的规划协同作用，由不同的规划着重解决不同的重点问题，来综合改善城市的游憩条件、提高人们的生活质量。其中有涉及游憩内容的综合性策略与规划，有直接针对游憩问题的相关规划，也有与游憩具有重要联系的其他专项规划，它们共同构成了丰富的规划体系。

总的来看，游憩规划包括四部分内容：①闲暇资源开发利用战略；②游憩活动计划；③游憩空间布局；④游憩地规划设计。根据服务对象、规划目标等的差异，游憩规划可以分为三种不同的导向：服务导向、游乐导向和保护导向。其中，服务导向是以游憩系统的建设为重点，是对国民的闲暇生活的系统规划，其中一方面需要进行系统的建设规划，另一方面是对这个系统的使用合理安排，使之发挥最大、最适宜的功效，同时将规划与其余领域的规划内容衔接起来，获得系统性收益而非仅关注经济收益。游乐导向关注游憩的资源、市场、产品的转化，通过市场分析和产品研究对人们的行为、心理、审美等提出响应，并选取最佳方式对游憩资源进行利用。游乐导向需要遵循市场经济规律，根据具体的对象，在一定情况下可能具有经济性质。保护导向的基础是人与自然和谐共生的人地关系。立足于保护导向，则意味着对游憩带来的冲击进行评估，并提出相应对策，对游憩地的时空使用提出具体方法并加以管理，保护导向是对土壤、植被、野生动物、水体等要素的保护，其经济性质也相对较弱。根据具体的规划层次和规划对象，上述三种导向在游憩规划中可能单独出现或并存，相对而言，闲暇资源的开发利用战略和游憩活动计划两部分内容略偏服务导向，游憩空间布局和游憩地规划设计则游乐导向和管理导向兼有。

一、游憩发展规划

（一）当代游憩规划的体系构成

通过一个致力于多种目标的规划体系，多种类型的规划协同作用，由不同的规划解决不同的重点问题，综合改善城市游憩条件，提高人们的生活质量。大体上分为三类：

① 与游憩相关的综合性规划：区域协调战略规划、地区发展战略、城市总体规划、城市复兴计划、精明增长策略等；

② 游憩专项规划主要包括：户外游憩规划、开放空间规划、游步道系统规划、游憩活动计划、旅游规划等；

③ 与游憩相关的专项规划：公共空间规划、绿地系统规划、文化产业规划、交通发展

规划、社区发展计划等。

(二)游憩综合发展规划

游憩是人类生活不可或缺的组成部分，当前各类综合发展策略和规划中都包含与游憩发展相关的内容，而许多游憩的理论和方法在生态、文化、社会、经济等方面的影响也越来越大。在这类综合性的发展策略和规划中，对游憩的考虑也同样表现得宏观且综合，它们多会成为实现一个整体而综合的目标(如增强城市活力、提高城市吸引力等)的重要手段，是作为对现实存在的、宏观问题(如社会认同感不强、环境资源破坏)的解决方法。其特点在于综合性和全局性，表现为：

① 全面采用综合的分析与思考方式，形成综合的结论，并采用综合的手段来解决问题；

② 为达到综合目标，强调物质空间规划与其他社会政策之间的相互协调；

③ 顾及游憩空间与自然资源条件、景观状况、经济发展、人民需求的整合；

④ 解决方法多以具体的原则性政策为主。

从规划的整体思路来看，一般说来，这种综合性发展策略和规划多数都先根据经济社会发展中需要提高的方面，树立明确的综合发展目标(其中涉及经济、社会、生态等诸多方面，这些目标中也包括要解决的问题)。在规划过程通过将目标逐步细化，并分析影响这些目标实现的现实因素，来寻求可能的政策或规划途径。然后再制定实施保障的措施。从整个规划的流程来看，采取的是一种提出目标→分析目标→矛盾梳理→政策规划→实施保障的过程。因为这些社会目标中必然涉及提高人民游憩生活质量的内容，因此，规划中也就必然会有对地方游憩发展所采取的政策和规划手段(包括空间的和非空间的)。日本1982年的《东京都长期规划》正是采取这种方式的典型案例。另外，随着文化对城市发展的影响越来越大，在城市综合发展的策略与规划中，也开始重视通过促进具有文化内涵的游憩活动、建设文化设施等方法来提高人民的生活质量、发展城市文化产业、增强城市游憩竞争力、提高社会认同的规划，相关的措施同样包括空间与非空间的内容。英国伦敦完成的2004年伦敦市长(Mayor of London)系列规划也是其中重要的案例。

近年来我国先后发布了《国民旅游休闲纲要(2013—2020)》和《国民旅游休闲发展纲要(2022—2030)》等，均具有典型的游憩计划的性质，而与此相似的各地方版本的“国民休闲计划”则是对前述文件的具体响应和依据地方环境所做出的细化或调整。以《国民旅游休闲纲要(2013—2020)》为例，纲要中明确提出了“到2020年，职工带薪年休假制度基本得到落实，城乡居民旅游休闲消费水平大幅增长，健康、文明、环保的旅游休闲理念成为全社会的共识，国民旅游休闲质量显著提高，与小康社会相适应的现代国民旅游休闲体系基本建成”等发展目标，并将“保障国民旅游休闲时间；改善国民旅游休闲环境；推进国民旅游休闲基础设施建设；加强国民旅游休闲产品开发与活动组织；完善国民旅游休闲公共服务；提升国民旅游休闲服务质量”等列为工作的主要任务和目标。纲要提出要把国民旅游休闲纳入各级国民经济和社会发展规划，以及相关行业和部门的发展规划。加强对各地旅游休闲发展的分类指导，鼓励有条件的地方编制适合本地区旅游休闲发展专项规划。城乡规划要统筹考虑旅游休闲场地和设施用地，优化布局。在新修订的《国民旅游休闲发展纲要(2022—2030)》中，进一步明确了10项重点任务：部署培育现代休闲观念；保障旅游休闲时间；优化旅游休闲空间；丰富优质产品供给；完善旅游休闲设施；发展现代休闲业态；提升旅游休闲体验；推进产品创新升级；持续深化行业改革；不断加强国际交流。从政策层面对游憩给予了全方位的保障，并落实了实施的系列举措：优化全国年节和法定节假日时间分布格局；规划建设环城市休闲度假带；以社区为中心打造休闲生活圈；完善休闲服务设施；发展新兴休闲业态；实施旅游休闲高品质服务行动；开发数字化文旅消费新场景。

(三)基本原则

1. 公益性原则

游憩发展的根本目的是引导一种健康文明的生活方式、使人在游憩中得到自身能力与素质的提高、并感受生活的美好与幸福，即所谓“创造高质量的生活”和“充分发展”。为了使社会上所有的人，穷人和富人、男人和女人、老人和儿童都能够尽可能地获得“高质量的生活”并“充分发展”，城市有义务为每个人提供基础的物质和精神环境条件。当“和谐社会”成为今天发展的重要依据之时，如何使社会的每一分子都能够获得符合人们基本需要的游憩机会，更是游憩发展中所必须考虑的问题。因此，“公益性”必须成为游憩发展的出发点与立足点。

2. 综合性原则

由于游憩本身是一个复杂的巨系统，它的发展有其自身的规律，而影响游憩的因素，以及有其本身所能够产生的影响都不是单纯的，而是多方面的、综合的。

3. 科学性原则

游憩发展需要遵循科学规律，必须做到“定性与定量相结合、理论与实践相结合、多学科知识相结合、多学科专家相结合、宏观研究和微观研究相结合以及人的思维与信息技术相结合”等。

(四)服务方式及产品规划

游憩具有一定的经济属性，在多数情况下，游憩发展可以与经济利益相兼顾，但作为公共事业的游憩内容和设施建设还是以免费服务为主导。《中华人民共和国旅游法》(2013版)中明确规定：利用公共资源建设的景区，不得通过增加另行收费项目等方式变相涨价；另行收费项目已收回投资成本的，应当相应降低价格或者取消收费。公益性的城市公园、博物馆、纪念馆等，除重点文物保护单位和珍贵文物收藏单位外，应当逐步免费开放。

(五)案例研究:日本东京都长期规划

自日本从京都迁都江户并改称东京后,共有四次城市发展计划,前三次分别是:1923年的《震灾复兴计划》、1945年的《战灾复兴计划》以及1982年开始编制的《东京都长期规划》。第二次远景规划确立后,20世纪90年代初制定了《我的东京都计划》,确立了东京1991—2000年的发展规划。为了进一步巩固推进东京的国际化大都市地位,1994年东京编制了《东京都国际化政策推进大纲》。在计划实施过程中,根据城市发展需要,东京在现有规划基础上不断完善修正城市规划,表现了多层次且具有灵活性的规划特点。2011年大地震和2020年申办奥运会成功之后,东京在2006年制定的《10年后的东京——东京将改变》规划基础上进行了完善,重新编制了《创造未来——东京都长期愿景》。该版规划的制定,充分体现了东京在制定城市规划过程中所展现出来的灵活性与务实性,根据情况的变化,规划的目标和重点也相应进行了调整。新规划以致力于承办最好的一届奥运会及残奥会、着力提高东京的防灾能力、强化能源自给、营造更加安全的生活环境等为重点,旨在实现东京的可持续发展,打造世界第一城市。

1982年东京政府制定的《东京都长期规划——以21世纪为目标》中,明确提出"多核心型"城市结构,重点建设新宿、池袋、涩谷等副都心分散中央区等中心城市功能。1986年和1990年,分别制定《第二次东京都长期规划》和《第三次东京都长期规划》,副都心地区从最初的新宿、池袋、涩谷新增上野浅草、绵系町、大琦和临海,从西向东共7个地区。除发展副都心外,东京还规划建设筑波、多摩、港北、千叶4个新城。由此,逐步形成"中心区－副都心－周边新城－邻县中心"多中心多圈层的城市整体规划格局,缓解中心区的人口集聚的压力。

规划首先分析了城市发展面临的主要问题,并就如何克服困难,建设理想的东京进行了构思。在这个规划里,游憩的思想贯彻始终。在促进城市整体发展的目标下,该规划用综合的方式对城市游憩方向进行引导,并就游憩空间建设等方面进行了深入分析。结合游憩空间组织城市生态环境保护和防灾等相关问题,规划提出如下主张:

老龄化被视作城市未来发展重要的变化之一。规划将老龄化社会的构想分为三个方面:方便生活的城镇、充实的生活和优越的福利。并从地区建设、与亲人生活、健康、工作和娱乐等五个层面进行了交叉分析,得出一个相对全方位的社会构架(图8-1)。

学习型社会建设与体育运动促进。教育的长期发展目标为:给市民创造终身学习的机会;改善教育内容和方法,达到丰富多彩的学校教育目的;振兴私立学校;中学生能够按照个性和愿望进行选择;扩大大学公开讲座,为市民敞开大学之门;重视残疾人的教育;提倡男女平等教育;家庭、学校、社会共同创造一个使得青少年能够全面发展的社会。为满足人们闲暇时间内的体育运动和娱乐生活,规划将市民终身享受体育运动和娱乐生活的乐趣、市民可以随时就近进行轻松的体育和娱乐活动作为目标,提出了相关设施和

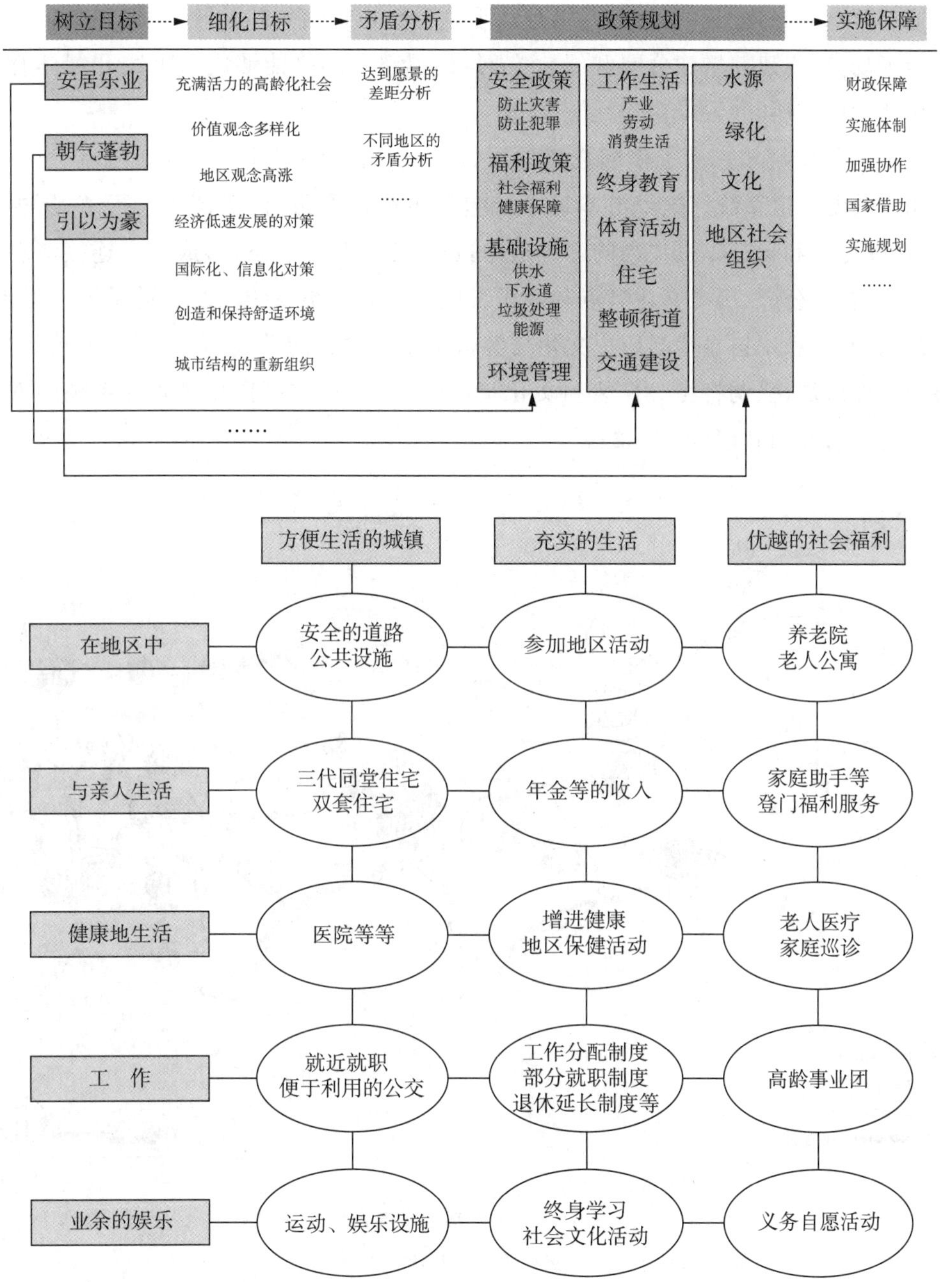

图 8－1 东京都规划的社会构架

资料来源：王珏，2009

服务、倡导策略。

以水网和绿化构成优美的环境系统。城市的河流及绿化不仅给市民带来滋润和慰藉，也适合于开展体育、娱乐活动，同时对防止灾害、防止城市无序蔓延也有一定的作用，基于河流和绿化的网络，可以建立良好的城市结构。因此，在东京都规划中，提出了“使东京遍布流水和绿化网”的目标，并结合地形，将海、街道、森林、丘陵、山地和岛屿六个部分进行了划分，修建并增建公园和绿化空间，使得整个网络能够成为市民开展体育运动和娱乐活动的场所。

游步道系统规划。为了串联丘陵地区、市区街道、沿海公园、古迹和河流，东京都规划了相应的游步道系统。这个游步道系统包括了武藏野路、首都自然人行道、历史文化散步道、绿化道和自行车道在内的5种道路，道路之间相互联系，形成一个连接诸多城市公园、自然森林公园、历史文化景点和娱乐设施的景观网络系统。游步道系统的提出，为人们认识、利用和发扬自然与历史文化资源带来了一种新的模式，它适用于运动、交流和发展的线性区域，强调将相关自然和文化资源整合为一个系列，并强调用系统的方式来研究、保护、管理和利用(图8－2)。

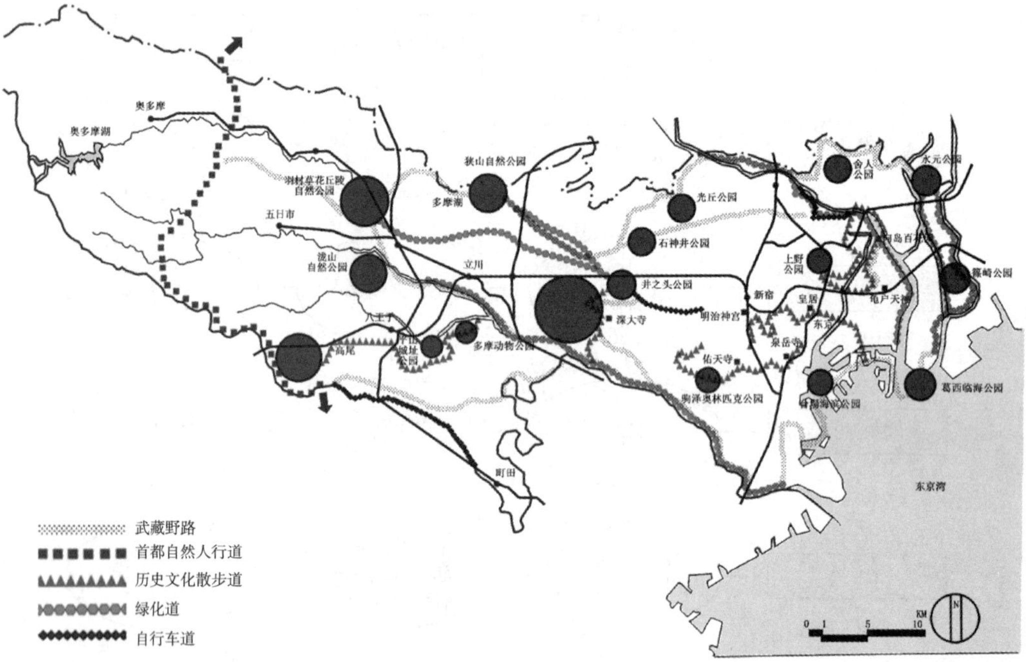

图8－2　东京都游步道系统

资料来源：王珏，2009

东京都长期规划的主要思想，在后续规划中逐步得到落实并成为一系列相关规划的重要内容逐步稳定。以《东京都市计划》为例，其制定了“实现世界第一的城市的总体发展目标、确保有效利用东京强项如奥运会取得成功”“建成高度发达、以人为本、基础设施完备的城市”“传递日本爱心、宣传东京魅力”“建成安全、放心的城市”“建成幸福、先进城市”“建成引领世界的国际化城市”“建成为下一代留下丰富环境和充实基础设施的城市”

以及“振兴多摩和岛屿地区”等 8 项分目标。

二、游憩地(区)规划——游憩空间与组织规划

(一)不同空间层次的规划目标及内容

游憩地的规划设计从空间层次上分社区与社区、城区、区域三个层次,不同层次游憩规划的目标不同,侧重点也不同。由于人的日常活动更多地集中在社区与城区层面上,所以游憩规划更多的是把游憩作为一种思想、理念渗透到社区规划和城市规划中去。

1. 社区游憩与环境规划设计

目标:创造一个充满生机的居住户外空间。

侧重于具体的社区游憩计划和社区游憩设施与空间规划,直接影响居住区、工作区、商业区的形态和绿地系统规划,是居民日常生活的重要组成。包括宅前邻里交往空间、小游园、老年活动室、儿童游戏设施、篮球场等锻炼健身设施、步行空间等。儿童每天的游戏,老人的锻炼、散步等一些日常休闲活动都需在这一层次解决。

2. 城区游憩规划

目标:促进具有半网络结构的宜人城市的形成。

侧重于各类游憩设施(体育、文化、公园等)的空间布局及土地利用,保证游憩设施的可达性与公平性。包括城市内的广场系统、公园系统、文娱中心系统、步行系统等。这类空间居民每周使用频率比居住区空间设施使用频率稍低,可满足一些重要节庆活动、各种文化艺术展览活动、市民球类运动等一些游人量大的游憩活动。

3. 区域游憩规划

目标:满足市民户外游憩需要,回归自然,度假康复等,开发旅游产品,发展旅游经济,促进、带动郊区经济发展,实现城乡一体化。

侧重于郊区资源与环境特征的把握与利用,以完善城市游憩系统结构为目标,规划设计一些大型游憩空间如主题游乐园、观光采摘农业园、风景名胜度假区、历史氛围浓厚的古镇、遗迹遗址区等等。这一层次的规划一般为节假日准备,但要注意游憩的时间要考虑到游憩地的性质,如一些风景名胜区不同季节会有不同的景观效果(吴承照,1998)。

(二)不同类别的规划编制要点

1. 游憩主题形象塑造

为游憩地塑造鲜明形象,有助于形成场地的辨识度,增强在竞品之中的竞争优势。主题形象的确立,对区域资源、环境、文化、特色进行深入分析,以场地最具代表性最具发展潜力的特色为基础,加以精心包装与宣传。

2. 游憩功能规划

游憩功能规划的功能,即平衡游憩要素、合理划分区域和功能、科学确立空间活动类

型与容纳量等，表现为场地的功能分区。划分功能分区，有利于更系统地组织规划建设、组织游憩路线、推动资源利用与保护。

3. 游憩产品策划

游憩产品的核心是为游憩参与者创造体验与经历，使其通过沟通、互动、消费等方式产生愉悦的感官与精神享受，并创造值得回忆的游憩经历。

4. 服务设施规划

服务设施是游憩地中的重要组成部分，它们直接与游憩者互动，关系着游憩者的游憩体验。服务设施规划的内容，即在游憩地的功能布局基础上，确立服务设施的规模、结构、数量、分布、风格等。

5. 基础设施规划

基础设施规划的重中之重是道路交通建设，是游憩开发建设的先导环节，事关游憩地的可达性、交通便捷性、观赏路线等。此外，给水排水、电力供应、通信工程、游憩解说等基础设施也需纳入考虑之中。

（三）游憩规划编制的注意事项

① 实用适用，公众参与。游憩规划应充分考虑市民生活、居住、工作、休闲等多方面内容，公开征求居民意见，落实居民的诉求，力求最大限度满足规划地域范围内居民文化娱乐、休闲游憩的需求。

② 统筹规划，合理布局。满足城市生活和生产活动安全的要求，统筹规划各层级上的游憩空间，使规划成果合理、实用，切实有效为居民提供便捷的服务。

③ 尊重自然，生态优先。设立针对游憩区域保护的法规，秉持可持续发展的原则，确保公众安全的同时保护动植物的栖息地，达到城市生态环境的良性循环、人与自然和谐发展。

第三节　游憩规划编制方法

一、资源导向法

这种方法是建立在自然资源的详细调查和评价的基础上，缺少具体的市场分析，以现有的游憩市场的整体趋势来套用于具体的规划区。其总体规划包括调查、评价和规划三个阶段，规划建议包括未来设施区位分布和不同开发用途的配置。具体流程为：资源和现状设施的详细调查→增加设施的计划→土地利用规划和附加设施区位→成本和收入评价——全球市场评价。

这种规划方法出现较早，但很少取得成功，原因有三：一是主观想象很多，二是不能适应不断变化的形势，三是对真正的市场机制缺少分析。

二、人均指标法

这种方法在美国和日本户外游憩规划中广泛使用,包括:①每项户外游憩活动及其人均使用面积研究。②对每项活动的现状与未来需求的评价。③现状容量与未来需求的比较,过剩还是不足。④增加必要的立地和设施计划(表 8－1)。

表 8－1 人均指标法

设施	最大日集中率	同时滞在率	平均滞留时间	指标	备注
动物园	2.0	40	2.5	$20m^2$/人	上野动物园
植物园	3.5	40	2.5	$300m^2$/人	神代植物公园
高尔夫球场	1.5	100	5.0	0.2～0.3ha/人	
滑雪场	5.0	100	6.0	200m/人	
野外游戏场			2.0	$25m^2$/人	
小型游艇	3.5	90	4.0	2.5～3.0ha/只	
郊游	4.5	90	4.0	40～$400m^2$/人	
徒步旅游路线			3.5	400m/每群	

资料来源:吴承照,1998

三、经济政策法

这种方法重视市场评价对发展政策的影响,由政策导向发展计划和总体规划,但是困难在于难以获得充分的有意义的和可靠的数据,政策比较与选择通常也是比较模糊的,对目的地之间的竞争缺少考虑(图 8－3)。

四、系统模型法

这类方法主要是借助电脑技术建立模型来预测游憩需求、游憩分布以及游憩开发计划和政策的可能影响后果,美国户外游憩调查委员会于 20 世纪 60 年代开始使用这种方法,其具体形式和内容较为多样。

五、PASOLP 法

由波维和劳森(Baud-Bovy & Lawson,1977)提出的户外休闲产品分析程序方法(Product Analysis Sequence for Outdoor Leisure Procedure,PASOLP)。该方法由五个步骤组成:①调查与分析。对影响旅游和游憩活动的因素进行调查分析,这些因素包括,现有的及潜在的市场;国家或区域内的资源(被视为可以利用的“产品”);国家的结构、政策、开发的优先事项与目标。②多样化产品界定。定义旅游或游憩产品。③需求与

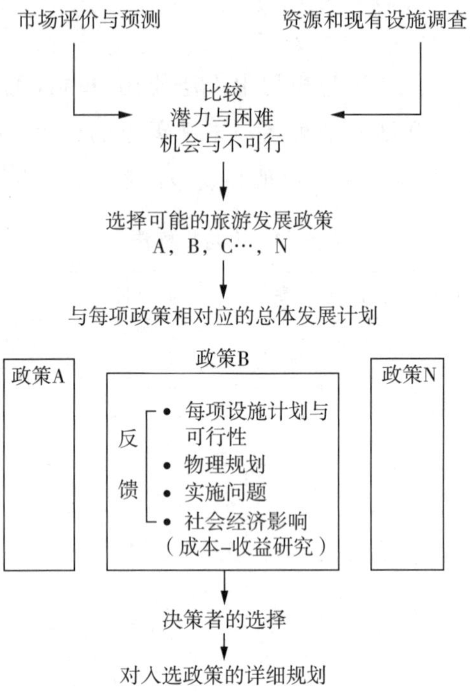

图 8-3

资料来源：转引自吴承照，1998，原图见 Manuel Band—Bovy and Fred Lawson，1977

优先事项建议。通过评价各产品对可能产生的客源市场的引力，为旅游和游憩开发的需要和优先事项提出建议，主要是考虑以下方面：相对吸引力（与竞争性目的地相比）；可行性（从投资、支持与经营角度考虑）；可能的影响（环境的、经济与社会的）；④规划文件编制。为旅游与游憩规划提出具体方案，内容包括：主要场地的选定、它们的性质和利用方式；新增设施、基础设施与所需改善；详细论证开发的潜在影响；为可持续发展和其他安全考虑需要决定的条件。⑤开发规划的实施。内容包括：为有效实施而采取的措施（立法、资金、管理）；监测规划实施与纠错措施；为第一期开发编制行动计划（图 8-4）。

PASOLP 方法均衡地考虑到了需求和供给两方面的重要性：需求指向型方法考虑了如何使资源更好地利用以获得最大的经济效益；而供给指向型则要求识别出最适宜的市场并强调分析开发的可行性。这一方法的优点可以归纳为：①全面考虑旅游/游憩系统的各相关主体和系统的动力机制；②可以模拟问题产生的影响和瓶颈问题；③可以与其他目的地的存在竞争的产品进行直接比较；④对每一产品的作用加以详细说明；⑤能够对其他经济部门（农业、工业、手工艺等）的类似投资产生的影响进行比较。本章第四节关于游憩规划的编制过程参考了这一方法的基本关系。

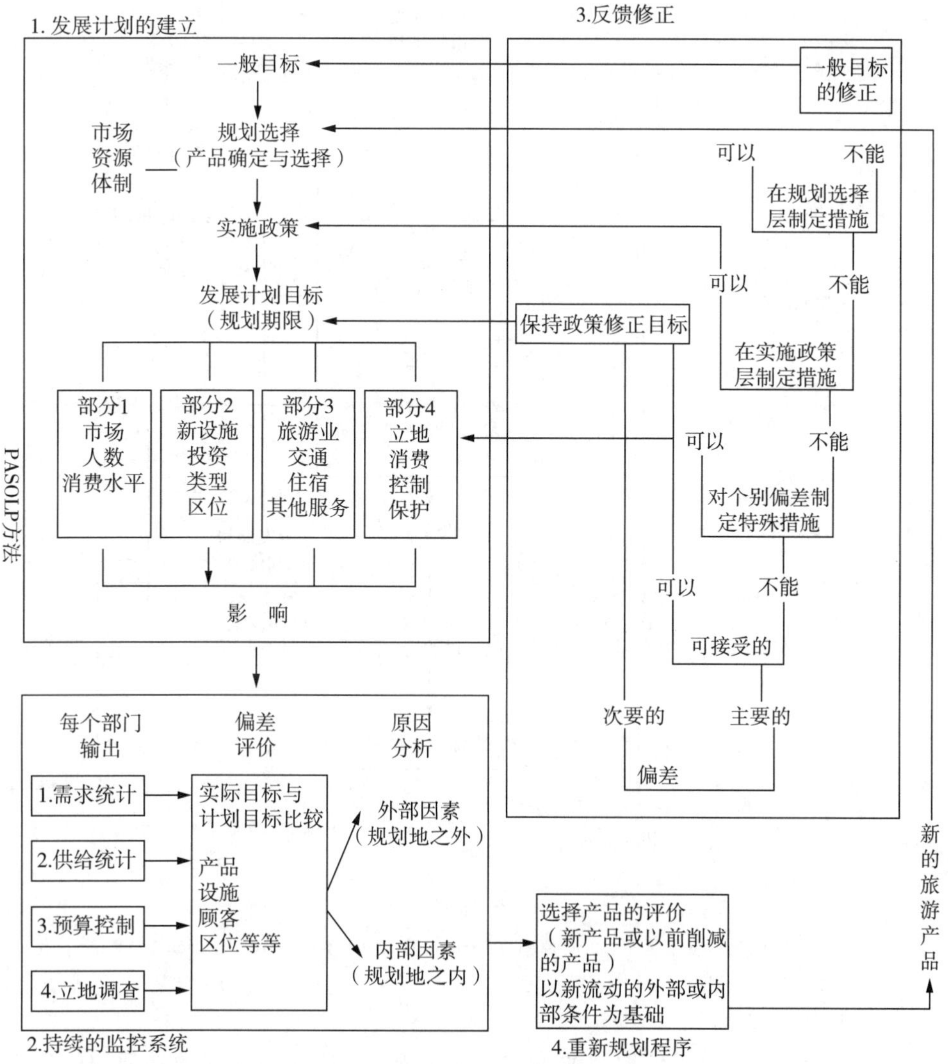

图 8-4

资料来源：转引自吴承照，1998，原图见 Manuel Band-Bovy and Fred Lawson，1977

第四节　游憩规划编制过程

一、规划准备与启动阶段

进行规划前期的工作准备，整理工作说明，明确规划的基本范畴，明确价值取向，明确制定者和执行者，明确参与者和规划工作组；设计公众参与的工作框架，建立规划过程的协调保障机制（图 8-5）。

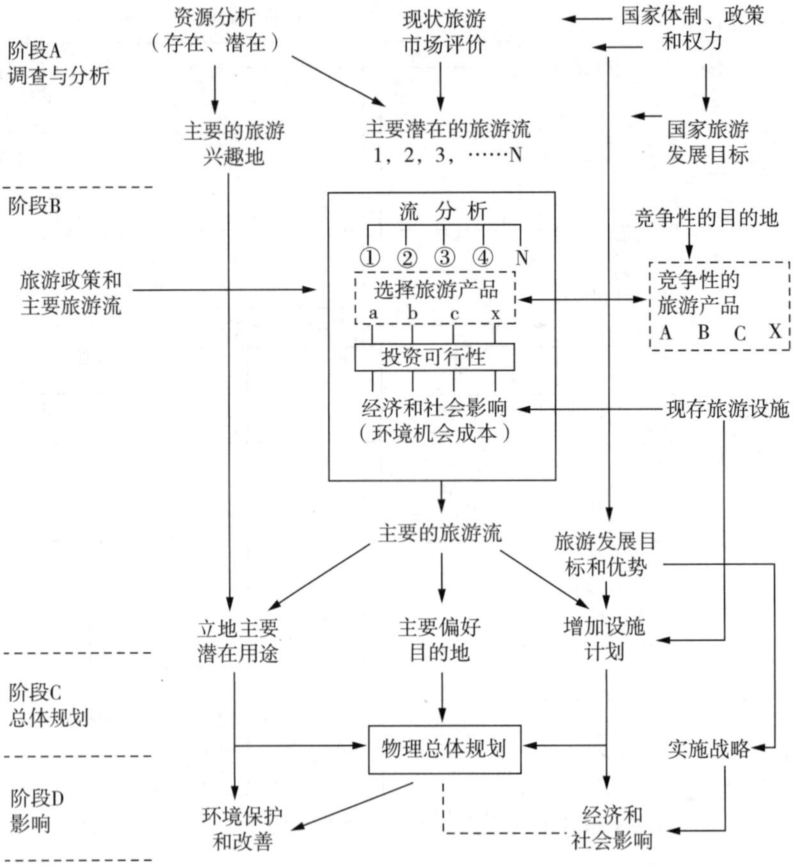

图 8－5

资料来源：转引自吴承照，1998，原图见 Manuel Band-Bovy and Fred Lawson，1977

工作准备内容包括：

① 明确任务：以有计划可控制的方式发展游憩，确定游憩规划的性质、任务、范围。由于游憩发展规划和游憩区规划的目标导向、工作方式、规划内容、成果形式等均存在较大差异，对任务的明确有助于规划工作保持合理正确的路径。

② 组织准备：挑选或组建合理的规划小组。并组建以城市规划及旅游规划专家为核心，专业化的多学科专家组成的队伍。组建游憩规划领导小组，由主管部门及有关的各职能部门的主要领导组成。

③ 工作计划：根据规划人员结构、财力、设备、信息资料和时间条件，有效地组织安排规划编制工作，包括最终成果的内容、完成期限、阶段目标、操作方法与技术可行性安排。

二、规划调查分析阶段

对存在问题的诊断；总体现状分析，资源普查与评价，资源价值与存在问题；开发核心与瓶颈;公众参与和评价,市场分析。

规划资料包括基础资料、专业资料两大部分:①基础资料通常由规划的委托方提供,要求委托方必须准确地提供有关游憩系统关键要素的信息,包括地质勘察资料、测绘资料、气象资料、水文资料、历史资料、社会文化资料、社会经济统计资料、交通运输资料、基础设施资料、服务设施资料、宣传媒体资料、土地利用状况与权属关系、生态环境资料、灾害与治安资料、风景名胜资料、政策法规资料、各类有关规划和图件、各部门所积累的有关资料和研究报告等。②专业资料包括外部环境的相关资料,如国内外局势、发展动态、研究成果、游憩供求状况、相关案例等,通常由规划组和委托方合作收集或专题检索。

调查分析主要是对当地及相关地区要素进行调查,并对规划区市场及资源进行评价,提出可能的预测。

(一)调查分析的主要内容

1. 调查工作

规划程序中的调查阶段指收集与游憩相关的各方面定量和定性资料。与旅游规划的调查工作不同,游憩规划调查的侧重点在于对游憩资源、设施、服务以及游憩者的全方位调查分析;并着重关注游憩者活动的空间、时间上的局限性和特征,强化调查工作的针对性。此外,游憩规划也需要结合旅游规划调查工作的主要内容进行完善,以响应外来游客对游憩的需求。

调查内容包括规划区内的景点、设施和服务、交通及其他基础设施的场地考察,与相关政府官员、私营部门代表和社区代言人座谈,查阅现有资料文献、地图、数据及其来源的信息。要重视获得信息的真实性和连贯性,通过与当地人(包括私营部门和社区组织)的讨论获得重要的启示。真实了解准确的情况,做出实事求是的评价对当地既有景点、设施和服务及基础设施的实地考察有着不可替代的作用,实地考察最好是工作组所有成员一起工作,以便能使各方面专家充分交换意见,了解各专业学科之间的关系。由于部分游憩产品与市场密切相关,市场专家一定要进行相关的景点、游憩设施和服务的实地考察。

除了场地考察和资料查阅,必须完善以游憩者调查为代表的特定调查工作,如了解他们的结构特征、消费模式、活动安排、对当地游憩设施和产品的满意程度。作为市场调查的一部分,有必要对经营旅游产品尤其是海外旅游的旅行社和航空公司进行访问,了解他们及其客户在旅游方面的经验和意见。如果缺乏一些重要的资料,应在规划之前进行一些专项调查和项目勘测。

由于规划区域的面积和类型不同,调查所需要的时间、专业人员、后勤保障科计划协调的工作量都有所不同,如果对不太容易进入的地区进行调查,尤其要考虑这方面的耗费。

2. 现状评价

主要包括市场评价、资源评价、开发状况评价、产业结构评价、管理机制评价、已有规划与政策的实施情况评价。

3. 发展预测

旅游规划中关于发展的预测主要是考虑旅游者到达该地区所需的时间和花费能力，并与竞争地的情况做比较，确定旅游者种类及数量，做出现实旅游需求分析与预测等。而游憩规划则需要在此基础上对社会经济发展、人居环境发展以及国民游憩需求水平等进行综合分析与预测，且需要对大众审美、健康理念、生态文明、科技发展等具有时代性的需求及变化进行及时捕捉与前瞻性思考。这是对发展规模、服务设施和基础设施建设水平、劳动力需求预测，以及经济、环境和社会影响综合评估的前提。

4. 综合分析

综合分析阶段是游憩规划的核心阶段，是对数据、资料和信息分析的阶段。对调查所得的信息必须进行认真的量化和定性综合分析。综合分析包括对各类游憩资源、市场需求、设施与服务有关的各种要素的分析，还要包括对自然、社会和经济要素的关联分析，如确定游客承载力以明确整个国家或地区的总体游憩发展上限；对当地社会经济发展规划、城市规划和其他相关规划的关系进行研究，并研究游憩发展政策、管理机制。

(二)资源调查与分析的常用方法

1. 游憩资源调查

20 世纪 80 年代以来，我国持续开展着旅游资源普查工作，确立了大量国家级风景名胜区、国家级自然保护区、全国重点文物保护单位、国家历史文化名城等，系统地反映了我国自然与人文自然面貌。这些旅游资源的调查工作，可以反映区域的景观特征，为后续的保护、开发、管理提供依据，继而为更大尺度的市域、省域、国土规划进行服务。在国家标准《旅游资源分类、调查与评价》中，依据调查方式与精度的区别，提出了“资源详查”和“资源概查”两种调查类别。资源详查的程序为：①调查准备：成立调查组和确立资料收集范围；②实地调查：确立调查路线与调查分区、选定调查对象以及填写《旅游资源单体调查表》等。资源概查则可在详查的基础上适当简化。

游憩资源调查基本遵从旅游资源调查的途径，在典型性上略加泛化，在实践性上更为具体。通常包含三个维度：自然资源调查、市场调查、政策调查，三个维度相互交叉，共同指导着规划的工作进程。

2. 自然资源调查方法

现有资料收集：通过各种渠道和部门，充分获取场所的各类信息，如气象数据、地理信息、林业统计资料等等，积累一定的专业性文件和图纸。

现场勘探：通过考察、走访、实地测量等方式，获得场地的第一手资料。具体勘察工作可分为粗线条勘察、重点研究勘察、比较研究勘察三类。

数字模拟预测：现场勘查存在诸多限制，一些落差较大或范围过广的区域，人力难以应付。此时可借助卫星采集的遥感数据，通过计算机进行解译，获取如坡度、植物分布、水质分布等宏观场地信息。也可通过现有数据建立数字模型，对一些不易发现的地下暗河、断裂带、洪泛区等进行模拟预测，提高勘察效率。

归纳整理：进行地图编制与基础资料汇编。

3. 市场调查方法

市场调查决定着游憩开发地的定位、目标人群、服务类型、发展方向、盈利模式、管理办法等，是游憩规划过程的重中之重。市场调查需要与自然资源调查同步开启，并且将其视为一个长期的过程，要具有人群与政策敏感性，在规划过程之中时刻准备进行相应调整。市场调查主要内容应包括以下内容。游憩参与者调查：游憩地的开发利用，最终服务于使用者，因而游憩参与者年龄、职业、游憩活动类型，集中反映了人们的游憩活动需求，也对游憩地的规划方向指明方向。市场特征调查：人们对一个场地客观存在游憩需求，自然而然地会产生游憩市场。对于该市场特征的了解程度，决定着后续开发利用过程之中，能否通过合理的规划成本，引导出该市场的吸引力并不断地为场地带来更多参与者。需要了解的市场特征，应包含游憩者容纳量、游憩相关商业与基础设施现状、游憩者潜在需求、游憩活动变化趋势等。客流分析：对现有客流的调查，应包括客流社会特征、主要动机、消费特征、季相与节假日变化趋势等，同时也要格外注意，是否存在与场地定位相似的竞品的分流。

(1)游憩者资料收集

计数及观察法。根据现有的记录如门票、设施售票、服务收入等进行统计。早期的记录方式以人工记录和观察为主，但存在耗时长、人力消耗大等不足，随着现代化感应及记录设施技术的成熟已逐步被自动记录方式所取代。此外，还可以采用定期照相、空中照相或卡口记录等方式进行统计。

访问。访问可以采用口头调查或问卷调查等不同方式进行，问卷调查也可以有场地内或周边、家庭访问等不同区域，现场问卷和网络问卷等不同形式进行。在收集到足够数量的调查材料后应采用统计学工具进行分析处理，以作为预测游憩需求的参考。

抽样调查法。抽样调查法的准确程度受具体实施途径影响，有较大的不稳定性。又可分为随机取样法(包括简单随机取样、等距取样、乱数表取样、分层取样、集体取样和分段取样等)和非随机取样法(包括配额取样和立意取样等)。常规情况下，样本数越大，准确度越高，但并不能排除一些特殊的取样误差。

(2)游憩量的预测

时间序列分析法。时间序列分析首先假设规划期内保持当前的发展趋势不变。收集整理历年的资料，并将收集所得资料绘成发展趋势的曲线图，选定其数学模式。通过数学模式系数等对未来发展效果求解以获得发展趋势。

总量分配法。总量分配建立在对既有地区总体游憩需求已知的基础上，对该区域内各游憩地或游憩区进行接待能力、供给能力等方面的综合分析，并据此进行游憩量的分配。

平均增长率法。根据历年游憩发展所得的游憩量资料，算出每年的增长率，并求出年均增长率，将该增长率乘以前一年的游憩量获得预测年的数值。

结构模型。假设现有游憩量与影响因素之间有函数关系，且该函数关系在未来保持稳定。采用统计分析得出函数关系，利用回归分析法获得各影响因素的系数，求解获得预测年游憩量。

(三)游憩影响的量化评价方法

1. 试验法

试验法是选择未被干扰的特定资源环境，通过开展对类型和强度均加以严格控制的试验性游憩使用来获取可靠的影响描述结果的研究方法。由于可通过试验设计来选择有限的研究变量，严格控制研究变量的变化过程、试验环境和非研究变量的稳定性，并可对使用和未使用、使用前后的资源环境状况进行对比性研究，因此这一方法较其他方法准确可信，但费用和技术要求高，需要的时间长。使用该方法的关键在于设计和控制的变量能否有效描述自然发生的游憩影响。

2. 实测法

实测法是在现实的游憩资源环境中，在游憩活动自然发生的情况下，选择具体的考察指标进行测量，以描述该环境中游憩影响的综合状况的研究方法。由于可以借用一些已有的实地测量结果，且无须对环境和活动因素进行控制，因此这一方法对费用和时间的要求相对较低，可以在较短的时间内对面积较大的或资源呈多样性的研究区域进行研究，快速获取研究结果。但由于无法区分识别每一影响因子的单独作用效应，且此类研究大多是一次性操作，因此其研究结果的准确性及普适性会受到影响。这一方法由于便捷、便宜和快速，在 3 种方法中应用最为广泛。

3. 调查法

调查法是通过设计、发放、回收调查问卷或进行个别访谈来了解游憩者对当前或预设的游憩影响的看法，以间接反映特定环境中游憩影响的综合状况并获取游憩者的游憩体验评价的研究方法。这一方法多采用一对一的调查方式，因此可通过当场讨论澄清真实的观点，准确反映被调查者的意愿。但由于调查覆盖的人数毕竟有限，且被调查者往往个人经验多于科学认识，个体之间存在巨大的认识差别，其科学严谨性无法保证，只能局限于针对观点问题的社会性研究。在国外，这一方法被大量运用于决策目标的分析研究过程及游憩者游憩体验的评价过程中。

三、规划总体思路制定与规划编制阶段

(一)确定目标

确定游憩规划目标的方法需要考虑游憩产业所带来的多种利益，包括社会、经济、生

态利益以及其对环境和社会文化的影响等。在规划区域的游憩发展初期,应进行详细探讨并确立发展目标,因为它直接影响到调查分析方式和政策、规划的制定。暂定目标是首要目标,但若调查分析和政策制定的结果与最初目标相矛盾,则需要重新考虑目标的可行性。例如,一些目标可能追求游憩产业的经济效益最大化,而另一些则关注环境和社会文化影响的最小化。尽管这两个目标往往难以同时达成,但调查分析后,需要明确目标是否可实现。若无法实现某些目标,则可提供备选目标以供政策制定者参考。如果发现某些目标不太现实,则需对目标进行调整或重新评估是否发展游憩。

确定游憩规划目标的具体工作包括:

制定规划区域的游憩发展愿景。愿景是指对未来游憩发展的总体描述和期望,可以包括游客数量、游憩场所的质量等方面。

确定游憩规划的范围和要求。明确游憩规划的范围和目标,例如游憩基础设施建设、游憩活动、社会文化影响等方面的要求。

分析调研,掌握规划区域的情况。通过听取相关方面的意见,查阅文献、数据等,了解规划区域的历史、自然、文化等方面的情况。

确定游憩规划目标。在了解规划区域信息的基础上,明确游憩规划目标,并制定初步的目标方案。

对目标方案进行评估和分析,确定目标方案是否合理、可行。如果存在目标冲突和不合理之处,需要进行调整和重新制定。

最终确定游憩规划目标。依据调研数据和目标方案的分析,对游憩规划目标进行最终确定,制定相应的实施计划。

定期回顾和调整游憩规划目标。根据游憩产业的发展情况、自然环境变化等情况,定期回顾和调整游憩规划目标,确保其与实际情况相符合。

(二)规划编制

游憩规划的编制过程包括三个主要部分,即调查分析阶段、目标和规划部署阶段。在考虑项目的历史、文化、经济和生态条件等因素后,需要综合确定规划目标体系和原则,以及资源保护与利用目标、公众参与和目标修正等方面的内容,并构建规划内容体系。基于前期成果,还需要完善总体思路,提出发展技术路线和具体措施,规划行动、行动主体和实施机制。

为制定并完善最佳的游憩发展政策,应了解利益集团选择最适宜政策的原因,以确立政策制定的坚实基础。国家或地方游憩政策包括专项游憩政策和相关游憩政策,其中前者是发展游憩产业、提升国民生活水平的专门政策,常与公共健康、国民休闲等发展总体目标相关,而后者是政府部门制定的与丰富游憩活动、完善游憩配套有关的政策,如城市公园绿地配建标准、风景区评价办法等。为满足游憩系统合理发展的要求,需要根据规划目标、战略和政策进行结构性调控,推动游憩系统结构向特定的方向变换。通过结构布局，解决矛盾问题、建构各部分之间的协同关系，以达到规划目标为中枢的目的。

游憩规划编制的核心内容在于各项规划部署，其中包括游憩项目体系规划、支持体系规划和保障体系规划。通过分析游憩客源市场，确定游憩系统的主体消费对象（或市场），并建构起游憩系统的主体结构。同时也需要综合考虑规划区综合发展水平，从本地社会经济体系中已有的服务设施、基础设施出发，将其提升到能够支持游憩系统合理运行的水平，并保障游憩者的需求水平。具体而言，游憩规划应涵盖游憩活动策划、游憩场所（空间）规划、娱乐体系规划、接待（服务）体系规划、游憩线路组织规划、信息与营销策划等专项规划。在实际规划过程中，可分别进行总体规划、关键性难题或专项规划的编制。最终，各项规划部署必须逐层分解、反馈校正、协调相关部门规划，以保证与现行政策法规相协调。

四、规划优选与落实阶段

（一）规划优化工作

规划草案完成后，要在征询各方意见的基础上，根据规划目标，考虑成果的有效性、技术的可行性、经济的可能性、布局的合理性、时间的有限性等，对方案进行系统分析评价。同时要进行各系统之间的综合平衡协调与规划优化工作。在优化过程中，可以选择一些评价方法及评价指标，确定最合理的方案。在规划草案编制的过程中，规划编制双方应组织专家对规划草案进行中期评估，审查草案是否达到规划编制的要求，若未达到规划要求需按照中期评估意见进行修改。

（二）规划成果制作

由规划编制人员制作正式的旅游规划成果。规划成果分为规划文件和规划图纸两大部分。

规划文件包括规划文本、规划说明书和基础资料汇编三个组成部分。规划文本是对游憩规划的目标、战略、规划内容所提出的规定性文件；规划说明书是对规划文本的具体解释；基础资料汇编收录在规划编制过程中汇集整理的基础资料、技术数据、调查统计资料、计算过程、专题研究报告等。其中规划图纸的比例、内容分项、绘制手段、绘制精度，可视规划阶段、规划类型及实际需要而定。勘察测量图件必须符合勘察测绘主管部门的有关规定和质量要求。

（三）规划评审与审批

完成规划评审稿之后，由规划委托者聘请有关的专家组成规划评审委员会，对规划的结构完整性、内容科学性以及可行性等进行评审，最后提出规划评审意见。若规划方案被通过，应根据评审委员会的建议加工修改，以形成最终的规划文本，并被政府、人大审批，成为地方性发展的法规性文件，指导规划期内当地的公共游憩发展；若未通过，则由原规划组或聘请新的规划小组重新规划[①]。

五、规划实施与保障阶段

实施规划并建立监督机制是规划程序中至关重要的步骤，旨在监控和修正规划成果，以确保其实现目标、避免对经济、环境和社会方面产生负面影响。一旦问题被发现，必须立即采取补救措施，以确保规划实施的顺利进行且符合规划限定的轨道。规划审批通过后，需要实施一系列保障措施，如利用行政、经济、法律和技术手段等，以确保规划能够落地实施。此外，规划修编也是规划实施过程中不可或缺的一环，需要根据实施反馈意见对规划内容进行调整和修正，以满足当地公共游憩发展的实际需求。

六、监测与评估阶段

规划的实施需要具体的活动计划和监控系统来保证，由于游憩与旅游对社会、经济、政治等条件的变化非常敏感，这就要求规划的动态性，需要不断进行修正，监控系统包括记录（游憩人数、设施供给、效益评估、土地控制与保护情况等）、比较（发展计划、目标与实际结果）、评价（对计划与实际偏差进行评估）、反馈修正、重新规划（Re-Planning）。

环境影响评价（EIA）也称环境评价（EA），是指评定某一项目对生物物理环境和人类健康带来的可能后果，并在决策阶段向负责批准该项目的有关人员传达相关信息的过程。EIA 对规范人类活动（如游憩活动、景观规划及生态工程项目）起到重要作用，是预防和管理的一种方式，是“防胜于治”环境管理思想的体现，如果措施得当，EIA 能避免未来环境问题不断堆积，缓解环境影响的进程。

游憩开发中环境评价的 4 个基本步骤是：①根据对项目行为及活动的理解，确定游憩项目对自然、社会环境因子及其动态过程产生的可能影响；②确定由此产生的间接影响；③对确定的环境影响（包括直接、间接及叠加的影响）进行评价；④在影响评估的基础上，提出有效的缓解措施，弱化不利影响，巩固有利方面。

环境影响评估报告的内容包括：①空气污染；②噪声；③水污染（地表水及地下水污染）；④固体废物处理；⑤交通拥堵问题；⑥对地被物、结构、动物种类与数量的破坏及对动物与人的栖息环境的影响；⑦对海岸的侵蚀、水土流失、滑坡的可能性；⑧对考古、文物、历史遗址的影响；⑨地面景观、审美价值的影响；⑩对上述方面影响程度的详细评述及相应的保护措施。从理论上说，EIA 不仅是一种分析方法，而且是对环境问题进行识别、分析、评价和管理的综合系统，最终形成环境影响综述，并作为游憩开发、管理及决策的主要依据。

---

① 目前，这个过程尚未成为可实施的法定程序，游憩规划也不是独立编制的法定规划。在这里仅是对游憩规划的未来推行提出设想。

第五节　规划的成果形式

我国现行的规划体系中，没有针对游憩规划的规范性成果要求，结合前述游憩规划的三个类别设定，则游憩规划的成果可以分别与政策及策略制定、旅游或景区规划、环境保护规划等相近似，在成果表述上也可以按照这三种类型分别整理。在旅游和景区规划层面又会进一步细分为总体规划和详细规划等内容，可以重点查阅旅游规划通则中关于相应内容的描述。以下重点介绍关于一些规范和文件中对于旅游区总体规划、详细规划，国家级自然保护区总体规划规划，以及国家公园总体规划等相近内容的规划文件的内容和成果形式的规定或要求。

一、旅游区规划(参照旅游规划通则)

(一)旅游区总体规划的成果要求

规划文本；图件，包括旅游区区位图、综合现状图、旅游市场分析图、旅游资源评价图、总体规划图、道路交通规划图、功能分区图等其他专业规划图、近期建设规划图等；附件，包括规划说明和其他基础资料等；图纸比例，可根据功能需要与可能确定。

(二)旅游区控制性详细规划

旅游区控制性详细规划的任务是，以总体规划为依据，详细规定区内建设用地的各项控制指标和其他规划管理要求，为区内一切开发建设活动提供指导。旅游区控制性详细规划的主要内容如下：详细划定所规划范围内各类不同性质用地的界线。规定各类用地内适建、不适建或者有条件地允许建设的建筑类型。规划分地块，规定建筑高度、建筑密度、容积率、绿地率等控制指标，并根据各类用地的性质增加其他必要的控制指标。规定交通出入口方位、停车泊位、建筑后退红线、建筑间距等要求。提出对各地块的建筑体量、尺度、色彩、风格等要求。确定各级道路的红线位置、控制点坐标和标高。

旅游区控制性详细规划的成果要求包括：规划文本；图件，包括旅游区综合现状图、各地块的控制性详细规划图、各项工程管线规划图等；附件，包括规划说明及基础资料；图纸比例一般为1∶1000～1∶2000。

(三)旅游区修建性详细规划

旅游区修建性详细规划的任务是，在总体规划或控制性详细规划的基础上，进一步深化和细化，用以指导各项建筑和工程设施的设计和施工。

旅游区修建性详细规划的主要内容包括：综合现状与建设条件分析、用地布局、景观系统规划设计、道路交通系统规划设计、绿地系统规划设计、旅游服务设施及附属设施系统规划设计、工程管线系统规划设计、竖向规划设计、环境保护和环境卫生系统规划设计。

旅游区修建性详细规划的成果要求包括：规划设计说明书；图件，包括综合现状图、修建性详细规划总图、道路及绿地系统规划设计图、工程管网综合规划设计图、竖向规划设计图、鸟瞰或透视等效果图等；图纸比例一般为 1∶500～1∶2000。

二、国家级自然保护区规划（参照国家级自然保护区总体规划大纲）

（一）主要规划内容

1. 规划期目标

规划期目标是该自然保护区总体规划目标的具体描述，是保护目标的阶段性目标。

规划期：一般可确定为 10 年，并应有明确的起止年限。

确定规划目标的原则。确定规划目标要紧紧围绕自然保护区保护功能和主要保护对象的保护管理需要，坚持从严控制各类开发建设活动，坚持基础设施建设简约、实用并与当地景观相协调，坚持社区参与管理和促进社区可持续发展。

2. 规划目标与内容

规划目标包括：自然生态/主要保护对象状态目标、人类活动干扰控制目标、工作条件/管护设施完善目标、科研/社区工作目标等。总体规划的主要内容包括：管护基础设施建设规划、工作条件/巡护工作规划、人力资源/内部管理规划、社区工作/宣教工作规划、科研/监测工作规划、生态修复规划（非必需时不得规划）、资源合理开发利用规划（如生态旅游等）、保护区周边污染治理/生态保护建议。

3. 重点项目建设规划

重点项目为实施主要规划内容和实现规划期目标提供支持，并将作为编报自然保护区能力建设项目可行性研究报告的依据。重点项目建设规划中基础设施如房产、道路等，应以在原有基础上完善为主，尽量简约、节能、多功能；条件装备应实用高效；软件建设应给予足够重视。重点项目可分别列出项目名称、建设内容、工作/工程量、投资估算及来源、执行年度等，并列表汇总。

4. 实施总体规划的保障措施

主要包括：政策/法规需求、资金（项目经费/运行经费）需求、管理机构/人员编制、部门协调/社区共管、重点项目纳入国民经济和社会发展计划。

5. 效益评价

效益评价是对规划期内主要规划事项实施完成后的环境、经济和社会效益的评估和分析，如所形成的管护能力，保护区的变化及对社区发展的影响等。

（二）成果要求

成果包括规划文本和附录，主要图件包括：国家级自然保护区地形图、国家级自然保护区卫星影像图、国家级自然保护区水文地质图、国家级自然保护区植被分布图、国家级自然保护区珍稀植物分布图、国家级自然保护区珍稀动物分布图、国家级自然保护区土地利用现状图、国家级自然保护区管理布局图、国家级自然保护区林权图、国家级自然保护区功能区划图、国家级自然保护区建设现状图、国家级自然保护区工程建设规划图、国家级自然保护区样地样线布设图、国家级自然保护区拐点坐标图、国家级自然保护区生产生活区分布图、国家级自然保护区生态旅游现状图、国家级自然保护区生态旅游规划图、国家级自然保护区管理局科研与访客中心用房总平面布局图等。

三、国家公园总体规划[参照《国家公园总体规划技术规范》(GB/T 39736——2020)]

(一)国家公园总体规划

国家公园总体规划内容包括:评价现状和建设管理条件,明确问题及解决思路;确定重要自然生态系统等核心资源的种类,状态、保护价值、分布范围等;明确国家公园的战略定位、建设性质,保护、建设、管理要达到的目标及主要指标;界定国家公园边界范围;确定管控分区与功能区划,进行建设和管理的总体布局;制定国家公园保护体系、服务体系、社区发展,土地利用协调以及管理体系等规划;明确近期建设与管理重点;测算国家公园近期建设项目投资;进行国家公园保护建设的效益分析和环境影响评价;提出规划实施的保障措施建议。

(二)规划深度

总体规划深度应满足编制专项规划、分区详细规划和建设项目可行性研究报告的需要,具体要求为:主要管控要求、措施应明确到管控区或功能区;基地设施项目规划应明确位置、规模、规格、用途和实施期;保护管理重大专项应明确目标、范围、实施年限和主要措施;近 5 年的建设工程项目和专项应在明确建设管理要求基础上,协调土地利用类型,测算投资;保障区、游憩区、人口集中社区等重点区域建设可根据总体规划编制分区规划;重点保护管理任务可根据总体规划编制专项规划。

(三)规划文件组成

规划文件,包括:总论、现状分析与评价、总体要求、范围界定与管控分区、保护体系规划、服务体系规划、社区发展规划、土地利用协调规划、管理体系规划、近期规划及投资估算、环境影响评价和效益分析、保障措施等。

规划附表,包括不限于:国家公园生物多样性情况统计表、国家公园社区情况统计表、国家公园核心资源统计表、国家公园区划表、国家公园访客统计与预测表、国家公园土地利用规划表、国家公园近期建设投资估算表。

规划附图的图纸,包括:地理位置示意图、与现有保护地关系图、卫星影像图、综合现状图、土地利用现状图、植被图、重点保护野生动植物分布图、水文地质图、核心资源分布图、游憩资源分布图、土地权属图、社区影响分析图、游憩资源等级评价图、游憩市场分析图、管控分区图、总体布局图、保护规划图、游憩规划图、管理服务服务设施规划图、基础设施规划图、社区发展规划图、土地利用规划图等。

主要附件，包括：国家公园设立批准文件、国家公园自然资源资产确权登记文件、国家公园总体规划专家评审意见、重大问题专题研究报告等。

第六节　游憩创意与项目策划

一、游憩创意

游憩创意要具有时代性（符合时代发展特征，不能落后，不能脱离时代背景，片面地仿古怀旧不合理）、系统性（要综合考虑游憩地所在地区的系统发展，不简单地关注一个局部利益）、经济性（符合游憩地所在地区的经济发展水平，不做过高预期）、地域性（与资源本底紧密联系，突出地方特色，在地方特色上出创意）。

（一）概述

在游憩规划设计中，有与众不同、新颖的游憩特色是提高游憩地吸引力的重要因素。在这种情况下创意就显得尤为重要。游憩创意过程一般分为五个步骤：概念挖掘、主题开发、项目构思、景观环境立意、规划方案确定（吴承照，1998）。概念挖掘是第一步，深挖游憩空间设施内涵，探索场地的特点与新意，明确场地的定位，在此基础上确定游憩主题进行开发。主题是对核心内容与基本思想的确定。确定主题后将主题发散落实到各个项目上，围绕主题进行项目设计，在硬质设施项目构思的同时着手展开整体空间环境的打造，用环境氛围体现游憩主题，最后将规划方案落地检验校核。

（二）游憩创意的来源依据

①游客的欲望和需求是寻找新产品构思的起点；基于游客不同地域来源和不同兴趣进行游憩创意设计。②经营者能了解游客需求和产生革新设想，并拥有相关统计资料；③专门从事设施生产和设计的部门，掌握多种资料，并具创新能力。

（三）游憩创意的方法

1. 头脑风暴法

在使用这种方法进行策划时，组织者要明确策划的主题，提供必要的相关信息，创造一个自由的空间，让各参与者充分表达自己的想法。头脑风暴法的最大特点在于能够在短时间内获取广泛的信息与创意，互相启发，集思广益。

2. 德尔菲法

运用这种方法时，要求参与者具备与策划主题相关的专业知识，熟悉市场情况，精通策划的业务操作，各参与者的每轮意见，组织者需要对结果进行统计处理，直至得到各参与者都认同的方案。

3. 逆向思维法

从事物的另一面去观察分析，突破传统思维框架束缚，找到利用正向思维所不能发现的、全新的解决方案。逆向思维法通常要求策划者从游客和竞争者的角度去考虑项目的构思设计。

4. 移植策划法

将其他事物的特点和功能合理移植过来，达到创造的目的。一般分为创意移植法和项目移植法。但需注意项目移植法一般只适用于相互之间比较类似的地区，且风险较大。

5. 联想策划法

通过由此及彼的联想对旅游项目进行创新的方法。联想策划法的具体实施方法很多，最常用的有相关联系法、序列联系法和强制关联法。

6. 类比策划法

将两个思考对象进行比较，根据它们的某些相似特征，推断出它们可能具有的其他相似特征的策划方法，即从已知项目创造出未知项目。

7. 经验分析法

对旅游项目进行分析判断，将不切实际、不能满足人们需求的部分删除，找出符合实际的，与人们的需求相一致的、新颖的项目的策划方法。

(四)游憩创意原则

1. 求新原则

人无我有是创意的第一个层次，即创造别的游憩地或游憩产品从来没有的东西，是完全彻底的创新。人有我新是创意的第二个层次，将一个现有的或者是好的产品做一定改进之后进行运用。这里的改进指的是不能完全照搬照抄，应该因地制宜，针对具体的游憩背景环境、氛围、游憩者的差异性进行更新提高。主要有两种模式：一是在原产品上进行本土化的改造，融入浓郁的本土氛围，形成创新；二是在产品上进行某一方面的改造如提高产品的技术含量，或者是弥补原产品的不足之处，带来新颖的体验感，即改善型的创新。人新我转是创意的第三个层次，是对创新性的再次强调，是指当一个产品在别的游憩地已经存在，并且在目前的条件之下，本地区无法通过创新措施使得本地的游憩产品超过其他游憩地时，应该主动地放弃这种游憩产品，寻找新的市场空间，开发新的产品。

2. 因地制宜的原则

进行创意的本意就是追求新的东西，但在追求与众不同的同时也要考虑游憩资源条件的支持，因地制宜地进行开发设计，切不可天马行空，无法落实。

3. 综合发展的原则

游憩创意就其根本目的而言是为了带来经济效益，但在追求经济效益的同时也不能忽视社会效益与生态效益，一个可持续发展的产品一定是综合多方效益的。

(五)游憩创意的主要内容

游憩创意需要从主题形象创意、活动创意、空间环境创意、服务设施创意几个方面进行落实。

1. 主题形象

形象是一个产品给人最直观的外在表象，是一个强有力的竞争因素。代表性强，深受人们喜爱的主题形象可以帮助游憩产品在较长时间内被人们记住，从而在与其他产品的竞争中占据有利地位。如黄山的迎客松，上海的东方明珠塔，这些鲜明且具有代表性的形象往往能给人留下深刻的记忆，激发人们的游憩意向。

2. 活动创意

活动往往和游憩主题紧密结合，因为一个鲜明而且一致的主题活动往往能稳定地在人们心目中构造一个积极的形象。

创意方法与途径：①通过主题活动的策划和宣传，把游憩地宣传成一个令人向往的地方，树立友好的游憩形象。②通过大型焦点事件来吸引公众传播媒介，产生某种光环效应，把旅游区宣传成一个令人向往的目的地；配合以一系列小的事件来吸引有各种志趣的游客。

3. 空间环境创意

创造愉悦的游憩过程主要通过游憩空间设置和游憩活动组织，常规典型的空间环境布局可能会造成不同游憩地有相似的体验感，这样游憩产品的吸引力就大打折扣，在竞争中处于劣势。常见的空间布局模式主要有：①环自然风景点或娱乐中心布局；②环旅馆布局；③野营地式布局；④社区—旅游吸引物综合体布局；⑤三区结构布局；⑥双核布局。空间环境设置的原则：①突出并协调各空间分区；②集中功能单元；③合理规划各空间的动线和视线；④保护原有生态环境。在满足以上空间环境布置的原则后再对空间环境进行创新设计，有助于明确游憩产品的定位，带来更好的体验感，提升吸引力。

4. 服务设施创意

对服务设施风格、档次、色彩、气氛的创新也会给人带来耳目一新的感受。服务设施分为上层设施和基础设施。上层设施包括住宿设施、餐饮设施、康体设施、旅游辅助设施；基础设施包括供水系统、供电系统、通信设施、排水设施、交通网络等。以市场的需求为导向，准确地把握能转化为市场效益的好创意。

二、游憩项目策划

杨振之(2007)提出关于策划具有五个基本要素：市场需求是导向、资源评价是基础、项目策划是灵魂、政策法令是保障、工程技术是支撑，这五个基本要素阐明了在游憩组织中的各要素的基本关系，并直接影响所有后续的工作内容。

(一)关于项目策划的解释

从管理领域看,项目是指一种管理对象,一项有待完成的任务,这种任务具有复杂性。与产品相比,项目是从开发、运营和管理角度来看的,正在开发的可以理解为项目,开发完成的可以视为产品。策划是谋划和计划的预谋活动,是在整合各种要素的基础上,制定出一套创造性、时效性、可行性兼备的方案,使方案效益和价值达到最大的过程。因此,项目策划实际上就是一个活动过程,一个针对特定目标进行管理活动,以期达到既定效果的活动过程,而该过程应具备智谋性、预先性、科学性和艺术性等特征。

(二)游憩项目策划

游憩项目策划是为了满足游憩发展需要而进行的系统论证和创意思考的过程。游憩项目策划的关注点在于创意和组织。其中创意贯穿了策划过程的全部,并深刻影响着进一步的如规划、建设等层面。而组织本身也是创意的一种表现,并对创意内容在游憩活动、设施等的体现进行特定安排。在扎扎实实的调查基础上,经过挖掘、分析、筛选、对比、借鉴经验教训,运用智力为服务对象提出发展主题及整体运筹规划概念的过程。通常,立足于公共服务的游憩活动,对于策划过程并不重视,但随着社会经济的快速发展,在新时代文化生活不断丰富的背景下,参与者对游憩产品、项目的要求迅速提高,不再满足传统的、缺乏新鲜感和创意的游憩产品,另一方面,游憩研究的科学性也在逐步增强,对游憩产品的构思起到了有力的支持,随之,带来对游憩项目策划的更高要求。

吴宝昌(2004)总结了关于旅游项目策划的10条原则,包括:以资源为依托、以市场为导向,创新性,个性化与差异化,主题与形象,文化内涵丰富,知识性与趣味性相结合,视觉冲击与审美性,系统协调,技术经济可行,可持续发展等。针对游憩项目的策划来看,这10条原则均具有较好的应用价值,由于游憩项目在市场上更为明确,与人们日常生活的关系也更紧密,在策划过程中应规避过多的商业倾向,而对游憩项目所带来的生活质量的提升及社会文化的贡献给予更多关注。策划还可以通过强化游憩项目环境教育性、表演性、参与性、运动性等来增强项目开发的弹性。

第七节　规划实施与管理

一、实施过程和办法

(一)实施过程

游憩规划在当前阶段还不能成为一个完整的系统的规划类别。在国家层面,更多地表现为对休闲生活的原则性指导和制度上的建设;在地方层面,虽有一些具体的试点,但应用层面的深度和广度都有一定的局限。而游憩规划的成果和思维方式更多时候是以专类规划或现行部分规划体系中的专篇得以实现,也有表现为一些既有规划体系中制定过程中的组织方式。比较明确，并具有相应的法律效力的游憩规划有时不得不以类似于“××保护区规划”的名义出现。在这个层面上，国外已经有了较为完整的发展建设，我国的规划体系还有待提升。

游憩规划的实施需要权力、财力和公众的支持。因而，政府、企业、居民的参与是影响规划成功实施的重要因素。一方面，做好规划实施的全程追踪与监控工作是提高规划实施效果的前提，主要的方法有建立并运行规划实施全过程控制系统、规划实施方案决策系统、规划实施监控预警系统、规划实施回诊自检系统、微调规划方案置换纠错系统与报废规划方案系统等；另一方面，完整的规划程序也是保证其顺利实施的重要条件，包括规划的制定、审批、实施制度和法律保障、开发经费的筹措和项目实施、规划调整和更新以及对未来发展的持续监督。

英斯基普（Inskeep，1991）阐述了游憩规划步入实施过程的流程，具体步骤包括：

规划审议。在规划设计过程之中，需建立一个机构或依托于现有机构，该机构成员应包含政府官员、私企代表、群众代表等。在规划过程中，定期向该机构征询意见并汇报草案，以保证规划符合当地发展现状以及群众利益；并且通过该机构向政府相关部门提交最终规划方案，在经过审议并得到认可之后，方可开展进一步的工作。

规划采纳。规划方案在通过审议之后，得到相关部门的采纳，并由政府对相应内容进行确立。

制定法律法规。政府部门在审议通过后，在现有法律与规则的基础上，对相关条例进行合理修改与增添，通过法律程序保障规划建设的顺利实施。

与相关规划的工作衔接。与现有的城市与市域规划、交通规划、基础设施规划、绿地体系规划等进行交流与衔接，确保与不同部门的工作和谐进行。

经费筹措与项目实施。经费来源通常包括地方财政、公共部门、私营部门和国际援助等，通常应在规划之初确立。

游憩项目的持续监督。应当持续关注项目落地后对地方经济、社会、自然环境等方面的影响，检验项目预期与实际成果是否存在较大出入，并收集相关信息。

规划调整。针对持续监督过程中所发现的问题与出入，对规划进行相应调整，以满足发展目标。

定期复议与修改。应每隔5年左右进行复议，针对社会发展过程中出现的新产品新需求等进行合理调整与修改，如新的市场变化趋势、新的旅游产品、新的开发计划等。

（二）实施办法

WTO于1994年起草了一份关于游憩规划的实施指南，指出了几种重要的规划实施方法：

确立规划实施主体。应当在规划设计之初，就明确规划实施主体，只有那些规划涉及机构都明确了解和接受其实施职责，规划的实施才能贯彻到底（Gunn，2005）。为此可能需要成立一个专门的调控机构，在实施过程之中对不同部门的工作进行分配与协调。

各部门协调与共同参与。游憩规划过程之中，往往涉及旅游、环境、交通、商业、林业、农业等诸多内容。游憩规划实施的复杂性，要求政府部门出台相应政策与法律法规，以加强不同部门之间的协作。

分阶段发展并制定短期行动计划。在确立游憩规划发展目标时，应对未来的发展阶段加以明确，充分考虑未来一段时间内的政策调整、社会文化发展、环境变化等，针对游憩市场的可能变化进行发展不同阶段方案的制定。根据国家发展计划惯例，可以以 5 年为一个阶段，分为近期、中期、远期规划。

项目规划开发符合流程。遵循具体实施过程的各项程序，所有项目都应提交相关部门审议并通过后方可开展建设，有条不紊地开展工作。

二、影响评估

游憩规划的实施会引起所在地区社会、经济与环境的变化。总的来看，游憩活动以积极影响为主，但不排除可能具有的消极影响，如对环境的破坏、对地方文化和生活环境的干扰等。需要正确评估游憩发展的影响，并提出有效的控制措施，发挥积极作用，限制消极作用。

游憩规划中的影响评估主要从经济影响、社会文化影响和环境影响三个层面对游憩地的影响进行评估，从而从多方面综合评价游憩规划的效应。

三、调控机制

为了确保游憩规划按预定的目标和要求实施，调控必须自始至终贯穿整个过程。因为，无论游憩规划制定得如何周密，由于各种各样的原因，人们在执行过程中总会或多或少出现与规划不一致的现象，因此，规划调控显得尤为必要。规划调控是为了保证规划的顺利实施，并纠正各种重大偏差的管理活动。根据不同的分类标准，有不同的规划调控类型，如根据调控时机来分，可将规划调控划分为预先调控、现场调控和事后调控三种类型，或者按照调控面的差异分为集中调控、分层调控、分散调控等。

四、公共参与机制

公共参与是指通过一系列正规和非正规机制直接使公共介入决策。参与式方法是对传统调查研究方法的替代和补充，核心内容是以目标群体为主体的不同层次利益相关群体的广泛参与、共同决策的过程。公众参与(Public Participation)从社会学角度讲，是指社会群众、社会组织、单位或个人作为主体，在其权利义务范围内有目的的社会行动。世界银行对公众参与中的公众定义包括下面几类。直接受影响的人群：预期要获得收益的人、承担风险的团体、利益相关团体，他们大多位于项目范围或位于项目的影响范围内；受影响团体的公共代表：国家和地方政府的代表、地方官员、地方机构、私有行业代表；其他感兴趣的团体。

因此，公众参与是一种重新平衡利益的过程，重新重视当地居民的观点，重新定义专家的角色。成功的公众参与有助于阻止政府、企业等对社区的操纵，提高社区自组织能力，推动游憩地协调发展。

主要参考文献

1. BELNAP J, FREIMUND W A, HAMMETT J, et al. The Visitor Experience and Resource Protection (VERP) Framework: A Handbook for Planners and Managers [J]. US Department of the Interior and National Park Service, 1997.

2. COLE D N, LOWERY D P, MCCAUGHEY W W. Wilderness Campsite Impacts: Effect of Amount of Use[M]. US Department of Agriculture, Forest Service, Intermountain Forest and Range Experiment Station, 1982.

3. DANFORD H G. The Scope of Recreation[J]. The Bulletin of the National Association of Secondary School Principals, 1960, 44(256): 139 - 143.

4. GRAEFE A R, KUSS F R, VASKE J J. Visitor Impact Management: the Planning Framework [M]. Washington DC: National Parks and Conservation Association, 1990.

5. HAMMITT W E, SCHNEIDER I E. Recreation Conflict Management[J]. Trends in Outdoor Recreation, Leisure and Tourism, 2000: 347 - 356.

6. KRAUS R, BARBER E, SHAPIRO I. Introduction to Leisure Services: Career Perspectives[M]. Sagamore Publishing, 2001.

7. MORSE W C, STERN M, BLAHNA D, et al. Recreation as a Transformative Experience: Synthesizing the Literature on Outdoor Recreation and Recreation Ecosystem Services into a Systems Framework[J]. Journal of Outdoor Recreation and Tourism, 2022, 38: 100492.

8. NEWSOME D, MOORE S A, DOWLING R K. Natural Area Tourism: Ecology, Impacts and Management[M]. Multilingual Matters, 2012.

9. SHELBY B, HEBERLEIN T A. Carrying Capacity in Recreation Settings[M]. Oregon State University Press, 1987.

10. SMITH S L J. Recreation Geography [M]. Harlow: Longman Group Limited, 1983.

11. STANSFIELD JR C A, RICKERT J E. The Recreational Business District[J]. Journal of Leisure Research, 1970, 2(4): 213 - 225.

12. Thomas S. Yukic. Fundamentals of Recreation[M]. 2nd ed.. New York: Harper&Row, 1970.

13. 边留久. 风景文化[M]. 张春彦,胡莲,郑君,译. 南京:江苏凤凰科学技术出版社, 2017.

14. 威廉·哈米特,大卫·科尔,克里斯托弗·莫兹. 荒野地游憩生态影响与管理[M]. 3版. 吴承照,彭婉婷,张娜,译. 北京:科学出版社,2018.

15. 摩尔,德莱维尔. 户外游憩:自然资源游憩机会的供给与管理[M]. 李建译. 天津:南开大学出版社, 2012.

16. 蔡丰明. 游戏史[M]. 上海:上海文艺出版社, 2007.

17. 柴彦威. 时间地理学的起源、主要概念及其应用[J]. 地理科学,1998(01):70-77.

18. 丁文魁. 风景科学导论[M]. 上海:上海科技教育出版社, 1993.

19. 冯维波. 城市游憩空间分析与整合[M]. 北京:科学出版社,2009.

20. 刘震,戴泽钒,楼嘉军,等. 基于数字足迹的城市游憩行为时空特征研究——以上海为例[J]. 世界地理研究,2019,28(5):95-105.

21. 楼嘉军. 农耕文明和民间娱乐——中国古代民间游憩活动浅析[J]. 历史教学问题,1996(5):17-21.

22. 吕勤,郝春东. 旅游心理学[M]. 广州:广东旅游出版社, 2000.

23. 曼纽尔·鲍德-博拉,弗雷德·劳森. 旅游与游憩规划设计手册[M]. 北京:中国建筑工业出版社, 2004.

24. 田里. 旅游经济学[M]. 2版. 北京:高等教育出版社, 2006.

25. 屠如骥. 旅游心理学[M]. 天津:南开大学出版社, 1986.

26. 王珏. 人居环境视野中的游憩理论与发展战略研究[M]. 北京:中国建筑工业出版社, 2009.

27. 吴必虎, 黄珊蕙, 王梦婷, 等. 旅游与游憩规划[M]. 北京:北京大学出版社,2022.

28. 吴必虎,俞曦. 旅游规划原理[M]. 北京:中国旅游出版社, 2010.

29. 吴承照. 从风景园林到游憩规划设计[J]. 中国园林,1998(05):10-13.

30. 吴承照. 现代城市游憩规划设计理论与方法[M]. 北京:中国建筑工业出版社, 1998.

31. 徐致云,陆林. 旅游地生命周期研究进展[J]. 安徽师范大学学报(自然科学版), 2006(06):599-603.

32. 杨振之. 旅游项目策划[M]. 北京:清华大学出版社, 2007.

33. 俞晟. 城市旅游与城市游憩学[M]. 上海:华东师范大学出版社, 2003.

34. 张国强．中国风景园林史纲[J]. 中国园林,2017,33(07):34-40.
35. 张立生．城市游憩商业区(RBD)研究[M]. 郑州:郑州大学出版社，2008.
36. 张述林．风景地理学原理[M]. 成都:成都科技大学出版社，1992.
37. 钟敬文．民俗学概论[M]. 上海:上海文艺出版社，1998.
38. 朱立新．城市游憩学[M]. 天津:南开大学出版社，2009.